紐約時報暢銷書

SOMETHING DEEPLY HIDDEN

潛藏的宇宙

量子世界與時空的湧現

*Quantum Worlds and
the Emergence of Spacetime*

SEAN CARROLL

尚‧卡羅——著

蔡坤憲、常雲惠——譯

Boulder Media 大石文化

《潛藏的宇宙》各界讚譽

「想大開眼界嗎？在這本耐人尋味、深具原創性又迷入的書中，霍夫曼為我們導覽一處未知領域，那是認知科學、基礎物理學和演化生物學交會的地方，現實的本質在這裡懸而未決。你對這個世界的看法─或者應該說「你的介面」─會從此改觀。」
──阿曼達・蓋夫特（Amanda Gefter），《愛因斯坦草坪上的不速之客》（Trespassing on Einstein's Lawn）作者

「本書是對量子力學這項可能是人類最偉大的智慧成就所做的精采導覽。卡羅以大膽又清晰的文字，巧妙地揭開量子的詭異性，讓我們看見一個奇特但絕對美妙的實在界。」
──布萊恩・葛林（Brian Greene），物理學與數學教授，哥倫比亞理論物理中心主任，《優雅的宇宙》作者

「尚・卡羅這本讀起來無比過癮的《潛藏的宇宙》，要讀者直面量子詭異性這個宇宙的基本特性 ── 不知道說宇宙對不對？讀到最後，你可能會發現量子詭異性好像沒那麼詭異了。」
──喬丹・艾倫伯格（Jordan Ellenberg），威斯康辛大學數學教授，《數學教你不犯錯》作者

「尚・卡羅的書永遠頭腦清楚，風趣幽默，可讀性極高，同時談得很深。他提倡應該接受量子力學的最極簡版本，訴諸純粹性的吸引力。結果就是全面摧毀我們對現實的傳統認識，以支持十分超現實的多世界觀點。他把我們拉進一個單一現實與一個多重現實之間的戰場，感覺幾乎已經不在人類的理解範圍內。他帶我們看見概念、哲學，與革命的出現。是一本迷人而重要的書。」
──珍娜・列文（Janna Levin），哥倫比亞大學巴納德學院物理學與天文學教授，《黑洞藍調》作者

「尚・卡羅漂亮地釐清了有關量子力學基礎的爭論，並捍衛最優雅、最勇敢的作法：多世界詮釋。他對多世界詮釋的優缺點提出了明晰、公正，在哲學層面上令人瞠目結舌的解釋。」

——史蒂芬・斯托蓋茲（Steven Strogatz），康乃爾大學數學教授，《無限的力量》作者

「卡羅讓我們坐在前排座位上，看著物理學一個新視野如何發展成形，把我們的日常經驗連結到一個如鏡廳般令人頭暈目眩的宇宙，連我們的自我感覺都受到挑戰。這是非常吸引人的想法，通往潛藏的實在界的線索可能就在其中。」

——凱蒂・麥克（Katie Mack），北卡羅來納州立大學理論天文物理學家，《萬物的終結》（The End of Everything）作者

「看到這麼多基本問題被解釋得前所未有地好，我簡直感動到掉眼淚。《潛藏的宇宙》是傑作，和費曼的量子電動力學（QED）並列我見過最好的兩本量子力學科普著作，但如果把 QED 歸類到不同的目標，那這本書就是我看過最好的量子力學科普著作，沒別的了。」

——史考特・阿朗森（Scott Aaronson），德州大學奧斯丁分校電腦科學教授與量子資訊中心主任

「讀起來津津有味，令人難以抗拒。一方面這是一本關於目前最深奧的物理學謎團的書，另一方面也和形上學有關，卡羅有條不紊地引導我們了解，如何在思考現實的真相和隱藏本質之外，找出其中的道理。我愛這本書。」

——普里亞姆瓦達・納塔拉真（Priyamvada Natarajan），耶魯大學理論天文物理學家，《宇宙新圖景》（Mapping the Heavens）作者

「這本書介紹接二連三的精采概念，我認為非讀不可。我花了很多時間思考多世界和纏結的蘊含，還有我們的實在界總是有無窮盡環環相扣的可能性這件事。真的讓我大開眼界。你愈深入量子力學，它就愈要挑戰你對一切保持開放的思想。」

——丹・舒曼（Dan Schulman），PayPal 執行長

「卡羅的新書之所以值得一讀，在於他雖然在這場辯論中明確選擇了其中一邊，但還是針對這個主題給了我們強大、清晰、深具說服力的指引，每一頁都能感受到他對這些科學問題的熱愛。」
——**美國國家公共廣播電臺（NPR）**

「這個宇宙（與別的宇宙？）的讀者會很樂於有機會在科學巨擘的陪伴下探索這項科學的新境界。」
——**《書單》雜誌（Booklist）**

「尼爾·迪格拉斯·泰森（Neil deGrasse Tyson）和約翰·葛瑞賓（John Gribbin）等科普作家的書迷一定會非常喜歡在這本書中探索這些開創性的概念。」——**《圖書館期刊》（Library Journal）**

「深具挑戰性與啟發性的書……卡羅流暢地講述各種主題，小到粒子，大到黑洞，讀者能從他對量子理論的探索中，了解當今物理學中某些最開創性的觀念。」
——**《出版人週刊》（Publishers Weekly）**

「如果你想知道為什麼有些人會那麼認真看待艾弗雷特表述，以及能用它來做什麼，那麼卡羅這本書正是市面上最棒的通俗讀物之一。」
——**《今日物理》（Physics Today），美國物理學會會刊**

「卡羅的論證方式是好的那種急切，使這本書比其他太多量子力學書有趣得多。」——**《富比世》（Forbes）雜誌**

「本書是目前為止對多世界觀點採取擁護立場者闡述得最清楚、最有力的長篇論述，與進行中的最新研究緊密結合。」
——**《科學新聞》（Science News）雜誌**

「紮實的論據加上引人入勝的歷史背景，絕對能擄獲所有的理科腦。」
——**《科學詢問者》（Scientific Inquirer）網路雜誌**

獻給歷史上

所有爲了對的理由而堅持原則的思想者。

目錄

第三部 時空

SOMETHING DEEPLY HIDDEN

潛藏的宇宙

「比科幻還要科幻」
的科學

譯者序

　　翻譯這本書的過程對我而言，最初就像是「愛麗絲夢遊仙境」一樣，最後卻促成了我個人的「典範轉移」。

　　作者尚・卡羅（Sean Carroll）教授曾任教於加州理工學院，目前是聖塔非研究所（Santa Fe Institute）的外聘教授。他是著名的科普作家，在量子物理、科學哲學等領域，可謂著作等身。在臺灣深受好評的暢銷科普書籍《詩性的宇宙》（The Big Picture）就是他於 2016 年的作品。

　　《潛藏的宇宙》這本書分為三大部分。首先，他帶著讀者複習了「鬼魅」般的量子力學。作者從「上帝是否在擲骰子？」這個波耳與愛因斯坦的世紀辯論主題為起點，深入淺出地回顧了量子力學的基本觀念。

　　依稀記得大學三年級初次接觸量子力學的那個當下，對於它「離經叛道」的觀念所感受到的困惑與震驚。這個「經」指的是經典、古典物理學的思維方式。當時若非教授的循循善誘，教會我們在面對「新物理」時，要先「接受」，不要試圖從舊物理

的思考邏輯來理解它的「心法」。恐怕我至今仍舊無法學會如何從薛丁格方程式求解波函數，以及這個帶有虛數（根號負一）的波函數的物理意義。就這樣，我逐漸接受了機率就是這個世界的本質，同意以波耳為首的哥本哈根學派所提出的「上帝是在擲骰子」的說法。然而，我仍舊無法理解為什麼愛因斯坦無法接受這個想法，也一直對於像費曼這樣聰明絕頂的人會認為「理解」量子力學是一件難事而感到納悶。

看到本書作者把我之前學習量子力學的「心法」稱做「閉嘴、計算」典範，以及所理解的內容稱作「教科書量子力學」時，我的心態從吃驚、略帶排斥，到慢慢接受作者的說法，乃至莞爾一笑之後開始跳出既有的框架，重新審視我先前理解過的量子力學內容。是而希望學過量子物理的讀者也能和我一樣，享受這個「溫故知新」的思考過程。

本書的第二個部分是有點科幻性質的「多世界」圖像。作者深入介紹了以艾弗雷特為首的「簡樸量子力學」（austere quantum mechanics）。他透過本書提問，如果我們只有保留量子力學中最為基本的內容，也就是除了「薛丁格方程式和波函數」之外，移除其他與實驗測量相關的人為設定，那麼我們將會看到一個怎樣的世界呢？答案是：原本因為測量而發生「崩陷」的波函數，會變成因測量而「分裂」出許多個分支，而這些分裂出來的波函數分支就是一個一個獨立存在的「世界」！

換句話說，如果我們勇敢地正視量子力學的廬山真面目，也就是量子特有的纏結和去相干等現象，那麼「多個世界」（波函數分支）就會是一個再自然不過的科學結論，而不是科幻電影

裡的情節。這當然不是三言兩語就能說清楚的故事，所以我誠摯地邀請您跟著作者的思路，細細品味這個「比科幻還科幻」的科學推論過程，以及去思考由此而衍伸出來的許多人生議題。譬如說，你希望自己在另一個世界裡的「分身」是啥模樣？正在做什麼？甚至，這些多出來的「世界」或分身是真實的存在嗎？

作者在本書的第三個部分從介紹量子場論和廣義相對論開始，藉此來討論量子重力的研究近況。

我們都知道，物理學家已經建立了大統一理論（Grand Unified Theory，縮寫 GUT），能夠成功地統合弱力、強力和電磁力。如果可以把重力也整合進來，那麼距離一個能夠解釋所有現象的萬有理論（Theory of Everything，縮寫 ToE），也就是一步之遙而已。量子重力，很有可能就是這關鍵的一步。我們都知道這不是一件容易的事，但是我們也無法想像要跨過這最後的一步到底有多大的難度。

作者在這個部分先介紹了量子場論的基本思維，讓讀者不需要繁複的數學工具，就能掌握「把古典場量子化成量子場」的精髓，我們把電磁場量子化而得出光子就是一個很好的例子。但是，如果希望把重力場量子化而得出「重力子」，則是另一個不同層級的問題。因為廣義相對論把重力視為一種時空彎曲的現象，而非牛頓所認為的那種存在於時空中的一個作用力。如果想把重力場量子化，等於是要把時間和空間量子化，這跟我們日常生活裡的時間和空間是截然不同的概念。因此，我們到底要怎麼理解「重力子」與時間和空間的關係呢？

北歐理論物理學研究所（NORDITA）王元君研究員 2015 年

12月在臺大應力所主講的「黑洞與量子力學：從霍京輻射到火牆悖論」中，用了一個很好的比喻：人類原來的習慣是找好了球場，再約球員們來打球，但是當球場地板也要一起打球時，自然是令人不知所措。

　　作者借助量子場論裡的真空狀態，以及近年來觀測到的黑洞和大霹靂等現象，捨棄傳統「先古典，再量子」的方式，直接從量子的觀點（纏結、去相干）出發，佐以其他物理、科學和數學的基本觀念（熵、湧現等），針對我們習以為常的「時間」和「空間」深入剖析，藉此探討「古典世界如何從波函數的分支產生出來」的議題，以幫助讀者了解發展量子重力理論所遭遇到的困難，以及可能有的解決方向，例如弦論、迴圈量子重力和重力的熵假說等等。

　　量子和重力的統一工作，目前尚未完成，也沒有人能夠預先知道解答。然而，與未知共存就是理論物理或科學前沿研究者日常生活的一部分。

　　如果你也喜歡追根究底，探索宇宙最深層的真實，那麼你一定會喜歡本書作者透過其洗鍊的文筆、生動的比喻所闡述的物理觀念，歡迎你跟隨著他一起思考、審視，並享受那種「腦洞大開」的感覺。

蔡坤憲
寫於紐西蘭

開場白：
不要害怕

你不需要是理論物理學博士，才來害怕量子力學。但是有這個學位也沒差。

這似乎有些奇怪。量子力學是我們在微觀的世界裡的最佳理論。它描述了原子和粒子如何透過自然力而產生交互作用，並能極其精確的預測出實驗結果。可以肯定的是，量子力學以其困難、神祕而著稱，但這正是它引人入勝的一面。相較於其他人，專業物理學家應該是比較容易接受這種理論的一群人。因為他們經常進行與量子力學相關的複雜計算，甚至建造巨大的機器和實驗室來測試理論預測的結果。我們總不是說物理學家一直在裝懂吧？

他們雖然不是在裝懂，但對自己的確也不完全誠實。就某方面而言，量子力學是近代物理學的心與靈。天文物理學家、粒子物理學家、原子物理學家、雷射物理學家——這些人經常用到量子力學，而且得心應手。量子力學不只是一個艱澀難解的研究題材，而是已經大量充斥在現代技術中。半導體、電晶體、晶片、

雷射，還有電腦裡的記憶體，全都仰賴量子力學才能運作。順著這個思路而言，如果我們想要理解這個世界最基本的面貌，量子力學絕對是不可或缺的工具。基本上，所有的化學現象都只是量子力學的應用而已。想知道太陽如何發光，桌子為什麼是硬的，你都需要量子力學。

想像你把眼睛閉上，眼前應該會是漆黑一片。你可能認為這個想法很合理，因為沒有光線進到眼睛裡。然而事實並非如此，因為波長較可見光長的紅外線，仍源源不斷地從溫暖的物體發射出來，這也包括了你自己的身體。如果我們的眼睛對紅外線的敏感度如同對可見光那樣，那麼即使閉上眼睛，我們也會被自己眼球發射出來的紅外線給弄瞎。所幸，掌管視覺的視桿和視錐細胞只對可見光有反應，對紅外線則否。這是如何辦到的？答案終歸還是需要量子力學來提供。

量子力學不是魔術，而是我們已知對於現實最深刻、最全面的理解。就我們目前所知道的，量子力學並非只是真理的一個近似值，它就是真理本身。這個說法會因為將來是否出現意外的實驗結果而隨時改變，但到目前為止，我們還沒有看到任何會出現這種意外的跡象。20 世紀初，許多著名的物理學家如普朗克（Planck）、愛因斯坦（Einstein）、波耳（Bohr）、海森堡（Heisenberg）、薛丁格（Schrödinger）與狄拉克（Dirac）等，陸續投身量子力學的研究，到了 1927 年已經發展出一套成熟的理論，這無疑是人類歷史上最偉大的一個智性成就。無論從什麼角度來看都值得我們驕傲。

另一方面，用費曼（Richard Feynman）那句讓人難忘的話

來說：「我想，我能夠肯定地說，沒有人真的懂量子力學。」[1]
我們**使用**量子力學來設計新技術，並預測實驗結果。但是，誠實
的物理學家會承認，我們並不真的懂量子力學。我們有一套十拿
九穩的配方可以套用在特定的條件下，得到令人難以置信的精準
預測結果，而且全都能透過實驗數據加以證實。但是，如果你想
要進一步探問背後的原理是什麼，我們根本就不知道答案。物理
學家傾向把量子力學視為沒有意識的機器人，只需要它執行特定
任務就行了，而不會像家人那樣去關心它。

　　這種專業人士之間的態度，影響了量子力學被呈現在世人眼
前的方式。我們希望能夠完整表達出自然的樣貌，但是目前還辦
不到，因為物理學家對量子力學真正陳述的內容還沒有共識。反
之，一般大眾看待量子力學時卻傾向於強調它的神祕、費解與不
可知。這樣的訊息違背了科學所代表的基本原則，其中包括一個
重要觀點，那就是這個世界基本上是可理解的。我們談到量子力
學時，就會出現某種心理障礙，所以可能需要一點「量子療法」
來幫助我們度過這個難關。

□　□　□

　　我們教學生量子力學的時候，他們學到的是一張列滿了規則
的清單。其中有些規則是一般熟悉的類型：量子系統的數學描述，
以及這些系統如何隨著時間推移而演變的說明。但是，另外還有
一大堆額外的規則，卻是完全無法從其他的物理理論找到相對應
的類比關係。這些額外的規則告訴我們在**觀察**一個量子系統時會

發生什麼事，然而當我們沒有在觀察時，該系統的行為則截然不同。這到底是怎麼一回事？

　　這基本上有兩個選項。首先，我們告訴學生的是一個非常不完整的故事。而且，為了使量子力學能成為一個合格的理論，我們需要去了解什麼是「測量」或「觀察」，以及為什麼系統的行為會因此而產生如此大的差異。另一個選項是，量子力學代表對過去一向以來認為的物理學觀念的一大背離，從認為世界是一個獨立客觀的存在、與我們如何去認識它無關，轉而認為觀察本身在某種程度上就是實在界（reality）的基礎。

　　無論是哪種選項，教科書都應該花時間好好探索，並承認即使量子力學已經非常成功，仍不能宣稱已經發展完備。然而，他們並未這麼做。在大多數情況下，他們默默地忽略了這個問題，寧願留在物理學家的舒適圈裡，寫下一道道的方程式讓學生忙於求解。

　　這不僅令人難堪，而且情況愈來愈嚴重。

　　鑑於上述情況，你可能會認為，進一步追求對量子力學的理解，應該成為所有物理學研究唯一的重大目標。應該會有數百萬美元的補助款流向基礎量子力學的研究，絕頂聰明的人才也會蜂湧而至，而且提出最重要見解的人應該會贏得獎勵和聲望。各大學應該會祭出重金，爭相禮聘這個領域的翹楚。

　　可惜的是，沒有。釐清量子力學的奧義，在近代物理學中不但不是什麼崇高的專長，在很多地方連被尊重都談不上，甚至還會被貶低。大多數的物理系都沒有人在研究這個問題，少數毅然投入這個領域的人則是受到質疑的眼光。（最近我在寫研究計畫

申請經費時,有人建議我只要描述我在重力和宇宙學方面的研究就好,因為這些是被認可的領域。最好不要提到我在做的量子力學基礎研究,會讓我顯得不夠嚴肅。)這個領域在過去的 90 年來還是有一些重要進展,只不過促成這些發展的,都是些一意孤行的人,不管同事怎麼勸,反正他們就是覺得這個問題很重要,再不然就是一些涉世未深、後來完全離開這個領域的初生之犢。

伊索寓言裡有一則故事,說一隻狐狸看到一串飽滿多汁的葡萄,縱身跳了幾次想要搆到它,卻總是跳的不夠高。狐狸在沮喪之餘宣稱,這些葡萄大概是酸的,牠本來就沒什麼興趣。這隻狐狸就代表「物理學家」,而葡萄則是「弄懂量子力學」。很多研究人員已經認定,了解大自然如何運作從來就不是真正重要的事;有預測特定現象的能力才重要。

科學的訓練讓科學家只重視看得到的成果,無論是振奮人心的實驗數據,還是定量的理論模型。進一步研究既有理論的想法已經很難被接受,更何況下這些功夫可能創造不出任何具體的新科技或是預測。電視劇《火線重案組》(The Wire)的劇情就是在描寫這個潛在的緊張關係,劇中一群勤奮的警探,為了起訴一個大型販毒集團苦熬了幾個月,仔細收集犯罪證據,同時上級則對這些多餘的舉措感到不耐,他們要的只是下一次記者會上有查獲的毒品可以擺在桌上就好,因而鼓勵警察窮追猛打,進行大張旗鼓的搜捕行動。科研資金的贊助機構以及招聘委員會就像劇中的上級一樣,這個世界所有的獎勵制度都迫使我們追求具體、可量化的結果,因此我們競相邁向下一個迫在眉睫的目標時,自然會忽略較不緊急的宏觀思考。

□ □ □

　　本書要傳達的主要訊息有三個。首先，量子力學應該要是可理解的，即使目前我們還無法做到；而現代科學的當務之急應該是要實現這個目標。在物理學中，量子力學是唯一一個在「**眼見**」與「**現實**」之間畫出明顯區隔的理論。對於那些習慣於「眼見必然為真」的思考方式，並據此解釋相應事物的科學家（以及一般大眾），量子力學對他們的認知構成了特殊的難題。但是，如果我們能夠擺脫某些傳統且直觀的思考方式，這難題並非不可克服，我們會發現量子力學並不是無可救藥地神祕或不可解。它就只是物理學而已。

　　第二個訊息是，我們在理解量子力學上已經有實際的進展。我將聚焦在看來最有前景的途徑：量子力學的艾弗雷特表述（Everett formulation）或多世界表述（Many-Worlds formulation）上面。多世界表述獲得許多物理學家的熱烈支持，但是有另外一群人則抱持懷疑態度，因為他們還無法接受自己有「分身」存在於其他增殖出來的實在界裡。萬一你也這麼認為，我希望至少能夠說服你：多世界表述是理解量子力學**最單純**的方式；只要循阻力最小的途徑認真地看待量子力學，那麼多世界表述就是自然會得出來的結果。特別是，多重世界本身就存在於這個表述方式的預測之中，而非人為的添加物。然而，多世界表述並非唯一公認的方法，我們在本書中也會提到其他的競爭理論（儘管在篇幅上未必均等，但是我會努力保持公平）。重要的是，

所有這些探索量子力學的方法，都是建構良好的科學理論，且各有潛在的不同實驗結果，而不是我們在做完正經研究之餘，配著白蘭地和雪茄無腦高談闊論的「詮釋」而已。

　　第三個訊息是，這一切都很重要，而且不只是為了科學的完整性。我們不應當只看到這個雖然夠用、但尚未完美連貫的量子力學架構在目前的成功，而無視於它在某些情況下確實無法勝任的事實。特別是，當我們想了解時空（spacetime）的本質，以及宇宙的起源和最終的命運時，量子力學的基礎絕對是至關重要的。我將介紹一些新奇的、令人興奮的，但也必須承認，目前還只是試探性的一些想法，它們在量子纏結（quantum entanglement）以及時空如何彎曲變形（也就是你我熟知的「重力」現象）之間，建立起深富啟發性的連結。多年來，尋找一套完整且讓人信服的量子重力理論，終於已經開始被視為重要科學目標（可換得聲望、獎勵、少教點課等等）。成功的祕密或許是不要一開始就把重力「量子化」，而是要更深入挖掘量子力學本身，從而發現重力一直都潛伏在那裡。

　　我們還沒有確定的答案。這就是從事尖端研究讓人既興奮又焦慮的地方。然而，現在是認真看待實在界的基礎性質的時刻了，也就是說，我們將和量子力學正面對決。

第一部

SPOOKY

鬼魅

1

What's Going On
這是怎麼回事

Looking at the Quantum World
放眼量子世界

愛因斯坦對文字和方程式都很有一套，自從他為量子力學貼上了 spukhafte，也就是「鬼魅般的」這張標籤之後，至今還沒有人可以撕掉它。不意外的話，這就是我們從大多數量子力學的公開討論中得到的印象。我們聽到的是，這就是物理學中那個玄之又玄、詭異、不合常理、不可知、奇怪、無法理解的部分——如同鬼魅一般的存在。

高深莫測這一點可以很誘人。量子力學就像一個神祕、性感

的陌生人，誘使我們把各式各樣的特質和能力都投射到它身上，無論它是否真的具備。我簡略地搜尋了書名中帶有「量子」這個詞的書籍，結果出現底下這一串假借量子之名的出版品：

量子成功學

量子領導學

量子意識

量子接觸

量子法瑜珈

量子飲食

量子心理學

量子心靈

量子榮耀

量子轉念

量子神學

量子幸福

量子詩集

量子教學

量子信念

量子愛情

就一門通常被描述成牽涉到次原子、只和微觀世界有關的物理學分支而言，這可是相當亮眼的履歷表。

平心而論，量子力學——或者稱作量子物理，或是量子理論，這三個說法可以交替混用——不只關乎微觀過程，更是描繪

了整個世界：從你、我到恆星和星系、從黑洞中心到宇宙的起點。然而，只有當我們以極端特寫的方式來審視這個世界的時候，量子現象的怪異性才會無可避免地顯露出來。

本書的主題之一是，量子力學不應因為具有一些超越人類理解、無法言喻的神祕性，而背負鬼魅之名。量子力學的確驚人；它新穎、奧妙、發人深省，而且迥異於我們向來對現實的看法。有時候科學就是如此。遇到看似困難且費解的課題時，科學的應對方法是解謎，而不是當成它不存在。因此，我們有充分的理由相信，對於量子力學我們也能這樣做，正如我們對待其他物理理論一樣。

許多對量子力學的陳述都依據一個典型的模式。首先，指出一些違反直覺的量子現象。接著，對於世界竟然可能以這個方式運作表示困惑，也認為不太可能去理解它。最後（運氣好的話），嘗試性地提出一些解釋。

我們的主旨是清晰重於神祕，因此我不會採用這樣的模式。我要從一開始就以盡可能簡潔易懂的方式來陳述量子力學。雖然聽起來還是會有點奇怪，但這正是這頭野獸的本性。目標是希望它不會顯得莫名其妙，或者無法理解。

我們不會依循歷史的進程來敘述。在這一章，我們要審視一些迫使我們面對量子力學的基本實驗事實。下一章，我們會快速勾勒出多世界的理論架構，並用它來理解這些實驗觀察的結果。要到第三章，我們才會以半歷史的方式，說明是基於哪些發現，才讓人開始想出這麼一個徹底不同於以往的新型物理學。然後，我們會詳細闡述部分量子力學的蘊含究竟有多麼重大。

這些都弄清楚之後，我們就能在本書的其餘部分處理有趣的事了：看看這一切可以導到哪裡去，使量子現實（quantum reality）最驚人的特徵不再具有神祕性。

▫ ▫ ▫

物理學是最基礎的科學之一，也是人類最基本的追求之一。我們環顧世界，會看見到處都是東西。這些東西到底是什麼、怎麼運作的？

這些都是從人類開始提問以來，就一直被提出的問題。古希臘人認為，物理學是對物質的改變與運動的一般性研究，不論是生物還是非生物。亞里斯多德（Aristotle）採用傾向、目的、原因等詞彙進行解釋。一個物體的運動與改變，可以透過參考它內在的本質以及作用於它的外部力量來解釋。例如，一般物體的本質或許是維持靜止，因此為了促使它移動，就必須有一個可以讓它開始運動的外在因素。

多虧了一位叫做牛頓（Isaac Newton）的聰明傢伙打破了這些觀念。他在公元 1687 年出版的《數學原理》（Principia Mathematica）一書，堪稱是物理學史上最重要的著作，奠定了我們現在所謂「古典力學」（或直接稱作「牛頓力學」）的基礎。牛頓推翻了所有關於本質和目的的陳舊說法，揭露了埋藏在那之下的一個清晰、嚴謹的數學形式，這也是至今老師還一直拿來折磨學生的內容。

無論你對高中或大學時期，那些關於單擺和斜面的作業留有

怎樣的記憶，整個古典物理的基本想法其實很簡單。考慮一個物體，例如一塊石頭。暫且忽略地質學家可能會感興趣的特徵，譬如顏色和成分等等，也不要考慮石頭的基本結構可能改變的機率，例如你拿鐵鎚去敲碎它。單純把這塊石頭在你心中的形象，簡化成最抽象的形式：這塊石頭是一個物體，這個物體**在空間中占有一個位置**，且這個位置會隨著時間改變。

古典力學明確地告訴我們，這塊石頭的位置如何隨著時間而改變。我們已經很習慣這樣的想法，因而值得回顧一下這個理論有多厲害。牛頓不是給我們一個模糊又了無新意的陳述，說石頭一般而言有什麼的傾向，多多少少會這樣或那樣移動，而是給我們一套精確、牢不可破的規則，去解釋宇宙萬物彼此之間相對的運動關係。這套規則不僅適用於在地球上打棒球，也適用於火星上的漫遊車。

以下是這些規則的運作方式：無論任何時刻，這塊石頭都會有一個位置和一個速度（移動的快慢程度）。根據牛頓的說法，如果沒有外力作用在這塊石頭上，它將以相同的速度沿著直線持續運動下去。（這已經大大脫離了亞里斯多德的說法。亞里斯多德會告訴你，要保持物體的運動狀態，就需要不斷推動它才行。）如果有外力作用在這塊石頭上，則會讓它具有「加速度」——使速度發生變化，可能是變快、變慢，或是僅僅改變運動的方向。這個加速度的大小與施加的外力成正比。

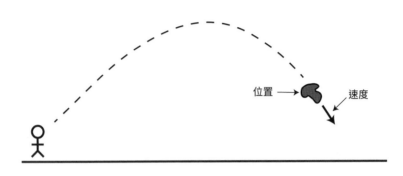

位置 → 速度

　　基本上就是這樣而已。若要弄清楚這塊石頭的整個運動軌跡，你得先告訴我它的位置、速度，以及作用在這塊石頭上的力，其他的事牛頓方程式會告訴你。作用力可能包括重力，或是你去把它從地上撿起來和拋出去的力，以及它在著地時與地面碰撞的力。這整套想法同樣也適用於撞球、火箭或行星。在古典物理的典範下，物理學研究基本上就是弄清楚組成宇宙的東西（例如石頭），以及有哪些力作用在這些東西上。

　　從本質上講，古典物理描繪的世界是一幅很直接的圖像，然而在得出這個圖像之前，要先完成幾個關鍵步驟。以先前的石頭為例，如果我們想要弄清楚它會如何運動，就必須很明確地知道我們需要哪些資訊：它的位置、速度，以及作用在它身上的力。我們可以把這些力視為外在世界的一部分，而石頭本身的重要資訊則只有位置和速度。這個石頭在某個瞬間的加速度，不是我們需要知道的，相反地，我們可以根據牛頓運動定律，從位置和速度這兩個資訊來算出它的加速度。

　　在古典力學中，物體的**狀態**（state）是由位置和速度共同組成。如果我們有一個系統，是由多個運動中的部分組成，那麼這

整個系統的古典狀態就是一張列出各個部分的運動狀態的清單。一個正常大小的房間可能有 1027 個各類的氣體分子，這個房間的空氣狀態就是用每個氣體分子的位置和速度來描述。（嚴格來說，物理學家比較喜歡用質點的動量來表示物體的狀態，而不是速度，不過在牛頓力學裡，動量只是質點的質量與速度的乘積，所以暫且先以速度來表示。）這一組由所有可能的個別狀態所組成的系統狀態，稱為該系統的相空間（phase space）。

法國數學家拉普拉斯（Pierre-Simon Laplace）指出古典力學思維中一個很深刻的蘊含。理論上，有一個「大智力」（vast intellect）能確切知道宇宙中每一個物體的狀態，據此推演出未來會發生的每一件事，以及過去發生過的每一件事。雖然拉普拉斯的惡魔（Laplace's demon）只是一個思想實驗，而不是哪個充滿雄心壯志的電腦科學家真正能做的實驗計畫，然而這個思想實驗的蘊含是很深刻的。牛頓力學描述的是一個決定論的、有條不紊的宇宙。

古典物理這部機器是這麼的優美又令人信服，一旦你弄懂了，似乎就無法擺脫它。牛頓之後的許多偉大思想家也都被說服，認為物理學基本的上層結構已經解決，未來要做的就是弄清楚具體該如何使用古典物理學（哪些粒子、哪些作用力）來正確地描述整個宇宙。即使是相對論，這個以它獨特的方式改變了全世界的理論，也只是古典力學的一個變體，而不是替代品。

然後，量子力學出現，一切都改變了。

□　□　□

如同牛頓所表述的古典力學，量子力學的發明同樣是物理學史上一個偉大的革命。不同於先前出現過的任何理論，量子理論提出的物理模型，完全不在古典的框架裡；它完全捨棄了那個架構，以根本上完全不同的東西來取代它。

量子力學完全不同於古典物理的地方，也是它最根本的新元素，都和「測量」在量子系統中代表的意義有關：測量究竟是什麼、我們在測量某個東西時發生了什麼事，以及凡此種種告訴我們在測量背後發生的事。所有的這些疑問，組成了所謂量子力學的「測量問題」（measurement problem）。如何解答測量問題，無論在物理學或哲學界都完全沒有共識，儘管已經有許多看起來很機會的想法。

面對測量問題，科學家嘗試過許多探討方式，而出現了一個名為「量子力學詮釋」（interpretation of quantum mechanics）的領域。儘管這個標籤並不是很準確，因為「詮釋」通常是用在文學或藝術上的，因為在這些領域的人對於相同的基本客體，可能有不同的想法。而量子力學的所謂詮釋則是另外一回事，那是完全不同的科學理論之間的競爭，它們理解物質世界的方式是完全不相容的。基於這個理由，現在這個領域的工作者傾向於稱之為「量子力學基礎」（foundations of quantum mechanics）。量子基礎的主題是科學的一部分，而不是文學評論。

從來沒有人覺得有需要去討論「古典力學詮釋」的問題，因為古典力學的內容完全透明。它有一套數學公式來描述位置、速度和運動軌跡，所以你會看到現實世界裡的石頭遵守這個數學模

型的預測。更確切地說，在古典力學裡沒有所謂的「測量問題」這種東西。系統的狀態由位置和速度決定，如果我們想去測量這些物理量，就去測量就好了。當然，我們可能會粗略或隨便地亂測一通，因而得出不精確的結果，或者改變了系統本身的狀態。但這很容易避免，只要小心一點，就能精確測量到需要知道的一切，且不會明顯影響到受測系統。古典力學在我們所看到的，以及理論所描述的之間，提供了一個清楚而明確的關係。

量子力學雖然很成功，但它完全無法提供一個類似的東西。關於量子現實的核心問題，最讓人困惑的地方，可以簡短地以一句話來總結；我們在觀察世界時，我們所看到的，似乎和它真正的樣子有根本上的不同。

□ □ □

拿電子來說吧，這種繞著原子核運行的基本粒子，它們的反應造成了所有的化學現象，存在於你身邊幾乎所有的東西裡。如同前面那塊石頭的例子，我們可以忽略電子的某些性質，例如它的自旋量，也不考慮它有電場。（其實我們真的可以繼續拿那塊石頭做例子，因為石頭和電子一樣也是量子系統，不過換成次原子粒子有助於提醒我們，只有在我們考慮極微小的物體時，量子力學獨有的特徵才會顯現出來。）

與古典力學的狀態由位置和速度來描述不同，量子系統的本質比較不明確。設想電子在它自己的「家」裡，繞著原子核旋轉。從「繞行」這個詞，以及多年來你肯定看過的無數關於原子的插

畫，你可能會以為電子繞行的方式多少就像太陽系的行星在運行那樣：電子具有一個位置和一個速度，而且隨著時間的流逝，快速地以圓形或橢圓形軌道繞著原子核旋轉。

量子力學的看法不是這樣。我們可以「測量」這個電子的位置或速度（不過不是同時測量），而且，如果我們夠小心，並擁有足夠的天才的話，是可以得到一些數值。然而，透過這樣的測量，我們看到的並不是那個電子真正的、完整的、原原本本的狀態。事實上，我們無法有絕對的信心預測出會測到某個特定的結果，而這與古典力學的觀念截然不同。我們最多只能預測在某個位置看到該電子、或者它帶有某個速度的「機率」而已。

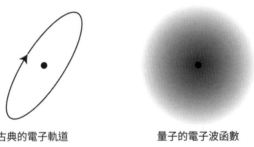

古典的電子軌道　　　　　量子的電子波函數

古典物理的質點狀態就是「它的位置和它的速度」，而量子力學以對我們的日常經驗來說完全陌生的「機率雲」來取代這個觀念。對原子裡的電子而言，這個機率雲在愈靠近中心的地方愈濃厚，愈遠愈稀薄。在雲層最厚的地方，看到電子機率最高；在雲層稀薄到幾乎不存在的地方，發現電子的機率就非常渺茫。

這片機率雲通常稱為**波函數**（wave function），因為它可以

像波動一樣振動，也就是說，最可能出現的觀測結果是隨著時間改變的。我們通常以希臘字母 Ψ（讀音 Psi）來表示波函數。就每一個可能的觀測結果而言，例如某個質點的位置，這個波函數會指派給它一個稱為振幅（amplitude）的特定數值。例如，對於質點會出現在位置 x_0 處的波函數振幅，可寫成 $\Psi(x_0)$。

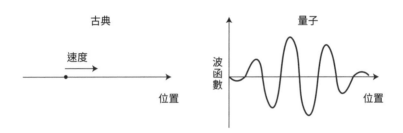

我們在測量時，得出某個特定結果的機率以振幅的平方表示。

出現某個特定結果的機率＝ | 該結果的波函數振幅 |^2

這一條簡單的關係式稱為玻恩定則（Born rule），以提出這個公式的物理學家玻恩（Max Born）為名。* 我們一部分的工作

....

* 這裡有點技術性，我們稍微說明一下，然後大概就可以忘掉它了：對任何特定的觀察結果而言，它的振幅其實是一個複數，而不是實數。實數是可以在數線上找到的點，範圍從負無限大到正無限大。對某個實數取平方根，會得到另一個等於或大於零的實數，所以在考慮實數的時候，絕對不會去計算負數的平方根。不過，數學家在很久以前就了解到，負數的平方根可以是很有用的東西，因此他們定義了虛數單位（imaginary unit），以英文字母 i 來表示 –1 的平方根（i= $\sqrt{-1}$）。所謂的虛數是一個稱為（接下頁）

就是弄清楚這一條規則到底是怎麼來的。

　　我們絕對**不是**在討論一個具有位置和速度的電子，而且我們根本就不知道它的位置和速度是什麼，因此，波函數「封裝」了我們對這兩個物理量的無知。在這一章，我們完全不是在討論那「是什麼」，而只是在講我們觀察到什麼。在後續的章節中，我會拍桌子堅持波函數就是現實的總和，至於其他類似電子的位置和速度的想法，則只是一些可以測量的東西而已。但不是每個人都會這樣看，所以我們暫且假裝自己是公正的。

□　□　□

　　我們把古典力學和量子力學的規則放在一起比對一下。古典系統的狀態是由它的每一個組成部分的位置和速度所決定。可以使用類似下面的步驟，來研究它的演化過程：

古典力學的規則

1. 藉由列出個別組成部分的位置和速度，來建立系統狀態。
2. 使用牛頓運動定律來計算系統的演化情形。

　　就這麼簡單。當然，魔鬼藏在細節裡。有些古典系統可能含

「虛部」的實數與 i 的乘積。所以，虛數的平方會等於一個負的實數。接下來，所謂的複數就只是實數和虛數的組合。最後，在玻恩定則中那兩條線段和平方（|振幅|²）的意思，是分別先計算出實部和虛部的平方，再把二者相加的結果。希望這樣的說明足夠讓注重細節的讀者滿意，以後我們就直接用「振幅的平方」來表示機率的大小。

有數量非常多的組成部分。

相對之下，量子力學教科書的標準規則有兩部分。首先，我們有一個完全和古典力學相同的架構。量子系統是以波函數來描述，而不是位置和速度。如同牛頓運動定律掌管了古典力學系統中狀態的演化，在量子力學裡，波函數的演化則由薛丁格方程式（Schrödinger's equation）掌管。薛丁格方程式的意義用文字來表達是：「波函數的時變率與量子系統的能量成正比。」稍微明確一點來說，一個波函數可以代表許多個可能的能量大小，而薛丁格方程式說的是，波函數的高能量部分演化速率快，低能量部分則演化得非常慢。仔細思考一下就會知道這是合理的。

就我們的目的而言，只要有一條方程式，可以預測波函數如何隨時間而平滑演化，這樣就夠了。波函數的演化，如同以牛頓定律在古典力學裡預測物體的運動狀態一樣，都是可預測且必然的。到這裡還沒有發生任何詭異的事。

量子力學標準配方的開頭讀起來類似這樣：

量子力學的規則（第一部）

1. 藉由寫下一個明確的波函數 Ψ，來設定系統狀態。
2. 使用薛丁格方程式來計算系統的演化。

到目前沒什麼問題：這些部分的量子力學，完全與它的古典前身觀念一致。只不過，古典力學的規則到此為止，而量子力學的規則還沒結束。

此後所有額外的規則都與測量有關。你在測量比如某個質點

的位置或自旋時，量子力學會告訴你，你只會得到幾個可能出現的結果。你無法預測是哪一個結果，但可以計算出各結果的機率大小。而且，在測量結束後，原本的波函數會崩陷（collapse）成另一個完全不同的函數，這個新的波函數顯示的機率，百分之百就是你剛剛測得的結果。因此，如果你去測量一個量子系統，一般說來，你最多只能預測各種可能出現的結果的機率，然而，如果你立刻再去測量那個物理量，那麼你一定只會測得相同的結果——因為波函數已經崩陷成那一個特定的狀態。

我們仔細地把這部分寫下來。

量子力學的規則（第二部）

3. 我們只能選擇測量某些特定可觀察的物理量，例如位置；而真的去測量時，會測得明確的結果。

4. 測得某個特定結果的機率，可由波函數計算而得；波函數的振幅與每個可能測量結果的機率有關；任何結果出現的機率是該波函數振幅的平方。

5. 測量時，波函數會崩陷。但在測量之前，無論波函數散布的範圍有多廣，在測量之後，它只會集中在我們觀察到的結果。

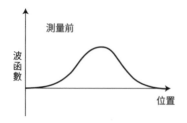
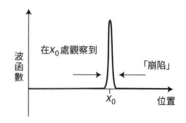

　　在現代大學的課程中，物理學生第一次接觸到量子力學時，學到的內容大約就是上述這五條規則。這個教學方式背後的思想體系是所謂的「哥本哈根詮釋」（Copenhagen interpretation）——把測量看成基礎、波函數被觀察時會崩陷、不要問幕後發生的事。然而，有很多人，包括來自哥本哈根、據說是最初提出這套詮釋的物理學家，對於這個標籤具體應該用來描述什麼，也是意見不一。因此，我們大可把這套說法稱作「標準量子力學」。

　　不用說，要把這套規則看成現實真正的運作方式，是很荒誕的。

　　你所謂的「測量」究竟是什麼意思？它發生的速度有多快？測量儀器到底是由什麼組成的？一定要是人類嗎，還是只要具有某種程度的意識，或者解碼資訊的能力？又或者只要是一部巨觀儀器就行，如果是，要多巨觀才算？測量究竟發生在什麼時候，發生的速度有多快？波函數怎麼能崩陷得這麼誇張？如果原本的波函數散布的範圍很廣，那麼它崩陷的速度會不會超過光速？在波函數容許出現的機率中，那些我們沒有觀察的結果會發生什麼事？它們是否沒有真正存在過？還是直接消失在虛無之中？

　　直截了當地說：為什麼**只要我們不去看量子系統**，它自己會根據薛丁格方程式平穩地、明確地演化，但只要我們一去看它，它就會瞬間急劇地崩陷？它怎麼知道有人在看，又為什麼會在意我們有沒有在看？（別擔心，這些問題我們在後面會全部回答。）

． ． ．

　　大多數的人都認為，科學是在設法了解自然界。我們觀察事情的發生，而科學則希望為這些事情提供一個解釋。

　　然而在目前的教科書表述下，量子力學未能做到這件事。我們完全不知道究竟發生了什麼事，至少在專業的物理社群裡還沒有共識。我們擁有的只是一個配方（recipe），我們把它供奉在教科書裡，教給學生。假設你在地球的重力場內，從某個位置以某個速度把一塊石頭拋向空中，牛頓可以告訴你，這塊石頭後續會沿著怎樣的軌跡運動下去。類比同樣的情形，如果你把某個量子系統的初始狀態以特定的方式準備好，量子力學的規則可以告訴你，它的波函數會如何隨著時間變化，如果你決定要觀察，它會讓你知道各種可能的結果出現的機率。

　　量子配方能提供的只是機率而不是確定的答案，這一點可能很惱人，但我們還是可以學會跟它共處。真正讓我們困擾的是，或說我們「應該」感到困擾的是，我們並不了解實際發生了什麼事。

　　想像有一群聰明人已經弄懂了所有的物理定律，卻不向世人公開他們的發現，而是寫了一個電腦程式來回答特定的物理問題，並把程式介面放到網頁上。任何有興趣的人都可以到那個網站，鍵入合適的物理問題，就能得到正確的答案。

　　對科學家和工程師而言，這樣一個程式顯然可以提供很大的幫助。然而，單單能取用這個網站，還稱不上了解物理定律。這就好比我們有一位祭司，負責提供特定問題的解答，但我們自己對於這個求解過程的潛規則則是毫無頭緒可言。世界上的其他科

學家面對這樣的祭司，不會因此受感動而宣布勝利，而是會繼續研究，直到弄清楚自然法則到底是什麼為止。

目前物理教科書上呈現出來的量子力學就像一位祭司，而不是真正的理解。我們可以設定特定的問題並加以回答，但對於幕後發生的事實在無法解釋。我們確實有幾個不錯的想法，可以說得出可能是怎麼樣，而且物理社群早就該開始認真看待這些想法了。

2

The Courageous Formulation
大膽的提案

Austere Quantum Mechanics
簡樸量子力學

　　物理學家梅爾敏（N. David Mermin）的名言：「閉嘴，計算就是了！」（Shut up and calculate!），簡要地總結了量子力學教科書對年輕學生的態度。雖然梅爾敏本人並不提倡這種態度，但其他人就不是了。無論對量子基礎抱持何種態度，每一位稱職的物理學家都花了很多時間在計算上。所以，這句警語其實

可以更簡短地改成「閉嘴！」就好。*

　　事情並非一直如此。科學家花了好幾十年把量子力學拼湊起來，大約到了 1927 年，才形成現代的模樣。那一年，第五屆索爾維會議（International Solvay Conference）在比利時舉行，世界頂尖物理學家齊聚一堂，討論量子力學的發展現況和意義。當時實驗的證據已經很清楚，物理學家終於掌握了量子力學的量化公式和規則，大家可以開始捲起袖子，弄清楚這個瘋狂的新理論究竟能發展到什麼地步了。

　　那一次會議討論的內容為量子力學奠下了基礎，不過我們這本書的目標不是要回溯正確的歷史，而是要了解物理。因此，我們會大略畫出一條邏輯路徑，循著它認識量子力學如何成為成熟的科學理論。不談隱晦的神祕主義，也不會有似乎為了解釋硬湊出來的規則，而只會告訴你一組簡單的假設，然後推導出非凡的結論。有了這樣的概念，很多原本看似神祕難解的東西，可能會突然變得非常有道理。

□　□　□

　　索爾維會議之所以名留青史，是因為愛因斯坦和波耳（Niels

---

*　如果你上網查，會發現很多人說「閉嘴，去計算！」[2] 這句話出自費曼，他在進行困難的計算方面是史上最出色的物理學家。但他從來沒有說過這句話，他的個性也不是會說出這種話的人。費曼對量子力學的思考很謹慎，也從來沒有人指責他叫別人閉嘴。某人說的話被冠給更有名的人是很常見的事，因為能增加它的份量。社會學家莫頓（Robert Merton）稱這個現象為馬太效應（Matthew Effect），理由是《馬太福音》中的一句話：「凡有的，還要加給他，叫他有餘；凡沒有的，連他所有的也要奪去。」

Bohr）在一開始就對如何思考量子力學展開了一系列著名的辯論。波耳這位來自哥本哈根的丹麥物理學家，無疑可被尊為量子力學的教父，他主張的觀點，類似我們在前一章討論的「教科書配方」：使用量子力學去計算測量結果可能出現的機率就好，其他的不要過問，特別是不要去擔心測量的背後到底發生了什麼事。波耳堅持當時的量子力學就已經是完美的理論，年輕的海森堡（Werner Heisenberg）和包立（Wolfgang Pauli）也都支持他的觀點。

1927年索爾維會議合影。1. 普朗克，2. 瑪里·居禮，3. 狄拉克，4. 薛丁格，5. 愛因斯坦，6. 德布羅意，7. 包立，8. 玻恩，9. 海森堡，10. 波耳。（圖片來源：維基百科）

　　愛因斯坦不買帳。他堅定地認為，物理學的職責就是要對背後的道理追根究底，而 1927 年的量子力學對於自然的本質不足

以提供令人滿意的說明。薛丁格（Erwin Schrödinger）和德布羅意（Louis de Broglie）站在他這一邊，愛因斯坦主張，我們還需要繼續深究，設法拓展和普及量子力學的適用範圍，使它成為一個合理的物理理論。

以愛因斯坦為首的陣營，的確有理由抱持審慎樂觀的態度，認為可以找到這樣一個改良過的新版理論。因為就在短短幾十年前的 19 世紀末，物理學家發展出統計力學理論，描繪了由大量原子和分子組成的系統的運動狀態。當時還沒有量子力學，所有的成果都是在古典力學的架構下完成的，那項發展的一個關鍵進展是，了解到我們可以有意義地討論一個含有大量質點的系統的行為，即使我們不知道個別質點的位置和速度。我們只需要知道**機率分布**——描述質點出現各種行為的可能性——即可。

換句話說，在統計力學中，我們認為所有的質點都處於某個特殊的狀態（古典態），但我們不知道那個狀態是什麼，只知道它的機率分布。令人開心的是，要進行有用的物理描述，知道這樣的機率分布就夠了，因為它固定了系統的性質，例如溫度和壓力。然而，這個機率分布並不是系統狀態的完整描述，它只反映我們知道（或不知道）這個系統的哪些事。這是有分別的，用哲學用語來說，就是統計力學裡的機率分布是「知識論」的觀念，描述我們的知識狀態，而不是「本體論」的觀念，即告訴我們客觀現實為何。認識論探討的是知識本身，本體論探討的是何者為真。

在 1927 年，用這種方式思考量子力學是很自然的。畢竟在那個年代，我們已經琢磨出波函數的用途就是計算某個測量結果

的機率。當然我們會合理認為，大自然自己應該清楚知道測量結果會是什麼，只是當時的量子力學還不能完整掌握那個知識，因此理論還需要改進。就這個觀點來看，波函數描述的並不是全貌，在它之外應該還有其他的「隱變數」（hidden variables）存在，可以先把真正的測量結果固定下來，即使我們並不知道（或許在測量之前永遠無法知道）那些數值為何。

或許有吧。在隨後數年裡取得的一些成果，暗示我們這樣簡單而直接的思路是注定要失敗的，其中最著名的就是物理學家貝爾（John Bell）在 1960 年代發表的研究。很多人努力過了，例如德布羅伊就提出過一個理論，在 1950 年代被玻姆（David Bohm）重新發現並加以延伸，愛因斯坦和薛丁格也都反覆討論過。但貝爾定理（Bell's theorem）指出，這樣的理論必須包含「超距作用」（action at a distance），也就是說你在某處做的測量，可以瞬間影響到宇宙另一處的狀態，不管多遙遠。這似乎違反了狹義相對論最基本的要求：物體和資訊的傳播速度不可快過光速。隱變數的想法至今還是很多人研究，只不過在這個方向上所有已知的嘗試都很不漂亮，且很難與現代理論相容，如粒子物理的標準模型，更別提像量子重力（我們後面會討論）這種新穎的觀念了。愛因斯坦這位相對論的開拓者，或許就是這樣，才一直想不出一個自己滿意的理論。

在大眾的想像裡，愛因斯坦在他和波耳的那場著名的辯論中是落敗的一方。我們被告知，在年輕時勇於創新的愛因斯坦已經老了，變得保守，因而無法接受甚至理解這個新量子理論的重大蘊含（索爾維會議時的愛因斯坦是 48 歲）。此後物理學就捨他

而去，這位偉大的人物也退出這個領域，另行展開一場特立獨行的追求：尋找統一場論（unified field theory）。

但事實天差地遠。儘管愛因斯坦未能提出一套完整且令人信服的量子理論，但他堅持物理學不能只停留在閉嘴計算就好，這一點正中要害。認為他無力理解量子理論是非常離譜的想法，愛因斯坦的理解一點也不亞於其他人，並且繼續為這個主題做出根本性的貢獻，包括證明量子纏結的重要性，這是目前關於宇宙運作的最佳圖像中的核心角色之一。他只是未能說服同領域的物理學家看清哥本哈根詮釋的不足之處，以及讓他們知道應該更努力去了解量子理論的基礎。

□　□　□

如果我們想要追隨愛因斯坦的志向，提出一個關於自然界的完整、清晰且實事求是的理論，卻因無法確認量子力學中的隱變數而卻步，那我們還能採取什麼策略？

其中一個做法是忘掉這個隱變數，拋棄與測量過程相關的疑難，把量子力學拆解到只剩絕對必要的元素，然後看看會怎麼樣。我們所能提出的最精簡、又還能解釋實驗結果的量子力學版本是什麼？

每一個版本的量子力學（事實上有非常多的版本）都會用到波函數，或是其他等效的東西，並設想這個波函數會遵守薛丁格方程式（至少大多數時候可以）。任何我們要認真思考的理論都會有這兩個成分。我們試試看能否堅持極簡，盡可能不要再添加

別的東西到這個新的表述形式之中。

這個極簡主義作法涉及兩個面向。首先，我們會認真地把波函數視為現實的直接表徵，而不只是個幫我們整理知識的「記帳工具」。我們是從本體論的角度來看待它，而不是知識論。這是我們所能採取的策略中最簡樸的，其他作法只會在波函數之上添加額外的架構。然而，這也是很重大的一步，因為波函數與我們觀察到的世界大不相同。我們無法直接「看到」波函數，我們看到的是測量的結果，例如質點的位置。然而，這個新理論似乎要求波函數必須扮演起關鍵性的角色，因此，我們就來想像一個完全由量子波函數所描述的現實，看看極限在哪裡。

第二，如果波函數「通常」會遵守薛丁格方程式平滑地隨著時間演化，那麼我們進一步假設：情況「總是」如此。換句話說，我們把所有與測量相關的額外規則都拿掉，完全捨棄「量子配方」的那套做法，直接還原到最簡潔的古典典範：波函數以決定論的方式隨著時間演化，此外再無其他的規則。我們稱這個提案為「簡樸量子力學」（austere quantum mechanics），以縮寫AQM 表示。它不同於「教科書量子力學」，後者要求波函數要崩陷，以盡可能避免探討現實的基本本質。

這是很大膽的策略。緊接而來的問題是：波函數「似乎」就是會崩陷。我們測量一個量子系統時，結果會從一個展開的波函數變成一個特定的數值。即使我們認為電子是一團圍繞在原子核四周沒有特定位置的雲，但一旦真正去尋找它，我們看到的不是這樣的雲，而是位於特定位置上的一個點狀粒子。而且如果馬上再看它一眼，我們會看到這個電子基本上在同一個位置上。所

以量子力學先驅會發明出「波函數崩陷」這個觀念不是沒有道理的，因為它的行為看起來就是這樣。

這樣講也許太快了。我們換個方式來問。先不要想發明一套理論來解釋我們看到的現象，而是從量子力學的骨幹（就是波函數隨著時間平滑演化，沒別的了）開始，想想看住在這個理論描述的世界裡的人，會經歷到什麼現象。

思考一下這代表什麼意思。在上一章中，我們很謹慎地把波函數視為「數學的黑盒子」來討論，從中可以預測出可能的測量結果：對任何特定的結果，波函數都有相應的振幅，出現這個結果的機率就是該振幅的平方。這就是所謂的玻恩定則，提出這個規則的玻恩也是 1927 年索爾維會議的與會者之一。

現在我們要談一個較深、較直接的觀念。波函數不是簿記工具，而是量子系統的精確表示，如同一組位置和速度是古典系統的精確表示。這個世界「就是」一個波函數，不多也不少！我們可以用「量子態」作為「波函數」的同義詞，就相當於我們把一組位置和速度稱為「古典態」是一樣的意思。

這是對實在界的本質一個很重大的主張。即使是熟稔量子力學的老手，在普通的談話時還是會講到類似「電子的位置」這樣的概念。但「波函數就是一切」的觀點，暗示了那樣說是不知變通的。因為根本不存在「電子的位置」這種東西，只有「電子的波函數」。量子力學暗示在「我們能觀察的」和「真正存在的」之間有一道巨大的鴻溝。我們的觀察並沒有揭露我們原本不知道的先在事實，頂多只揭露一個大得多、基本上難以捉摸的實在界的小小一片而已。

　　想想這個你經常聽到的說法：「原子大部分的空間都空無一物。」從 AQM 的觀點來看這可是錯得離譜。之所以會那樣想，是因為執迷不悟地把電子想成一個在波函數內部飛來飛去的古典粒子，而無法接受電子實際上「就是」波函數。在 AQM 裡，沒有任何東西在那裡飛來飛去，存在那裡的就只是量子態。原子大部分的空間並不是空無一物；電子是依照波函數的描述，散布在整個原子的範圍裡。

　　能讓我們跳脫古典思維桎梏的方法，是完全放棄電子會位於某個特定位置的想法。電子處於我們所能觀測到的每個可能位置的疊加態（superposition），在我們真正觀測到它在那裡之前，它不會移動到任何一個特定的位置。物理學家用「疊加」來強調電子存在於所有可能位置的組合狀態，而各個位置有其特定的振幅。量子現實是一個波函數；古典的位置和速度，僅僅是我們探測那個波函數時能夠觀察到的東西。

□　□　□

　　因此根據簡樸量子力學，量子系統的現實是由波函數（或量子態）所描述，可以把它想成所有可能觀測到的結果的疊加。我們如何從這裡，推進到一個惱人的現實，那就是：我們一旦觀測了，波函數卻似乎會崩陷？

　　我們再更小心一點來檢視「測量電子的位置」這個陳述。這個所謂測量的過程究竟牽涉到哪些事情？想必會需要一些實驗室設備和實驗操作技巧，但具體的細節我們不用管。我們只需要知

道,會有一個測量裝置(相機之類)可以跟電子互動,然後讓我們讀出電子在何處被觀測到。

　　教科書的量子配方最多就只告訴我們這樣。進行這項觀測的某些先驅,包括波耳和海森堡,會說得稍微深入一點,直白地表示測量裝置應被視為古典物體,即使它在觀察的電子是屬於量子力學的東西。也就是說,這個世界可區分為由量子和古典所描述的兩個部分,區隔這兩者的界線有時稱為海森堡邊界(Heisenberg cut)。教科書量子物理並未接受量子力學是基本存在,古典物理只是在適合的情況下對量子力學的近似描述,而是把古典物理放在首要位置,認定以此討論與微觀量子系統互動的人、相機等巨觀物體是對的。

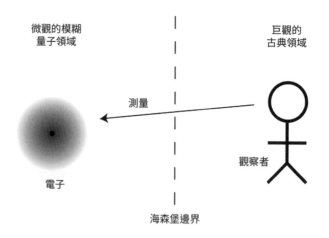

　　這感覺不太對。你第一個會猜想的應該是,量子/古典之間的分野只是關乎我們自己研究方便,並非自然的基本面向。如果

原子會遵守量子力學規則，而相機是原子組成的，那麼想必相機也會遵守量子力學規則。這麼說來，你和我應該也都會遵守量子力學規則。雖然我們都是龐大、笨重的巨觀物體，很適合以古典物理對我們的量子本質做出近似描述，但我們的第一個猜想應該是：這件事徹頭徹尾都是量子的。

如果真是這樣，那麼不僅電子有一個波函數。相機也會有一個自己的波函數，做實驗的人也會有。每一樣東西都是量子！

這個簡單的觀點轉換提出了一個新視角來看待測量問題。AQM 的態度是，我們不該把測量視為神祕的過程，甚至需要為它量身訂做一套額外的規則；相機和電子之間只是根據物理定律在進行交互作用而已，就像石塊和地面那樣，並無二致。

量子態把系統描述為各種可能的測量結果的疊加。一般而言，電子一開始是處於各種位置的疊加，即我們在觀察時可能看到它的每個位置。相機一開始的波函數看似複雜，但其實也只是在說「這是一架相機，還沒有看到電子」。等它真的看到電子，就變成歸薛丁格方程式管轄的物理交互作用。交互作用結束時，可以預期這架相機本身處於一個新的疊加態，由它所有可能的觀測結果組成，即這臺相機在這裡看到電子、或在那裡看到電子等等。

如果全貌就是這樣，那麼 AQM 是個不值一駁的理論。電子處於疊加態、相機處於疊加態，這與我們經驗到的粗略近似的古典世界完全不像。

所幸，我們可以訴諸量子力學的另一項驚人特點：給定兩個不同的物體時（例如電子和相機），它們不能用個別、獨立的

波函數來描述。我們關注的系統整體只有唯一一個波函數存在；假如我們要討論的是宇宙萬物，這還可以一路攀升到「整個宇宙的波函數」。針對我們目前討論的例子，描述「電子＋相機」組合系統的是單一個波函數。因此我們現在就有了一個由電子所有可能存在的位置，以及相機真正觀察到它的位置共同組成的疊加態。

雖然這樣一個疊加態原則上包含了所有可能性，然而大多數可能出現的位置被指派的權重是零。因此，電子的可能位置和相機影像所組成的機率雲，大多數都瞬間消失於無形。尤其是電子位在某處，而相機卻在另一處看到它的機率，更是不可能發生（假設你的相機功能正常的話）。

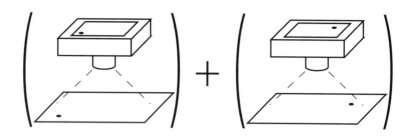

這個量子現象稱為纏結（entanglement）。由單一個波函數來表示電子和相機組成的系統，這個波函數是由許許多多的可能性所形成的疊加態，描述「電子位於某處，相機也在同一處觀察到電子」這個型式的各種可能性的疊加。電子和相機並非各自為政，而是有一種關係把這兩個系統連在一起。

現在我們把上面每個出現「相機」的地方都用「你」來取代。我們異想天開地設想，你的視力非常好，一眼就能看到電子，不需要透過相機來拍照，其他部分則保持不變。最初尚未纏結的情境是，電子處於所有可能位置的疊加態，而且你還沒有望向電子，根據薛丁格方程式，波函數會平滑地演化成纏結的狀態，此時的波函數是由電子可能被看到的每個位置，以及你確實就看到電子出現在那個位置，這兩個機率的疊加。

這就是量子力學規則要說的事，如果我們沒有額外添加那些惱人的測量過程的話。或許，那些額外的規則只是在浪費時間而已。從 AQM 來看，我們剛剛說的「你與電子逐漸纏結並演化成一個疊加態」就是完整的故事了。測量本身並沒有什麼特殊之處，只是兩個系統以恰當的方式在互動而已。在測量之後，你和你與之互動的系統形成一個疊加態，在其中的每一個部分，你看到電子的位置都稍有不同。

這個故事的問題是，它與你觀察一個量子系統時真正的經驗不符。你從來沒有感受到自己演化成由不同測量結果組成的疊加態；你只知道你看到了某一個特定的結果，而這個結果可以用精確的機率來預測。這也是最初會有那些額外的測量規則添加進來的原因。否則，你似乎已經有了一個漂亮而優雅的表述（量子態、平滑演化），只不過與現實不符。

□ □ □

現在該來討論一點哲學了。我們上一段說的「你」究竟是什

麼意思？建構一個科學理論不是寫下方程式就好了，還需要指出這些方程式如何與世界對應。牽涉到你和我的時候，我們會傾向於認為，拿我們自己來比對科學表述中的某些部分，是相當直接的過程。當然在上面的故事中，有一個觀察者在測量電子的位置，聽起來這個觀察者的確很像是演化成一個與所有可能觀測到結果所組成的纏結疊加態。

　　但還有另一種可能性。在測量發生之前，有一個電子和一個觀察者（或者你喜歡的話也可以想成相機，這都無所謂，只要它是一個巨觀物體即可）。然而，它們發生交互作用之後，與其認為這個觀察者演化成各種可能狀態的疊加，我們也可以想成是「許多個可能的觀察者」。以這個觀點來看，對於測量後發生的事，正確的描述並不是有一個人看到電子出現在多個位置，而是有一個「多重世界」（multiple worlds），每個世界裡都有一個人，非常明確地看到電子出現在哪個位置。

　　重大的啟示來了：我們截至目前所描述的簡樸量子力學，更常用的名稱是量子力學的艾弗雷特表述或多世界表述，是由艾弗雷特（Hugh Everett）於 1957 年首次提出。艾弗雷特基本上很討厭標準教科書的量子配方在測量時加上那一大堆額外的規則，因此主張只有單一種量子演化過程。這個理論形式比以前優美太多了，要付出的代價是接受它把我們原本認為的「宇宙」描述成多個版本，每個版本都略有不同，但在某種程度上所有版本都是真的。問題是這個理論的好處是否值得付出這樣的代價，這也是很多人不接受的原因。（當然值得。）

　　在發現多世界表述的過程中，我們從來不是把一大堆宇宙強

加到普通量子力學上。多重宇宙的可能性一直在那裡：這個宇宙有一個波函數，可以很自然地用來描述事物由很多不同方式組成的疊加，包括整個宇宙的疊加。我們只是指出這個可能性是在一般量子演化過程中自然出現的。你一旦承認電子可以處於不同位置的疊加，那麼順理成章地，一個人也可以處於看見電子出現在不同位置的疊加，然後這一整個現實也是疊加，而把這個疊加中的每一個「項」都視為是一個個分開的「世界」，就變得很自然了。我們沒有添加任何東西到量子力學裡，我們只是正視原本就已經有的東西而已。

我們可以合理地把艾弗雷特的看法稱作「勇敢的」量子力學版本。它體現了一種哲學，那就是如果有某些潛藏的現實能解釋我們所見，那我們就應該認真看待它們之中最簡單的那個版本，即使它與我們的日常經驗大相逕庭。我們有勇氣接受嗎？

. . .

以上關於「多世界」的簡短介紹留下了許多未解的問題。這個波函數在何時分開成多個世界？不同的世界之間是由何物所區隔？有多少個世界存在？其他那些世界是「真的」嗎？我們如果無法觀察到那些世界，要怎麼知道它們的存在？（或者說不定能觀察？）要如何解釋我們之所以存在某個世界、而不是另一個世界的機率？

這些問題都有很好的答案，至少有聽起來合理的答案，本書後面會用很多篇幅來回答。但我們也應該承認這整個情況說不定

是錯的，說不定我們還欠缺某些非常必要的東西。

每一個版本的量子力學都有兩項特徵：（1）波函數，以及（2）薛丁格方程式，掌管波函數如何隨時間演化。艾弗雷特表述整體上就是堅持「除此之外，再無其他」，只需要這兩個成分，就足以完整地、具備經驗適當性地解釋世界。（「經驗適當性」（empirically adequacy）是一個花俏的哲學用語，意思是「與數據相符的」。）其他任何版本的量子力學都還需要在這個骨幹上添加額外的東西，或是修改原有的內容。

純艾弗雷特量子力學的蘊含最直接帶來的震撼，就是多世界的存在，所以才會稱它為多世界詮釋。但是這個理論的精髓在於，現實是由隨時間平滑演化的波函數所描述，再無其他。這樣的哲學也衍生出其他額外的挑戰，特別是要把這個異常簡單的表述，對應到我們觀察到的這個豐富多樣的世界時。不過也有相對的好處，就是清晰明瞭，能推導出獨一無二的觀點。等我們最後談到量子場論和量子重力理論，把波函數本身放在原初的地位，拋棄從古典經驗沿襲下來的包袱時，我們會看到它在處理現代物理的深刻問題上有莫大助益。

基於這兩個成分（波函數和薛丁格方程式）的必要性，多世界理論還有一些別的選項可以一併考慮。其一是想像在波函數之上加入新的物理實體。這個作法會推導出隱變數模型，也就是愛因斯坦等人一開始在腦海裡就有的想法。這條思路近年來最受歡迎的是德布羅意－玻姆理論（de Broglie-Bohm theory），簡稱玻姆力學（Bohmian mechanics）。或者，我們可以不更動波函數，但設法修改薛丁格方程式，例如引進真正的、隨機的波函數

崩陷等。最後，我們可以完全不把波函數視為物理上的東西，而只是用來賦予我們所知的現實的特徵。這類方法稱為知識論模型（epistemic model，與知識相關），目前流行的版本是 QBism（讀做 cubism），或稱量子貝氏主義（quantum Bayesianism）。

所有這類選項——還有很多沒有在此列出來——各自代表截然不同的物理理論，而不只是基於相同想法的不同「詮釋」而已。這許多彼此不相容的理論，卻又同時指向（至少目前是如此）可觀察的量子力學預測值，為每一個想要談論量子力學真意的人製造出很大的難題。儘管量子配方廣為多數的科學家和哲學家接受，但究竟基礎的現實為何，亦即任何特定現象代表什麼意思，仍莫衷一是。

我正在為一個看待該現實的觀點提供辯護，也就是量子力學的多世界版本，所以在本書大多數的篇幅裡我會直接用多世界的用語來說明。然而，這並不代表艾弗雷特的觀點是毫無疑義的。我希望能清楚地解釋這個理論在說什麼，以及為什麼有理由相信它是看待現實的最佳觀點，至於你個人最終要怎麼相信則取決於你。

3

Why Would Anybody Think This?
為什麼會有人在想這個？

How Quantum Mechanics Came to be
量子力學是怎麼來的

「有時我在早餐前就相信了多達六件不可能的事情。」[3]白皇后對愛麗絲說道。這一段在《愛麗絲鏡中奇遇》（Through the Looking Glass）描述的劇情，對一個正要開始理解量子力學、特別是多世界概念的人來說，可能是很好用的技能。幸好我們被要求去相信的那些看似不可能的事，並不是什麼天馬行空的發明或是燒腦的禪宗公案。相反地，它們是這個世界的特徵，是需要我們努力去接受的東西，因為實際的科學實驗正又踢又吼地把我

們拖往這個方向。量子力學只是違反直覺,但並非不可能相信。

物理學渴望弄清楚這個世界是由什麼東西組成的、這些東西如何隨時間變化,以及組成這些東西的各種小部分之間如何交互作用。我在自己的環境裡立刻就能看到很多不同的東西,有紙和書本,書桌和電腦,一杯咖啡,一個垃圾桶,還有兩隻貓(其中一隻對垃圾桶裡的東西超級有興趣),當然還有一些非固體的東西例如空氣、光線和聲音。

19 世紀末,科學家已經能把上述每一樣東西濃縮提煉成兩種基本物質:粒子和場。粒子是點狀的物體,位於空間中的某個位置;場(例如重力場)則是散布在空間中,在每個點上都有一個特定的數值。場在時間和空間中振動時,我們稱之為「波」。因此粒子往往被拿來和波對比,但他們說的其實是粒子和場。

量子力學最終把粒子和場整合成單一實體:波函數。這項整合的原動力來自兩個方向:第一個,物理學家發現原先他們認為是波的東西,例如電場和磁場,具有粒子般的性質。接著他們了解到,原本他們認為是粒子的東西,例如電子,竟會顯示出像場一樣的性質。這個難題的調解方案是,認為這個世界基本上是個像場一般的存在(一個量子波函數),但是我們透過精密測量來觀察它的時候,看起來又像粒子。我們花了好一陣子才走到這裡。

□　□　□

粒子似乎是很直觀的東西:位在空間中某個位置的物體。

這個想法可以回溯到古希臘時代，有一小群哲學家提出看法，認為物質是由點狀的「原子」（atom）組成的，這個字在希臘文的意思是「不可再分割」。首先提出原子論的德謨克利特（Democritus）說：「甜是慣例，苦是慣例，熱是慣例，冷是慣例，顏色是慣例；真正存在的只有原子和虛空。」[4]

當時並沒有太多實質證據支持這個提案，因此它一直被冷落到 19 世紀初，開始有人以定量的方式研究化學反應為止。一個關鍵角色是錫氧化物，有人發現這個化合物有兩種類型。英國科學家道耳吞（John Dalton）注意到，對同一分量的錫，某一類氧化錫中的氧含量剛好是另一類的兩倍。道耳吞在 1803 年提出解釋，他說氧和錫這兩種元素都是獨立的粒子型態，在此他借用了希臘文的「原子」一詞：我們只要想像，其中一類的氧化錫是由一個錫原子和一個氧原子組成，另一類的氧化錫則是由一個錫原子和兩個氧原子即可。道耳吞進一步表示，每一種化學元素只與某一類型的原子有關，原子以不同方式組合的傾向決定了它的化學特性。這雖然是一個很簡單的總結，卻帶來了改變世界的蘊含。

道耳吞這樣命名有點操之過急了。在希臘文裡，原子的意義就只是一個不可再分割之物，是構成其他所有事物的最基本單位。但道耳吞的原子並不是不可再分割的，而是由一個緊緻的原子核，以及環繞在它周圍的電子組成，不過這一點是過了一百多年才知道的。首先是英國物理學家湯姆森（J. J. Thomson）在 1897 年發現電子：那似乎是前所未見的新粒子，帶有電荷，質量只有氫（這是最輕的原子）的 1800 分之一。其次是湯姆生以前

的學生、來自紐西蘭的物理學家拉塞福（Ernest Rutherford），他為了學術研究上的發展而移居英國。他在 1909 年發現，絕大部分的原子質量都集中在原子核上，而原子的尺寸則由質量非常小，在它四周繞行的電子所決定。我們最常見到描繪原子的圖畫，都畫成電子以類似行星繞行太陽那樣繞著原子核運轉，這就是拉塞福的原子結構模型。（拉塞福並不知道量子力學，所以這樣的圖畫和真實情況相差甚遠，我們後面就會看到。）

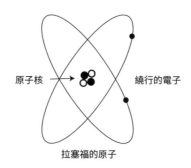

原子核 →　　　繞行的電子

拉塞福的原子

　　拉塞福和後續的科學家在研究中發現，原子核並不是最基本的，而是由帶正電的質子和不帶電的中子組成。電子和質子的電荷大小相等而正負相異，所以一個原子若具有同樣數量的電子和質子（中子數量就無所謂），就是電中性的。到了 1960 和 70 年代，物理學家知道質子和中子又是由更微小的粒子組成，稱為夸克（quark），而把夸克凝聚成中子和質子的，是一種可以傳遞作用力的新型粒子，稱為膠子（gluon）。

　　從化學的角度來看，電子就位在它所在的地方。原子核賦予原子重量，除了罕見的核衰變或核分裂、核融合之外，它基本上是被動的。而在軌道上運行的電子則是又輕又活蹦亂跳，它們愛

動的傾向為我們的生活帶來了趣味。兩個或以上的原子可以共用電子而形成化學鍵結，在適當的條件下它們可能改變心意，決定和別的原子在一起，這就成了化學反應。電子還可以完全逃離原子的束縛，好到另一個物質上自由移動，這就是我們說的「電」。你搖晃一顆電子的時候，它會在四周建立起一個振動的電場和磁場，從而產生光或其他形式的電磁輻射。

為了強調「點狀」（point-like）這個觀念，而不是一個體積不為零的微小物體，我們有時會區分「基本」粒子和「複合」粒子：前者就是空間中的一個點，後者則真的是由更小的粒子組成。就我們所知，電子是真正的基本粒子，所以很多量子力學的討論才會常常拿電子來當例子，它是最容易製造和操控的基本粒子，而且在構成我們以及周遭世界的物質的行為中扮演核心角色。

□ □ □

19 世紀的物理學不單單用粒子來解釋世界，這大概是德謨克利特和他的朋友不樂見的。相反地，當時的物理學家認為至少需要兩種基本的東西：粒子和場。

我們可以把「場」想成與粒子相反的東西，至少在古典力學的脈絡下是如此。粒子的定義性特徵是只會位於空間中的某一個點，而不在別的地方。場的定義性特徵則是無處不在。場在空間的每個位置都會有一個數值，而粒子之間有交互作用的時候，需要透過場來完成。

以磁場為例，它是一個「向量場」，意思是它在空間中的

每一個點都像一個小箭頭，具有大小（磁場的強度可強、可弱，甚至可以等於零）也具有方向（指向某個軸的方向）。只要拿個指南針，觀察指針指向哪裡，就知道磁場的方向。（在地表附近的大部分地方，只要你身邊沒有其他磁性物質，磁針都會大致指向北方）。重點是，磁場是看不見的，而且散布在空間中每一個角落，即使我們不去觀察，它依然存在。場就是這樣的東西。

電場是另一個例子。它在空間中也是具有大小和方向的一個向量。如同磁場可以用磁針來偵測，我們可以在空間中放一個靜止的電子，看看它是會保持靜止，還是會產生加速運動，以此偵測電場是否存在。電子的加速度愈大，表示電場的強度愈強。*物理學在 19 世紀的一大成就是馬克士威（James Clerk Maxwell）統一了電和磁，他向世人展示了這兩個場是由一個更基本的「電磁場」所展示出來的不同面貌。

另一個在 19 世紀就廣為人知的場是重力場。牛頓教導我們，重力的影響範圍可達天文尺度的距離。太陽系中的各行星都會受一股重力，把它們拉向太陽，這股拉力的大小與太陽的質量成正比，與它們和太陽之間的距離平方成反比。1783 年，拉普拉斯用數學的方式證明，我們可以把牛頓的重力想像成源自空間的

---

* 惱人的是，電子加速運動的方向正好與電場的方向相反，這是人類的習慣使然：我們決定把電子的電性稱為「負電」，質子為「正電」。我們可以把這怪罪到 18 世紀富蘭克林（Benjamin Franklin）頭上。他當時還不知道有電子和質子的存在，不過他倒是想通了一個基本觀念，稱作「電荷」。為了指定摩擦起電的兩個物體哪個帶電增加，哪個帶電減少，他必須決定一個說法，而他給帶正電的物體貼上的標籤，用我們現在的話來說就是「帶有的電子數量比該有的少」。也只好這樣了。

「重力位能場」（gravitational potential field），這個場和電場與磁場一樣，在空間中的每個位置都有一個數值存在。

□ □ □

到了 19 世紀末，物理學家已經可以看見一個完整理論的輪廓開始成形，可用來描述世界。物質由原子組成，原子又由更小的粒子組成，這些更小的粒子透過各式各樣的場發生交互作用，這一切運作都在古典力學的架構下進行。

世界的組成（19 世紀的版本）
- 粒子（點狀，組成物質）
- 場（遍及空間，產生作用力）

雖然 20 世紀新的粒子和作用力陸續被發現，但是在 1899 年，認為我們已經掌握這個世界的基本面貌並不算是猖狂的想法。殊不知，量子革命就要來了。

你以前如果讀過量子力學，大概會聽過一個問題：「電子是粒子還是波？」答案是：「是波，不過當我們去看（也就是，測量）的時候，它看起來像個粒子。」這是量子力學最新穎的地方。事實上真正存在的東西只有一個：量子波函數。只不過，在適當的環境下觀察時，它會對我們顯示出粒子性。

世界的組成（20 世紀以後的版本）

· 量子波函數

物理學界歷經了多個概念上的突破，才從 19 世紀的世界觀（古典粒子和古典場），綜合成 20 世紀的「單一量子波函數」世界觀。我們如何理解到粒子和場，原來是同一個更基本的東西的兩個不同面向，這是物理學的統一大業上被低估的成就之一。

要走到這一步，20 世紀初的物理學家要先認清兩件事：場（例如電磁場）可能表現出粒子性，而粒子（例如電子）可能表現出波動性。

先得到接受的是場的粒子性表現。任何帶電荷的粒子，例如電子，會在它的四周建立起電場，這個電場的強度隨距離遞減。我們去搖晃電子，讓它上下振盪的時候，這個場也會跟著盪，像漣漪一樣從它所在的位置向外傳播。這就是電磁輻射，簡言之就是「光」。我們只要把物質加熱到夠高的溫度，原子內的電子就會開始振盪，使該物質發光。這樣的光稱為黑體輻射（blackbody radiation）。每個處在均衡溫度的物體都會發出一個特定形式的黑體輻射。

紅光對應於振盪較慢、頻率較低的波，藍光則是振盪較快、頻率較高的波。以物理學家在 19 世紀末對原子和電子的知識，他們能夠計算黑體在每一個頻率下的輻射強度，稱為黑體光譜。他們的計算在低頻率波段很準確，但隨著頻率愈高，誤差也愈大，最終預測會出現無限大的輻射。這後來被戲稱為「紫外災難」（ultraviolet catastrophe），指在比藍光或紫光更高的頻率時出現的重大誤差。

終於在 1900 年，德國物理學家普朗克（Max Planck）導出了一條完全符合實驗數據的方程式，其中重要的祕訣在於引進一個激進的想法：光是以某個特定數目的能量輻射出來的，稱為「量子」，這個能量的大小與光的頻率有關。電磁場振盪得愈快，輻射的能量也愈大。

在推導方程式的過程中，普朗克被迫要設想一個新的基本參數，現在稱為「普朗克常數」，以字母 h 表示。光量子帶有的能量大小，與它的頻率成正比，而普朗克常數即為其比例常數：能量等於頻率乘以 h。普朗克常數有一個更常見的形式，是在字母 h 上方加一條橫線，寫成 $\hbar$，讀作 h-bar，數值為原本的普朗克常數再除以 2π。當物理公式出現普朗克常數時，就表示量子力學開始起作用了。

普朗克發現這個常數的意義是，我們得用一個新的眼光來看待物理單位，諸如能量、質量、長度、時間等等。能量的單位是爾格、焦耳或千瓦小時，而頻率的單位是時間的倒數，因為頻率是指一個單位時間內發生某件事的次數。為了讓能量與頻率成正比，普朗克常數的單位是能量乘以時間。普朗克自己了解到，他發現的這個新常數可以和其他的基本物理常數相結合，例如在與牛頓的萬有引力常數 G，以及光速 c 結合之後，可以重新定義基本的長度、時間等等。普朗克長度約為 10^{-33} 公分，而普朗克時間則為 10^{-43} 秒。普朗克長度確實非常短，但是想必有重要的物理意義，因為它的尺度同時與量子力學（h）、重力（G）和相對論（c）這三大領域有關。

有趣的是，普朗克立刻聯想到與外星文明溝通的方向。假設

有一天，可以透過星際無線電訊號和外星人聊天，我們說人類的身高大約是「2 公尺高」時，他們不可能懂，但他們的物理程度想必不會比我們差，所以用普朗克單位應該就沒問題。這個有趣的想法尚未實際派上用場，但是普朗克常數已在別的地方造成了巨大的衝擊。

仔細想想，「光是以不連續的能量量子來輻射，此能量大小與頻率成正比」這個觀念還滿令人困惑的。就我們對光的直覺認識，如果有人說光的能量取決於它的亮度，而不是顏色，好像還比較有道理。然而，這個假設讓普朗克導出了正確的方程式，所以他這個觀念似乎挺有用的。

下一步是愛因斯坦，他以獨特的方式捨棄了傳統智慧，大膽開啟了嶄新的思考方式。1905 年，愛因斯坦提出光只會以特定的能量輻射，是因為它就是由一個個「能量包」組成的，而不是平滑的波。換句話說，光是粒子，用我們現在知道的語言來說叫做「光子」。這個「光是不連續的、像粒子般的能量量子」的觀念，標誌了量子力學的誕生，愛因斯坦也因為這個發現而獲頒 1921 年諾貝爾獎。（他的相對論至少應該讓他再得一個諾貝爾獎，可惜沒有。）愛因斯坦可是絕頂聰明，他知道這個觀念非同小可，誠如他跟他的好友哈比希特（Conrad Habicht）說的，他的光量子理論「非常革命性」。[5]

普朗克和愛因斯坦的提議之間有細微的差異。普朗克是說，固定頻率的光是以特定數量的能量放射出來的，而愛因斯坦的說法是，光本來就是不連續的粒子。這之間的差別就好比前者說有一臺咖啡機每次都剛好做出一杯咖啡，後者則說咖啡本身只以一

杯量的形式存在。我們在討論組成物質的粒子時，例如電子和質子，這個說法或許還可以接受，但是回到當時，馬克士威才在一、二十年前徹底否決了光是粒子的說法，並奠定了波動說的地位。愛因斯坦的「光子說」無疑撼動了馬克士威的偉大成就，但它的確能合理解釋實驗數據，對於一個尋求科學界接受的瘋狂新想法來說，這是一個強大的優勢。

▫ ▫ ▫

同一時間在粒子的這一邊，拉塞福以電子繞著原子核旋轉的原子模型，潛藏了另一個問題。

還記得去搖晃一個電子，它會發出光吧。「搖晃」的意思是指讓電子做某種加速度運動。當電子不是以等速直線運動時，它就會放射出光（電磁波）。

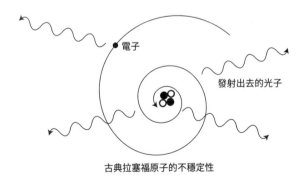

電子

發射出去的光子

古典拉塞福原子的不穩定性

根據拉塞福的原子模型，電子在軌道上繞著原子核旋轉時，

它的運動路徑顯然不是直線，而是圓形或橢圓形。在古典的世界裡，電子是毫無疑義是在進行加速度運動，另一個毫無疑義的地方是，電子應該會發出光。如果古典力學是正確的，那麼你身體裡，以及你周遭所有物體裡的每一個原子，都應該會發光。這個意思是，電子在發出輻射的同時會失去能量，繼而螺旋向下掉到原子核裡。所以在古典的世界裡，電子的運行不應該是穩定的。

或許你身上的原子的確正在發光，只是太微弱而看不到。畢竟，同樣的邏輯也能運用到太陽系的行星上。行星應該也會輻射出重力波才是——質量在加速運動時，應該會在重力場中引起漣漪，就像加速運動中的電荷會在電磁場中引起漣漪一樣。事實的確如此。關於重力波是否存在的疑慮，在 2016 年以後已經完全排除了，當時雷射干涉重力波天文臺（LIGO）和室女座干涉儀（Virgo interferometer）這兩個探測重力波的實驗室，共同發表首次偵測到重力波的聲明，確認那是由位於距離我們超過 10 億光年的兩個黑洞，以螺旋的方式撞在一起所引發的。

但太陽系的行星比黑洞質量要小得多，移動速度也較慢。2016 年觀測到的重力波，是由質量每個都超過太陽 30 倍的黑洞產生的。因此，我們周遭的行星輻射出來的重力波非常微弱。地球公轉的重力波輻射出來的能量約只有 200 瓦，相當於兩、三顆燈泡的輸出功率而已，與太陽光或潮汐力等其他因素相比完全微不足道。如果我們假設，重力波是影響地球繞日運動的唯一因素，那麼想要看到地球因失去能量而撞上太陽，需要等上 1023 年。所以，或許原子也類似這樣：說不定電子的軌道真的不是很穩定，但也夠穩定了。

　　這是一個定量上的問題，代入數字就不難得出答案。結果算出來的答案很悲慘，因為電子移動的速度比行星快得多，電磁力也比重力大得多。因此電子可以穩定待在軌道上的時間大約只有 10 皮秒（picosecond），也就是 1000 億分之一秒而已。如果組成一般物質的原子壽命只有這麼長，早就有人注意到了。

　　這個問題困擾了很多人，其中最著名的是波耳，他在 1912 年和拉塞福短暫共事過。1913 年他發表了一系列的三篇論文，被後來的學界稱為「三部曲」，在這三篇文章中他提出了另一個大膽的、出人意料的觀念，成了早期量子理論的重要特徵。波耳提出一個假設問題，電子之所以不會墜毀到原子核上，會不會是因為電子不被允許停留在所有軌道上，而是只有幾個特定的軌道？其中一個是最低能量軌道，然後是能量高一點的軌道，下一個再高一點，以此類推。而且，電子不允許去低於最低能量軌道的地方，也不允許出現在兩個軌道之間。這些受允許的軌道是量子化的（不連續的）。

　　波耳這個理論在最初發表時聽起來很古怪，實則不然。當時

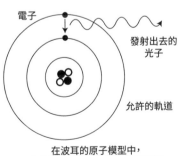

在波耳的原子模型中，
電子可以在允許的軌道之間跳躍

的物理學家已經研究過光如何與不同氣態元素之間交互作用，如氫、氮、氧等。他們發現，如果你把光照向低溫氣體，會有部分的光被吸收；同樣地，如果你讓電流通過填充了氣體的管子，這些氣體會開始發光（這就是日光燈的原理，我們到今天還在使用）。然而，吸收或發出的光僅限於某些特定頻率，其他顏色的光會直接通過。特別是氫，它的結構非常簡單，只有一個質子和一個電子，有非常固定的放射和吸收頻率。

對於古典的拉塞福原子，這個現象完全沒有道理可言，但用波耳原子模型中特定的電子軌道馬上就能解釋。即使電子不能在軌道之間逗留，卻能從一個軌道跳到另一個軌道（稱為躍遷）。電子從高能量軌道掉到低能量軌道時，會放出這個能量差的光作為補償，或者也能從環境光中吸收適當的能量而跳到較高能量的軌道上。因為軌道本身是量子化的，我們只會看到特定能量的光與電子產生互動。連同先前普朗克的想法，光的能量與其頻率有關，這也解釋了物理學家為何會看到只有特定頻率的光被發射或吸收。

藉由比較理論預測和氫實際發射的光，波耳不僅能假設電子只可存在於幾個特定的軌道，還能精確計算出是哪些軌道。任何在軌道上運行的質點，都具有一個稱為角動量（angular momentum）的物理量；只要把質點的質量乘以它的速度，再乘以它的軌道半徑，就能得出該質點的角動量。波耳表示，電子可以存在的軌道，是那些角動量等於某個基本常數的整數倍的軌道。他把電子在不同軌道之間躍遷時應該釋放的能量，與實際觀測到由氫氣發出來的光比對，就知道這個常數是什麼。他得到的

答案就是普朗克常數，h。更精確地說，是普朗克常數的修正版：$\hbar = h / 2\pi$。

就是這一類的事會讓你覺得你走對方向了。波耳解釋電子在原子中的行為時，提出了一個特設規則，要求電子只能在特定的量子化軌道上運行，而為了搭配測量數據，他的規則最終需要有一個新的自然常數，結果這個新的自然常數，正是普朗克在解釋光子的行為時被迫發明的那個常數。這些事看似鬆散，好像有點草率，但整體看起來，似乎代表在原子和粒子的領域有什麼大的祕密呼之欲出，一個與古典力學的金科玉律不相容的發現。對於這個時期的觀念，現在有時會稱為「舊量子理論」，海森堡和薛丁格在 1920 年代提出的想法則稱為「新量子理論」。

◦ ◦ ◦

雖然舊量子理論深具啟發性，也取得了空前的成功，但是沒有人真正滿意。普朗克和愛因斯坦的光量子理論雖然幫忙解釋了一些實驗結果，但很難與馬克士威認為光是電磁波的劃時代理論調合。波耳的電子軌道量子化模型，雖然有助我們理解氫原子的吸收和放射光譜，卻有種天外飛來一筆的感覺，除了氫之外不太適用於其他元素。但有一點似乎很清楚，就是這套理論在被稱為「舊量子理論」之前，我們就已經感覺得到，它只是在暗示有某個更深刻的東西正在蠢蠢欲動。

波耳的模型最讓人不滿意的地方是，電子可以從某個軌道「跳」到另一個軌道。低能量的電子吸收某個特定能量的光之後，

會跳到一個剛好對應於這些新增的能量的軌道上，這不難理解。然而，位於高能量軌道上的電子放出光子往下跳的時候，似乎可以選擇它要跳到哪一個能量較低的軌道上。為什麼它能選擇？拉塞福在寫給波耳的一封信中對此表達了憂慮：

> 你的假說中有一個讓我覺得非常難接受的說法，我想你一定也充分了解，那就是電子從某個靜止態跳到另一個靜止態時，它如何事先決定自己將以那個頻率振動？在我看來，你似乎假設電子在要跳躍之前，就已經決定好要在哪個軌道落腳。[6]

這個電子「決定」要跳到哪個軌道的問題，預告了古典物理的典範即將大大受挫，比物理學家在 1913 年預期的要重大得多。在古典力學裡，你可以想像有一個「拉普拉斯惡魔」，它能根據目前的狀態，預測出世界的整個未來歷史（至少是原則性的預測）。以目前量子力學發展的地步，沒有人真的敢面對有朝一日這個「決定論」可能會被完全拋棄的局面。

十年後，一個更完整的架構，即「新量子理論」問世。事實上當時有兩個理論在競爭，分別是矩陣力學和波動力學，最終兩者被證明為在數學上等效的理論，講的是同一件事，現在統稱為量子力學。

矩陣力學最初由海森堡提出，他和波耳在哥本哈根共事過。這兩個人，連同他們的共同研究者包立，都是量子力學哥本哈根詮釋的代表人物，不過他們堅信這是持續在辯論中的歷史和哲學

主題之一。

　　海森堡在 1926 年的作法是暫且不問量子系統實際上發生了什麼事，只專心解釋實驗觀察到的結果，反映了開始嶄露頭角的年輕一代的勇氣。波耳只提出電子軌道的量子化假設，而沒有解釋為何某些軌道可以有電子，某些軌道則否。海森堡則是完全捨棄軌道的觀念。他不考慮電子在做什麼，只問你觀察到了什麼。在古典力學裡，電子的特徵可用位置和動量來表示。海森堡保留了這兩個詞，但是並不把它們視為物理量──無論我們是否是去測量，它都在那裡──而是只視之為可能的測量結果。對海森堡而言，那個困擾著拉塞福和其他人的「跳躍」問題，反倒成了最適合用來討論量子世界的一個中心主題。

　　海森堡首次寫下矩陣力學公式時只有 24 歲。他無疑是個奇才，但還稱不上是一個受到學界認可的角色，一直到隔年，他才找到一份固定的教職。在一封寫給玻恩（他的另一位恩師）的信中，他苦惱地寫到他「剛寫好一篇瘋狂的論文，但不敢送出去發表」[7]。不過他和玻恩以及另一位比他還年輕的物理學家喬丹（Pascual Jordan）在一項共同研究中，終於可以把矩陣力學以一個清晰、在數學上站得住腳的方式呈現出來。

　　基於對矩陣力學的貢獻，海森堡、玻恩和喬丹三人理應一起獲頒諾貝爾獎，愛因斯坦的確也是提名他們三位。但 1932 年諾貝爾委員會卻只把獎頒給海森堡。據推測，喬丹被排除在外是因為他強烈的右翼政治言論，後來還加入納粹，並成為衝鋒隊（Sturmabteilung）的一員。不過另一方面，他很支持愛因斯坦以及其他猶太科學家，所以也無法獲得其他納粹黨員的信任，最

終他沒能獲得諾貝爾獎。玻恩在這次頒獎也成了遺珠，所幸在 1954 年得到補償，因他的機率定則而獲得肯定，這也是諾貝爾獎最後一次頒給量子力學的基礎研究工作。

　　二戰爆發後，海森堡主持德國政府的核彈發展計畫。他對納粹的真實想法，以及他是否盡全力發展核彈，在歷史上有一些爭論。看起來，海森堡和多數的德國人一樣，雖然不喜歡納粹，但在戰爭中比起被蘇聯政府碾壓，還是寧可德國戰勝。沒有證據顯示海森堡曾主動破壞核彈計畫，但很明顯地，他帶領的團隊進展很小。部分原因想必是由於很多優秀的猶太物理學家在納粹取得政權之後，紛紛逃離了德國。

□　□　□

　　儘管矩陣力學令人激賞，但是它在行銷上有一個嚴重缺陷：數學形式過於抽象，難以理解。愛因斯坦對這個理論的反應就很典型：「這名副其實是巫師的計算。它足夠巧妙，但複雜度非常高，因而受到保護，無法被證明為假。」[8]（這個建議以非歐幾里得幾何來描述時空的人竟然這樣說。）緊接著薛丁格就發展出波動力學，這個版本的量子力學使用的是物理學家已經非常熟悉的概念，因此有助於加速大家接受這個新的典範。

　　物理學家研究波已經很久，再加上馬克士威以場論觀點提出了電磁學方程式，所以已經習慣於思考波。最早的量子力學，從普朗克到愛因斯坦，觀念曾經比較偏離波，傾向粒子，波耳的原子模型卻指出粒子其實也不是它們看起來那個樣子。

1924 年，年輕的法國物理學家德布羅意正在思考愛因斯坦的光量子理論。在那個時間點，光子和古典電磁波之間的關係還很模糊。有一件明顯需要深思的是，光同時由粒子和波構成：大家已經熟知的電磁波可能攜帶具有粒子性質的光子。如果這是真的，那麼沒有理由不能想像電子也是同樣的情形：或許有某種具有波動性質的東西，可以攜帶電子這樣的粒子。這正是德布羅意在他 1924 年的博士論文的主要內容，他提出「物質波」的動量和波長關係式，很類似普朗克的光子公式：動量較大的物質波，波長較短。

短波長＝能量高、動量大　　　　　　　　　　長波長＝能量低、動量小

和當時提出的很多理論一樣，德布羅意的假設雖然看似為了特殊目的而設想，但它的蘊含非常深遠，特別是會很自然讓人想問：對環繞原子核的電子而言，物質波代表的意義是什麼。有個精采的答案自己跑了出來： 如果要讓波穩定成一種靜止的駐波狀態，那麼相對應的軌道周長必須是半波長的整數倍。由此，只要把電子與駐波的觀念關聯起來，即可推導出波耳的量子化軌道，而不是單純的假設。

想像兩端固定的一條弦，例如吉他或小提琴的弦。即使弦上的每一個部分都能上下移動，但這條弦的整體行為就是被限制在這兩個端點之間。因此，這條弦只能以特定的波長或其特定的組

合來振動；這就是為什麼弦樂器發出的是清晰的音符，而不是模糊的噪音。這些特殊的振動方式稱為弦的模態（mode）。如下圖所示，次原子世界之所以會出現「量子」特性，並不是因為物理實體實際上被分割成不連續的區塊，而是因為構成物理系統的波存在著自然的振動模態。

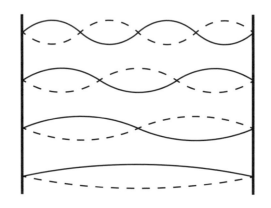

端點固定的琴弦允許的波長（模態）

「量子」一詞指的是一定數量的東西，會給人一種印象，認為量子力學描述的世界，是一個本質上不連續、像畫素構成的世界，就像你把電腦或電視畫面放大看到的那樣。實際上剛好相反，量子力學對世界的描述是一個平滑的波函數，只不過，在合適的情況下，當這個波函數的某些部分被以某種方式固定下來之後，這個波會以不連續振動模態的組合形式出現。觀察這樣一個系統時，會看到這些可能性是離散的。這就是電子軌道的真正模樣，它也能解釋為何量子場看起來像是個別粒子的集合。以量子

力學的觀點來看，世界的本質就是波，我們看到的量子不連續性，是出自這些波以特定方式振動。

德布羅意的想法雖然誘人，但不足以成為一個綜合性的理論，這件事由薛丁格接手，他在 1926 年提出波函數的動力學解釋，包括波函數必須遵守的那一條方程式，後來就用他的名字來命名這條方程式。物理學革命通常是年輕人的場子，這在量子力學也不例外，但薛丁格是異數。在 1927 年索維爾會議上的學術領袖中，愛因斯坦是 48 歲，波耳是 42 歲，玻恩 44 歲，他們算是與會的高齡人士。反觀海森堡只有 25 歲，包立是 27 歲，狄拉克也是 25 歲。所以當年 38 歲的薛丁格，在那樣的場合提出如此激進的觀念，讓人很難想像他已經有這麼老。

請注意由德布羅意的「物質波」到薛丁格「波函數」的轉換過程。儘管薛丁格深受德布羅意的影響，但是他的概念又先進了許多，因而值得擁有另一個獨立的名字。最明顯的是，物質波在任何一點的數值都是實數，而波函數描述的振幅則為複數——是實數與虛數的和。

更重要的是，最初是認為每一種粒子都有各自關聯的物質波。但這並不是薛丁格波函數的意思：它是一個單一函數，取決於宇宙中所有粒子的可能位置。正是基於這樣一個簡單的轉換，導致了顛覆世界的量子纏結現象。

□　□　□

讓薛丁格的想法一炮而紅的是他提出的方程式，描述了波函

數如何隨時間而演化。對物理學家而言，一條好的方程式至關重要，能讓一個聽起來相當合理的想法（「粒子具有波的性質」）提升至一個嚴格、不寬容的框架裡。在人身上，不寬容或許不是好的特質，但在科學理論上這正是我們想要的。你能做出精確預測正是因為理論有這個特色。我們說量子力學教科書讓學生花了很多時間求解方程式，大部分都是在說薛丁格方程式。

薛丁格方程式就是量子版本的拉普拉斯惡魔，它的解可以預測整個宇宙的未來。雖然薛丁格最初寫下的方程式，是在描述個別粒子組成的系統，但它實際上是一個非常通用的觀念，應用到自旋、場、超弦或其他任何你想用量子力學來描述的系統，都有同樣良好的解釋力。

不同於矩陣力學是以當時大多數物理學家從來沒有接觸過的數學概念來表達，薛丁格方程式在外觀上與馬克士威方程式近似，時至今日還有很多物理系學生穿著印了馬克士威方程組的 T 恤。你可以把波函數視覺化，至少你會說服自己你辦得到。這個社群在還不確定該如何看待海森堡時，已經準備好接受薛丁格了。哥本哈根的那群人，特別是年輕的海森堡和包立，對於這個來自蘇黎世的不起眼老人家提出的觀念，反應並不十分友善。但沒多久他們就開始以波函數的角度來思考，像其他人一樣。

薛丁格方程式含有幾個少見的符號，但它的基本含意並不難理解。德布羅意提出，當物質波的波長變短時，波的動量會增加。薛丁格也指出類似的事，不過是指能量和時間：波函數的時間變化率，與波函數的能量成正比。下面就是這條著名方程式最常見的形式：

$$\frac{\partial \Psi}{\partial t} = \frac{1}{i\hbar} H\Psi$$

我們在此不需要討論它的細節，不過能實際看一眼物理學家在想的方程式還是不錯的。當然這裡面有一些數學計算，但是終究只是把我們用文字表達的觀念，轉譯成數學符號而已。

Ψ（希臘字母 Psi）表示波函數。等號左邊是波函數的時變率，右邊是一個比例常數，由普朗克常數 $\hbar$（量子力學的基本單位）和虛數 i（負 1 的平方根）組成。H 稱為哈密頓算符（Hamiltonian），作用在波函數 Ψ 上。可以把哈密頓算符想像成一個調查官，負責盤問以下的問題：「你有多少能量？」這個概念是 1833 年由愛爾蘭數學家哈密頓（William Rowan Hamilton, 1805-1865）發明的，以這個方法來重新表述古典系統的運動定律，早在它成為量子力學的主角之前即已存在。

物理學家開始針對不同的物理系統建立模型時，他們嘗試的第一件事就是弄清楚該系統的哈密頓量為何。若某個系統是由一組粒子組成，那麼找出這個系統的哈密頓量的標準方法，是從個別粒子的能量開始，然後加入這些粒子之間的互動方式帶來的貢獻。這些粒子之間可能像撞球那樣互相彈開，或者對彼此施加重力影響。每一種可能的互動方式都有相應的哈密頓量。若是你能知道系統的哈密頓量，你就等於知道了所有的事情；這是描繪一個物理系統的所有動力學細節的簡潔方法。

如果量子波函數描述了某個能量為定值的系統，系統的哈密頓量就等於那個值，而薛丁格方程式則暗示該系統會繼續做相同的事——維持這個固定的能量值。更常見的是，因為波函數是

各種可能性的疊加態，所以該系統就會是由多個能量狀態組合而成。在這個情況下，哈密頓量就約略捕捉到所有的這些狀態。總之，薛丁格方程式的右邊，是把量子疊加中對波函數帶來貢獻的每個成分各帶了多少能量加以特徵化；高能量的成分演化的速率較快，低能量的成分演化的速率較慢。

真正重要的是有某個具決定性的方程式存在。一旦有了它，世界就成了你的遊樂場。

□　□　□

波動力學掀起了滔天巨浪，而且沒多久，薛丁格和英國物理學家狄拉克等人就一起證明了，它和矩陣力學在本質上是等效的，從而為量子世界打造出一個統一的理論。儘管如此，並不是從此一切美好，而是留給了物理學家一個迄今仍難以回答的問題：波函數到底是什麼？它究竟代表什麼實質的東西，如果有的話？

以德布羅意的觀點，物質波是用來引導粒子，而不是完全取代這些粒子。他後來更進一步把這個想法發展成導航波理論（pilot-wave theory），到目前仍是一個可以解決量子基礎問題的方法，只是未受現役物理學家普遍採納。相反地，薛丁格是想要完全消滅基本粒子。他最初的希望是，他的方程式可以描述局域波包（localized packet），那些振動是局限在相對窄小的空間內，因此對巨觀的觀察者而言，每個波包看起來都像粒子。波函數則可以想成代表了空間的質量密度。

可惜，薛丁格的抱負被他自己的方程式打敗了。如果波函數一開始是描述局限在空間中某個區域的單一粒子，那麼薛丁格方程式對下一步的預測就很清楚：這個波函數會擴散到整個空間。這個難題又回到它自己的身上，薛丁格的波函數看起來跟粒子一點也不像。*

後來是和海森堡共同研究矩陣力學的玻恩補上了最後一塊拼圖，他認為，我們應該把波函數想成是一種計算機率的方法，代表我們在尋找一個粒子時，在任何一個位置看到該粒子的機率大小。特別是，我們應該同時考慮它的複數振幅，亦即把實部和虛部個別平方，再把這兩個數值加在一起，最終的數字就是觀察到某個特定結果的機率。（玻恩表示要看振幅的平方，而不是振幅本身；這個想法見於他在 1926 年那篇論文中最後一刻才加上的註。）我們觀察到該粒子之後，波函數就會崩陷，局限在我們觀察到那個粒子的位置。

你知道誰不喜歡薛丁格方程式的這個機率詮釋嗎？正是薛丁格本人。他和愛因斯坦有相同的目標，都想為量子現象提供一個明確的、機械論的堅實基礎，而不只是一個可以計算機率的工具而已。「我不喜歡它，很遺憾我跟它脫不了關係。」[9] 他後來發過這樣的牢騷。「薛丁格的貓」這個著名的思想實驗是說，這隻貓的波函數（透過薛丁格方程式）會演化成一個「活著」和「死

----

* 我強調過只有一個波函數存在，即宇宙的波函數，然而，眼尖的讀者會注意到我常提到「一個粒子的波函數」。若這個粒子與宇宙間的其他部分完全沒有纏結，也唯有在此前提下，這個說法是完全沒有問題的。所幸情況往往是如此，不過一般而言，我們還是要對此保持警覺。

亡」的疊加，但重點並不是要讓人覺得：「哇，量子力學真是神祕啊。」而是希望聽到有人說：「哇，這不可能對的。」但就我們目前的知識所及，它是對的。

· · □

有大量的腦力行動發生在 20 世紀的頭 30 年。在整個 19 世紀，物理學家為物質和作用力的本質，構築出一幅很有前景的圖像：物質由粒子組成，力透過場傳播，這一切都受到古典力學的支配。但遭遇到實驗數據的挑戰，物理學家被迫跳脫這個典範來思考。為了解釋熱物體發出的輻射，普朗克提出光是以不連續數量的能量發射出來的，愛因斯坦更進一步表示，光是一種粒子狀態的量子。另一方面，波耳看到原子能穩定存在，並觀察通電氣體發射的光，而提出假設認為電子只能在特定軌道上運行，偶爾在軌道之間躍遷。海森堡、玻恩和喬丹詳細闡述這種機率性的躍遷，而形成一個完整的理論：矩陣力學。德布羅意則從另一個角度指出，我們如果把物質粒子，例如電子，想成一種波，就能推導出波耳的量子化軌道理論，而不是只能把它當成假設。薛丁格據此發展出一個成熟的量子力學理論，這個理論最後顯示出波動力學和矩陣力學是對同一件事的等價表述。儘管最初是期望波動力學可以幫忙開脫一下，讓量子理論顯然在根本上需要機率這一點解釋得過去，結果玻恩卻證明，要正確理解薛丁格波函數，就必須認清這個波函數其實在取了平方值之後，恰恰就是某個測量結果的出現機率。

　　呼！這一段不算短的旅程，竟然在很短的時間內就結束了。從普朗克在 1900 年觀察到量子現象開始，到 1927 年的索爾維會議，不到 30 年，一個全新而完整的量子力學就此問世。這個成就要大大歸功於 20 世紀初的物理學家，他們願意積極面對實驗數據的要求，並在這個思辨的過程中，徹底顛覆了牛頓在古典世界極為成功的觀點。

　　然而，他們對於自己創造出來的成果具有什麼蘊含，就不是那麼積極面對了。

4

What Cannot Be Known, Because It Does Not Exist:
因為不存在，所以不可知：

Uncertainty and Complementarity
不確定性與互補性

　　海森堡開車超速被警察攔了下來。警察問他：「你知道你剛剛車速是多少嗎？」海森堡答道：「不知道。不過我很確切知道我現在人在哪裡。」

　　我想我們都同意物理笑話最好笑，不過並不是很能準確傳達物理觀念。這個笑話的笑點是從海森堡測不準原理來的，往往被解釋為我們無法同時知道任何物體的位置和速度。但現實不僅止於此。

　　我們並不是無法知道位置和動量，而是兩者根本就不會同時存在。只有在一個非常特殊的情況下，亦即波函數完全集中在空間中的某個點，其他地方都是零的時候，我們才能說該物體具有位置；速度也是類似的道理。而且我們要是精確測定了其中之一，另一個物理量則是任何數值都有可能。更常見的情形是，這兩個物理量的波函數都包含了各種可能性，也就是兩者都沒有定值。

　　在 1920 年代，這些觀念還不是那麼清晰。當時還是很自然地認為，量子力學的機率本質僅表明了它是一個不完備的理論，應該還有一個更接近決定論、更接近古典力學的理論等著被發展出來。換句話說，波函數可能只是一個方式，凸顯我們對真正在發生的事情的無知而已，而不是我們在此宣揚的：波函數就是正在發生的事情的全部事實。剛知道測不準原理的人，首先都會試圖尋找它的漏洞。結果總是失敗，不過在嘗試的過程中我們學到了很多，知道量子實在界和我們熟悉的古典世界有根本上的不同。

　　一個根本上就缺乏明確物理量的實在界，或多或少會直觀地映現到我們終究能觀察到的東西上，這就成了剛接觸這個領域的人最難接受的量子力學核心特徵之一。有些物理量不僅僅是未知的，而是根本就不存在，即使我們似乎可以去測量它。

　　量子力學迫使我們直接面對我們所見到的與現實之間的巨大鴻溝。本章我們會看到這道鴻溝如何在測不準原理中顯現出來，而在下一章，我們會從量子纏結現象中更強烈地再次看到它。

□　□　□

測不準原理之所以存在，主要是因為在量子力學和古典力學裡，位置和動量（質量與速度的乘積）之間的關係有根本上的不同。在古典力學中，我們可以測量一個質點的位置如何隨著時間改變，看它速度多快，而測出該質點的動量。但如果我們只能觀測單一時刻，那麼位置和動量就完全是互相獨立的了。如果我只告訴你質點在某一時刻的位置，而不跟你說其他的事，你就無從得知它的速度；反之亦然。

物理學家把描述某個系統所需要的數值，稱為該系統的「自由度」。在牛頓力學裡，如果我要完整地知道一群粒子的狀態，你得告訴我每一個粒子的位置和動量，因此描述這個系統所需的自由度就是位置和動量。加速度並不是一個自由度，因為只要知道作用在該系統的力，加速度就可以計算出來。自由度的本質在於它不依賴其他東西。

當我們轉而討論量子力學，開始思考薛丁格的波函數時，事情就變得有點不一樣。要寫下單一質點的波函數，需要考慮這個質點所有可能出現的位置（如果要去觀測的話）。接著，要賦予每個位置一個振幅，這個振幅是複數，平方之後等於在該位置找到質點的機率。這裡還有一個限制：所有這些複數的平方和必須等於 1，因為質點在各個位置出現的機率總和為 1。（有時會以百分比來描述機率，也就是以 100 乘以實際的機率；20% 和 0.2 指的是相同的機率。）

請注意，我們剛剛完全沒有提到「速度」或「動量」。因為在量子力學裡完全不需要特別指出動量；這點與古典力學的作法

不同。觀察到某個特定速度的機率,完全由質點在所有可能位置的波函數決定。速度不是一個獨立於位置的自由度。這個道理的基本原因是,顧名思義,波函數就是一個波。與古典的質點不同,我們無法同時擁有單一位置和單一動量。我們擁有的是一個包含有所有可能位置的函數,而該函數通常是上下振盪。我們要去測量速度或動量時,這些振盪的快慢程度,決定了我們可能觀察到的結果。

考慮一個簡單的正弦波,在空間各處規律地上下振盪。把這個波函數代進薛丁格方程式,看它會如何演化。我們發現正弦函數有固定的動量,較短的波長對應較快的速度。但正弦函數並沒有固定的位置,它是散落各處的。而且,一個更典型的波形,也就是具有固定波長的正弦函數,它既不局限在單一位置,也不分散,所以它既不會對應於固定的位置,也不對應於固定的動量,而是兩者的混合狀態。

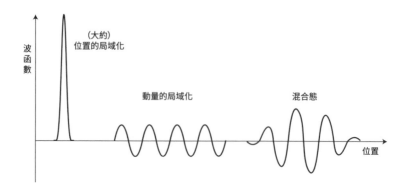

　　我們明白基本的兩難問題在哪裡。我們愈是要設法把波函數局限在空間中某處，它的動量值就會分布得愈來愈廣，而如果想把它的波長固定在某個數值（也就是某個固定的動量），那麼它可能出現的位置範圍就會愈廣。這就是測不準原理（uncertainty principle）。並不是我們無法同時「知道」這兩個物理量，而是，波函數的一個基本事實是：如果位置集中在某處，動量就無法測定，反之亦然。古典物理所謂的「位置」和「動量」並不具有真正的數值，而是可能出現的測量結果。

　　有時會看到有人把測不準原理從充滿方程式語彙的物理課本抽離出來，運用到日常生活裡，因此有必要強調一下什麼「不是」測不準原理。首先它並不是在主張「每一件事都是不確定的」。在一個恰當的量子系統中，位置和動量兩者有一個是可以確定的，只是無法同時確定而已。

　　再者，測不準原理並不是說測量就一定會干擾到該系統。如果一個粒子有固定的動量，我們的測量並不會造成任何改變。關鍵是，不存在一個位置和動量同時擁有固定數值的狀態。測不準原理是關於量子態的先天性質，以及量子態和可觀測的物理量之間的關係所作的聲明。測不準原理並不是針對測量這項行為的聲明。

　　最後，測不準原理也不是在聲明我們對某系統的知識有局限。我們可以準確知道量子態，此外沒有別的東西可以讓我們知道了；即使如此，我們仍然無法準確預測未來所有可能出現的觀測結果。因此認為某個波函數「有些我們不知道的事」是過時的看法，出自我們過去總是根深蒂固地認為能觀察到的就是真正存

在的。量子力學教我們的是別的東西。

◦ ◦ ◦

你可能聽過這個從測不準原理而來的觀念，認為量子力學在邏輯上自相矛盾。這太扯了。定理是公理經過邏輯演繹而來的，所以定理必然為真。公理可能有、也可能沒有相應的物理情況。以畢氏定理為例，這是從歐幾里得幾何學的公理演繹出來的結果，即使離開平坦的桌面，改成討論曲面上的問題時，這些平面幾何的公理已經不再適用，但是「直角三角形斜邊的平方等於另兩邊長的平方和」仍是一個正確無誤的幾何定理。

認為「量子力學違反邏輯」，與認為「原子內部的空間大多數是空無一物」差不多，都是一種誤會。會有這兩個想法都是因為儘管我們已經學到那麼多，還是堅信質點真的就是具有位置和動量的點，而不是在空間中傳播的波函數。

想想在盒子裡有一個質點，我們劃一條線把盒子分為左右兩側。質點的某個波函數散布在整個盒子裡。我們令命題 P 為「質點位於盒子左側」，命題 Q 為「質點位於盒子右側」。因為波函數遍及盒子兩側，所以我們可能會很想下結論說，這兩個命題皆為偽。但是命題「P 或 Q」必須為真，因為質點就在盒子裡。從古典物理的邏輯來看，「P 和 Q 皆為偽」和「P 或 Q 為真」這兩個結論不可能同時成立。所以這裡面一定有蹊蹺。

有蹊蹺的地方既不是邏輯，也不是量子力學，而是我們在指派命題 P 和 Q 的邏輯真偽值時，沒有顧慮到量子態的本質。

這兩個命題既不為真，也不為偽，它們只是「定義不良」（ill defined）而已。因為根本不存在「質點位於盒子某側」這回事。如果波函數真的完全集中在盒子某一側，而消失在另一側，我們就能指派真偽值給 P 和 Q，不會出什麼問題，只是其中一個會為真，另一個為偽，這樣古典邏輯就可以安然接受。

只要適當運用，古典邏輯是完全有效的，儘管如此，量子力學還是激發了一個更具一般性的思維方法，稱為量子邏輯（quantum logic），最初是由馮紐曼（John von Neumann）和他的同事伯克霍夫（Garrett Birkhoff）率先提出。從稍微不同於標準的邏輯公理出發，我們可以推導出一組規則，遵循量子力學中玻恩定理所暗示的機率特性。從這個角度來看，量子邏輯既有趣也有用，但是它的存在並不會讓普通的邏輯在適當的情況中失效。

▫ ▫ ▫

波耳在設法理解量子力學的獨特性出自何處時，提出了「互補性」（complementarity）的概念。這個想法是，可能有兩種以上的方法來看待一個量子系統，每一個方法都是等效的，但無法同時採用。也就是說，你可以用位置或動量來描述一個粒子的波函數，但不能同時用這兩者。同樣地，我們可以分別看到電子顯示出粒子或波的特性，但兩種特性不會同時出現。

沒有什麼比著名的雙狹縫實驗更能彰顯這件事。這個實驗一直到 1970 年代才真正做了出來，離它被提出來已經過了很久。

這並不是那種會讓人意外、需要理論學家去發明新的觀點來理解它的實驗，而是一個思想實驗，目的是展現量子理論的蘊含有多麼重大。最初的構想是愛因斯坦在和波耳辯論時提出，後來費曼在加州理工學院上課時拿出來講解，而使它聲名大噪。

　　這個實驗鎖定在探究粒子和波的差別。假設有一個可以發射出古典粒子的粒子源（類似氣槍這種無法預測偏離方向的粒子源），把粒子射向一個單狹縫，然後在狹縫另一側的屏幕上偵測。大多數粒子都會直接穿過狹縫，少數或許會因為撞到狹縫的邊緣而偏離。因此在屏幕上偵測到的結果，會是一條類似狹縫形狀的圖樣。

　　我們也可以用波來做相同的實驗，例如在小水槽裡放置一道狹縫，製造水波讓它通過狹縫。水波通過的時候會散開，以半圓形的波形繼續前進，抵達屏幕。當然，我們不會在屏幕上看到粒子源造成的那種結果。但是，可以想像有一面特殊的屏幕，上面

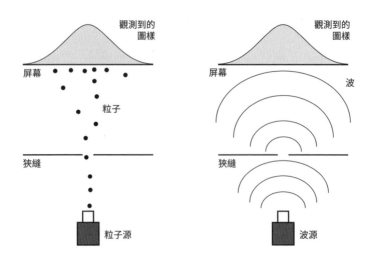

的亮度能顯示波的振幅大小，那麼在正對狹縫的屏幕中心處，亮度會最大，向左右兩側逐漸變暗。

　　現在再做一次同樣的事，但是把單狹縫改成雙狹縫。粒子的實驗結果差別不大，只要從粒子源射出來的粒子足夠隨機，能穿過兩個狹縫即可。我們會從屏幕上看到兩條對應於這兩道狹縫的線條（如果兩狹縫距離夠近，就會是一條較粗的線條）。水波的結果就有意思了，波會上下振盪，如果兩個波的振動方向相反，就互相抵消，這個現象稱為干涉（interference）。因此當波同時通過這兩個狹縫之後，各自以半圓形的波形向前傳播，並在屏幕處形成干涉圖樣：我們不會看到兩條亮紋，而是在靠近兩狹縫的中央處有一條亮紋，往兩邊則形成亮暗相間的區域，且亮度逐漸減弱。

　　到這裡就是我們知道又喜愛的古典世界：粒子和波是兩個截然不同的東西，每個人都能輕易分辨。現在我們把氣槍或波源換

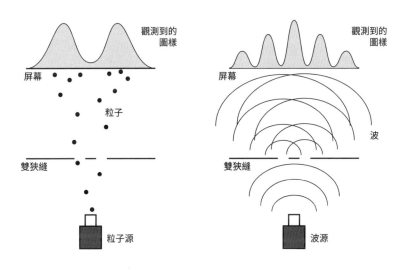

成電子源，讓量子力學好好大顯身手。這幾個新實驗都稍稍改動了某個地方，每個都帶來深具啟發性的結果。

首先考慮單狹縫的情形。此時電子的行為和古典粒子一樣，通過狹縫，然後在另一邊的屏幕上被偵測到，每個電子都留下一個質點般的痕跡。如果讓無數的電子通過狹縫，痕跡會約略集中在以狹縫為中心的地方。有意思的在後面。

現在換成雙狹縫。（兩個狹縫必須非常靠近才能成功，所以這個實驗才會過了這麼久才有人做出來，這是其中一個原因。）同樣地，電子通過狹縫之後，在另一端的屏幕上留下痕跡。然而這一次的痕跡不像古典的彈粒那樣集中成兩條線條，而是留下一系列的條紋：中央是一條高密度的線條，往兩邊是痕跡愈來愈少的平行線，線條之間是暗的區域，幾乎沒有任何痕跡。

換句話說，電子通過雙狹縫之後明顯留下了干涉圖樣，完全

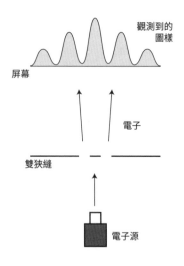

和波的結果一樣，即使在過程中它像粒子一般，是一點一點地留下痕跡。這個現象引發了成千上萬個毫無助益的討論，關於電子「實際上」是粒子還是波，還是有時像粒子有時像波。不管怎樣，毫無疑問在電子到達屏幕的過程中，有某種東西通過了那兩個狹縫。

到目前為止這都在我們意料之中。通過雙狹縫的電子可以用波函數來描述，和古典的波一樣會上下震盪、同時通過兩個狹縫，所以我們會看到干涉圖樣是很合理的。然後電子碰上螢幕時被觀測到了，在那一瞬間才以粒子的樣貌展現在我們面前。

我們再多加一個東西上去。想像對兩個狹縫各安裝一個監測器，讓我們可以看出電子是通過哪一個狹縫。這就能平息一個瘋狂的想法：一個電子能同時通過兩個狹縫。

你應該想像得到我們看到什麼。監測器從來沒有看到兩個狹

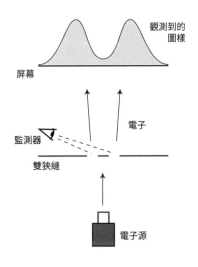

縫各通過半個電子的情況，每個狹縫只要偵測到電子通過，每次都是一個完整的電子，另一個狹縫完全沒有電子通過，每一次都是。之所以會出現這個結果，是因為監測器是一個測量裝置，當我們去測量電子時，看到的就是粒子。

實驗結果不僅是看到電子以「整個電子」通過狹縫而已。在狹縫另一邊的屏幕上，干涉圖案也消失了，變成是電子留下來的兩條帶狀圖樣，分別對應於兩個狹縫。由於監測器的存在，波函數通過狹縫時崩陷了，所以我們看不到它同時通過兩個狹縫。我們看著電子的時候，它的行為就像粒子。

雙狹縫的實驗結果，讓我們很難再緊抓著電子只是一個古典質點的信念不放，波函數只代表了我們對於那個質點所在位置的無知而已。但不是這樣的無知造成干涉圖案，而是波函數的某種實在性。

□ □ □

波函數也許是實在的，但不可否認也是抽象的，而且一旦我們開始同時考慮不只一個粒子的時候，波函數就會變得難以想像。我們會繼續舉出愈來愈幽微的例子來看量子現象，如果可以有一個簡單且容易了解的例子，供我們一再反覆參照，會非常有幫助。粒子的自旋（spin）就是最適合的例子；自旋是粒子除了位置或動量以外的自由度。我們需要先思考一下自旋在量子力學上的意義，一旦想清楚了，以後的日子就會好過很多。

自旋的概念本身不難理解：它就是物體繞著一個軸旋轉的現

象而已，就像地球每天自轉一周，或是踮起腳趾旋轉的芭蕾舞動作那樣。但就像電子繞著原子核旋轉時的能量，在量子力學裡，我們去測量一個粒子的自旋時，也只會得到特定的不連續數值。

以電子為例，自旋只能測出兩種可能的結果。首先要先選定一個軸。沿軸的方向看，電子的自旋只有順時鐘或逆時鐘兩種狀態，而且轉速永遠相同。在習慣上，分別稱之為「上自旋」（spin-up）和「下自旋」（spin-down）。想一下「右手定則」：把你的右手手指往旋轉的方向彎，你的拇指就是指向朝上或朝下的軸。

一個自旋中的電子就如同一塊小磁鐵，有南北磁極，和地球很像；軸指向北極。要測量某個電子的自旋狀態，可以把該電子射進一個磁場內，其運動路徑會因自旋的磁極方向而發生偏折。（就技術性而言，這必須是一個非均勻的磁場，磁力線的形狀是在一端均勻散開，另一端收束成一個小區域，如此才能使電子偏折而測量到自旋狀態。）

如果我告訴你這個電子有一個固定的總自旋量，你可能會對上述實驗做出這樣的預測：如果電子自旋的軸方向與外加的磁場方向相同，電子會向上偏折某個角度；如果方向相反，電子就會向下偏折出相同的角度。如果電子自旋的方向是介於同向和反向之間，那麼偏折的角度也會介於這兩個角度之間。然而，這卻不

是我們看到的結果。

　　這個實驗首先由德國物理學家斯特恩（Otto Stern，玻恩的一位助手）和革拉赫（Walther Gerlach）在 1922 年完成，當時自旋的觀念還沒有被明確指出來。他們看到了一個驚人的現象。電子通過磁場時的確發生了偏折，但偏折方向不是朝上就是朝下，不會介於中間。如果我們改變外加磁場的方向，電子的軌跡還是會偏折，但還是只有同向和反向這兩種情況，沒有中間值。他們測得的這個自旋量，與繞行原子核的電子具有的能量一樣，看起來都是量子化的。

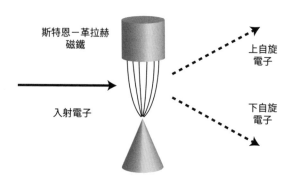

斯特恩－革拉赫磁鐵

上自旋電子

入射電子

下自旋電子

　　這似乎令人意外。我們自己都已經宣稱繞行原子核的電子，在能量上只會有特定的量子化數值，但是那個能量最起碼是電子的客觀性質。但我們說的電子「自旋」這個東西，似乎會因我們測量方式的不同而給出不同的答案。無論我們從哪一個方向來測量自旋，都只能得出兩個可能的結果。

　　為了確定我們沒有瘋掉，我們放聰明一點，改讓電子連續通過兩塊磁鐵。別忘了量子力學教科書告訴我們的，得到某個測量

結果之後，如果立刻對該系統再測量一次，永遠會得出相同的結果。事實也的確如此：若電子的運動路徑因第一個磁鐵而偏折向上（因此稱為上自旋），在通過第二個方向相同的磁鐵時，它還是會向上偏折。

　　但要是我們把其中一塊磁鐵轉 90 度呢？如此就是把原先電子束中的電子，透過垂直方向的磁鐵分成上自旋和下自旋兩組，然後讓上自旋這組電子通過水平方向的磁場。接下來發生什麼事？它們是否會憋著氣拒絕通過第二個磁場，因為它們是一群在垂直方向上自旋的電子，而我們要強迫它們在水平軸上給我們測量？

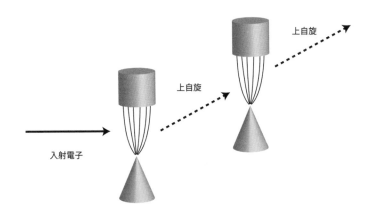

　　不會。第二個磁鐵會把這組上自旋的電子，再次分成兩組，順著新的磁場方向，一半向右偏折，另一半向左偏折。

　　這簡直是瘋狂。來自古典物理的直覺會讓我們認為有一種東西叫做「電子自旋的軸」，這樣（或許）還能理解繞著這個軸的自旋態是量子化的。但這個新的實驗結果卻顯示，這個量子化的

自旋態，它的軸方向並不是事先由粒子決定的；你可以適當地擺放磁鐵來選擇軸方向，而自旋會依你選擇的軸方向出現量子化的結果。

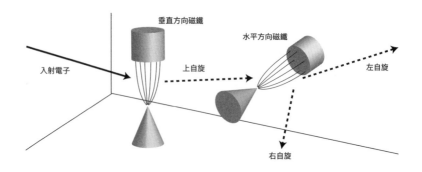

我們現在遇上了「測不準原理」的另一種形式。我們之前學到的一課是：「位置」和「動量」並不是電子的性質，只是我們可以測量的東西。更精確地說，沒有任何粒子同時擁有兩者的定值。一旦我們明確指出波函數的位置，觀察到所有特定動量的機率就完全確定下來了，反之亦然。

「垂直自旋」和「水平自旋」也是同樣的道理。* 它們不是電子本身的兩種性質，只是我們可以測量的物理量。若以垂直自旋來表示某個量子態，那麼觀察到水平向左或向右的自旋就完全確定下來了。我們能夠測到什麼結果是由潛藏的量子態決定，可以透過不同但等效的方式來表達。測不準原理陳述了一件事實：對於任何一個特定的量子態，我們能觀察到的是各種不相容的物

---

* 還有第三個垂直方向，可以稱之為「前後自旋」，不過我們沒有去測量它。

理量。

口　口　口

　　具有兩個可能測量結果的系統，在量子力學中非常普遍，也很有用，它們有一個可愛的名字叫做：量子位元（qubit）。概念是，傳統的位元（bit）只有兩個可能的數值，例如 0 和 1。而量子位元是指具有兩種可能測量結果的系統，例如上自旋和下自旋（對某個特定的軸而言）。普通量子位元的狀態是這兩種可能性的疊加，每一個可能性出現的機率以複數加權，代表各自的機率振幅。量子電腦使用量子位元的方式，和傳統電腦使用古典位元的方式相同。

　　我們可以把一個量子位元的波函數表示為：

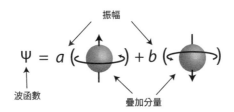

　　上式中的符號 a 和 b 是複數，分別代表上自旋和下自旋的振幅。波函數中代表各不同測量結果的部分，以此例而言是上自旋和下自旋，稱為**疊加分量**（components）。在這個量子態，觀察到粒子出現上自旋的機率為 $|a|^2$，出現下自旋的機會則為 $|b|^2$。舉例來說，如果 a 和 b 都等於 1/2 的平方根，那麼觀察到上自旋

和下自旋的機率就都等於 1/2。

　　量子位元可以幫助我們理解波函數的一個關鍵特徵：波函數有點類似直角三角形的斜邊，較短的兩個邊長各為可能的測量結果的機率振幅。換句話說，波函數與向量類似，是一個具有長度和方向的箭頭。

　　我們現在說的向量，並不是真的指物理空間中的某個方向，例如「上」或「北」，而是指由所有可能的測量結果構成的空間。就單一個自旋量子位元而言，一旦我們選定測量的軸方向之後，它就只有自旋向上和自旋向下這兩個可能。當我們說「量子位元是上自旋和下自旋的疊加」時，真正的意思是「這個代表量子態的向量具有兩個分量，分別位於上自旋和下自旋這兩個方向上」。

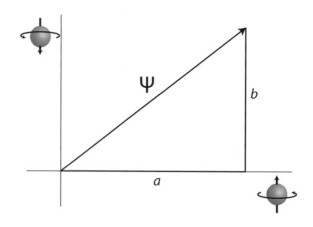

　　我們自然會認為上自旋和下自旋是指向兩個相反方向，畢竟箭頭都那樣畫了。但就量子態而言，這兩者是互相垂直的：一個完全上自旋的量子位元，它的下自旋分量為零；反之亦然。即使

粒子位置的波函數就是一個向量，我們通常還是把波函數想像成一個分布在空間中的平滑連續函數。困難的地方在於，要把空間中的每一個點都視為在定義一個不同的分量，而波函數是所有這些分量的疊加。這樣的向量有無限多個，所以由所有可能的量子態構成的空間——稱為希伯特空間（Hilbert Space）——對單一質點的位置來說，是一個無限多維的空間。所以說用量子位元來思考容易多了，二維總是比無限多維容易想像。

當量子態只有兩個分量（而不是無限多個）的時候，我們很難把它想像成一個「波函數」，因為它既不太像波，也不太像代表空間的平滑函數。事實上正確的方式是顛倒過來想。量子態並不是一個普通空間的函數，它是一個「由測量結果組成的抽象空間」的函數，對量子位元而言只有兩個可能性。我們要觀察的是一個質點的位置時，該量子態會指定一個振幅給每個可能的位置，於是看起來就是普通空間裡的一個波。然而這是特殊情況，一般說來波函數更抽象一點，而且牽涉到不只一個質點的時候會複雜到難以想像。不過，我們還是保留「波函數」這個術語。量子位元就是很棒的工具，至少它的波函數只有兩個疊加分量。

口　口　口

把波函數想成向量，看似在數學上走了多餘的彎路，但是這個思考方式有很直接的好處。其中之一是解釋了玻恩定則：對任何特定的測量結果而言，它的機率是波函數振幅的平方。我們後面會討論細節，但很容易看出這個想法為什麼合理。從向量來

看，波函數有一個長度。你或許會認為這個長度會隨著時間的變化而縮短或伸長，但其實不會；根據薛丁格方程式，波函數會在旋轉的同時保持固定的大小。而我們可以用畢氏定理這個簡單的高中幾何學求出它的長度。

這個向量的長度是什麼數值並不重要。我們可以為它選定任何一個方便的常數，因為我們知道它的大小會保持固定。就指定為 1 好了：每個波函數都是一個長度為 1 的向量。這個向量本身就像直角三角形的斜邊，它的分量是較短的兩個邊。根據畢氏定理，我們可以得出一條簡單的關係式：振幅的平方和等於 1，即 $|a|^2+|b|^2=1$。

潛藏在玻恩定則底下的量子機率就是這一個簡單的幾何關係。振幅本身的和不會等於 1，但是它們的平方和必等於 1。這完全就是機率的一個重要特徵：所有不同測量結果的機率總和必然為 1。（不管發生什麼事件，系統內所有互斥事件的發生機率加總起來就是 1。）另一個原則是機率不能為負數。振幅的平方再次滿足了這個要求：振幅本身可以是負數（或複數），但它的平方必然是非負的實數。

所以不需要太認真想就可以看出，「振幅的平方」的性質完全適合成為測量結果的機率：它們不可能是負值，而且總和等於 1，因為波函數的長度就是 1。這就是整個觀念的關鍵：玻恩定則本質上就是畢氏定理，它只是把畢氏定理應用在不同分支的振幅上而已。因此機率才會是振幅的平方，而不是振幅本身，或振幅的平方根，或其他奇怪的數學形式。

向量的圖像也簡潔優雅地解釋了測不準原理。別忘了剛才說

的，電子通過垂直方向的磁場之後，上自旋的這一束電子隨後通
過水平方向的磁場時，又分成左自旋和右自旋各半的兩束電子。
這個結果說明了一個上自旋態的電子，相當於左自旋和右自旋這
兩個狀態的疊加；同理也適用於下自旋的電子。

$$\text{⬆} = \sqrt{\frac{1}{2}}\left(\text{➡}\right) + \sqrt{\frac{1}{2}}\left(\text{⬅}\right)$$

$$\text{⬇} = \sqrt{\frac{1}{2}}\left(\text{➡}\right) - \sqrt{\frac{1}{2}}\left(\text{⬅}\right)$$

因此左自旋或右自旋的觀念，並非獨立於上自旋或下自旋的
觀念；任何一個可能性都可視為其他可能性的疊加。我們說，上
自旋和下自旋共同組成一個量子位元的基底（basis）；任何量子
態都可以寫成這兩個可能性的疊加。左自旋和右自旋形成另一組
基底，與前一組不同，但效果一樣。寫下任一組，就完全固定了
另外一組。

以向量的觀念來思考這個問題。如果我們畫一個二維的平
面，水平軸表示上自旋，垂直軸表示下自旋，根據上述的關係，
我們可以看到右自旋和左自旋會介於這兩軸之間 45 度的地方。
對於任一個給定的波函數，我們可以用上／下這一組基底來表
示，也完全可以用左／右這一組基底來表示。只要旋轉一組軸就
能得出另一組軸，要表達任何向量，這兩組軸都是完美且有效的
方式。

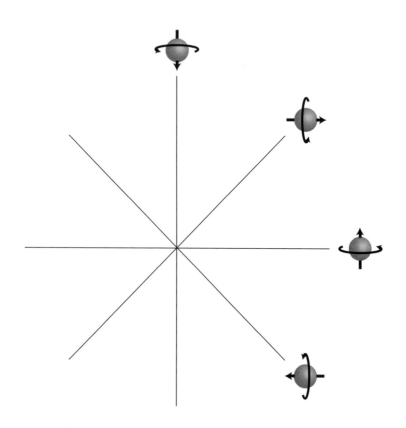

　　現在我們可以明白測不準原理從何而來了。根據測不準原理，一個單一的自旋態不可能同時在原本的（上／下）軸和旋轉過的（左／右）軸上都有定值。這個道理可從上圖清楚地看出來：如果狀態純粹是上自旋，它就自動具有某些左自旋和右自旋的分量；反之亦然。

　　就像量子態不可能同時在位置和動量上局域化一樣，自旋態也不可能同時在垂直軸和水平軸上局域化。測不準原理清楚地反

映了什麼是真正的存在（量子態），以及什麼是我們能測量的東西（一次只有一個可觀察的物理量）這二者之間的關係。

5

Entangled Up in Blue:
百轉千迴的纏結：

Wave Functions of Many Parts
多部分的波函數

愛因斯坦和波耳的著名論戰給人的印象，往往是愛因斯坦不太能掌握測不準原理，而且花了很多時間想另闢蹊徑來規避它。然而，真正讓愛因斯坦困擾的是量子力學顯而易見的非局域性（nonlocality）：在空間中某處發生的事，似乎立刻就能影響在遠處的另一個實驗結果。愛因斯坦花了好些時間才把他的想法梳理清楚，並透過嚴謹的數學推論來表達他的反對意見。他的這些質疑，反倒幫忙闡明了量子世界最重要的特徵之一：纏結

（entanglement）現象。

纏結起因於整個宇宙只存在一個單一波函數，而不是每個部分各有各的波函數。我們是怎麼知道的？為什麼不能每個粒子或場都有它們自己的波函數？

想想這個實驗，我們把兩個電子以相同的速率射向對方。由於它們都帶負電荷，所以會互相排斥。在古典力學中，如果已知這兩個電子的初始位置和速度，我們可以計算出它們彈開後的確切運動方向。但在量子力學中，我們只能計算出它們在交互作用後，各自可能被觀察到的各種運動方向的出現機率。在我們最終觀察到它們確切朝哪個方向移動之前，每個粒子都是以近似球形的波函數散布在空間中。

當我們實際去做這個實驗，並觀察散開後的電子時，會注意到一件重要的事：由於兩個電子最初速率相等而方向相反，因此

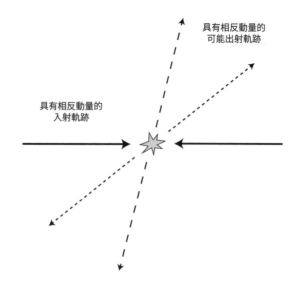

具有相反動量的
可能出射軌跡

具有相反動量的
入射軌跡

系統的總動量為零。而且由於動量是守恆的，這兩個電子在交互作用後的總動量仍然為零。這個意思是，雖然電子會重新以各種可能的方向運動，但無論其中的某個電子朝哪個方向，另一個電子必然會朝相反的方向。

想想還滿有趣的。第一個電子會有各種可能的散布角度，所以第二個電子也是。但如果它們各有自己的波函數，那麼這兩個可能性就完全沒有關聯。你可以想像，只觀察其中一個電子並測量它的移動方向，另一個電子是完全不會被干擾的。那我們實際去測量的時候，它怎麼可能知道應該要往相反的方向跑？

我們其實已經公布過答案了：這兩個電子沒有各自的波函數，它們的行為是由宇宙的單一波函數所描述。以這個例子而言，我們可以只看這兩個電子就好，暫且忽略宇宙的其他東西，但是不能只看其中某個電子，而不看另一個；我們對任一個電子的觀測結果所做的預測，都會嚴重被另一個電子的觀測結果影響。在這個情況下，我們說這兩個電子「纏結」在一起。

對於每一個可能的觀測結果，波函數都賦予它一個振幅（複數），這個振幅的平方等於我們真正去觀測時得到某結果的機率大小。當我們討論不只一個粒子時，就要同時對每一個可能出現的結果都指派一個振幅。舉例來說，如果想要觀察的是位置，那麼這個宇宙的波函數，可以想成是對宇宙中所有粒子的每一個可能出現的位置組合，都賦予一個振幅。

你可能會懷疑，我們能否想像得出這個波函數的模樣。如果只有一個粒子，而且是只在一維空間運動的簡單情形，它的波函數是可以想像的，例如一個電子在一條很細的銅線中運動：我們

可以畫一條線來代表粒子的位置，並描繪一個函數來代表它每一個位置的振幅。（一般說來即使是這麼簡單的情況，我們還是會偷工減料用實數來描繪，而不是複數，不過就先這樣吧。）對於兩個粒子都在一維中運動的情形，我們可以畫一個二維平面來代表這兩個粒子各自的位置，然後再畫一個三維的等高線圖來表示這個系統的波函數。需要注意的是，這個情況不是有一個粒子位於二維空間上，而是兩個粒子各自位於一個一維空間裡，所以波函數要定義在二維平面上，描述這兩個粒子的位置。

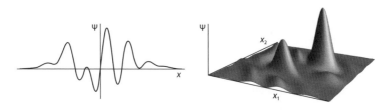

一個粒子位於 x 位置的波函數　　　　兩個粒子分別位於 x_1 和 x_2 位置的波函數

因為光速是個有限的數值，而且從大霹靂（Big Bang）之後到現在的時間也是一個有限的數值，所以我們只能看到宇宙中的一個有限區域，稱為「可觀測宇宙」（observable universe）。可觀測宇宙裡大約有 10^{88} 個粒子，大多數是質子和中子。這是一個遠大於 2 的數字，而且每個粒子都位於三維空間中，而不是一維的線形空間。我們到底該怎麼想像一個波函數，可以對分布在三維空間中的 10^{88} 個粒子的每一種可能組態，都賦予一個相應的振幅？

很抱歉，我們不該去想像這個。人類的想像力並不是為了想

像一個這麼巨大的數學空間，而這就是量子力學經常在用的空間。如果只是一兩個粒子，我們還可以對付；更多的話，就只能透過文字和方程式來描述。幸好，薛丁格方程式很直接而且精確地描述了波函數的行為。一旦我們了解兩個粒子的情形，要推論到 10^{88} 個粒子就只是數學的事了。

□ □ □

波函數這麼龐大，要整個拿來思考實在是有點笨重。還好幾乎所有與纏結相關的有趣現象，都可以簡化成用幾個量子位元的方式來說清楚。

量子力學借用了密碼學著作的一個古怪傳統，用兩個分別叫做愛麗絲（Alice）和鮑勃（Bob）的人來說明共用量子位元的情形。我們想像有 A、B 兩個電子：A 屬於愛麗絲，B 屬於鮑勃。這兩個電子的自旋組成一個雙位元系統，由一個相應的波函數所描述。這個波函數以系統為整體，對我們可能要觀測的那個方面的每一個可能組態都指派一個振幅，例如垂直軸方向的自旋。因此，這個系統共有四種可能出現的測量結果，稱為基底態（basis state）：兩個電子都是上自旋、二個都是下自旋、A 上 B 下、A 下 B 上。系統狀態是這四個基底態的疊加。在下圖的每一組括號內，第一個是愛麗絲的電子的自旋態，第二個是鮑勃的。

這裡雖然有兩個量子位元，但它們不見得要纏結。考慮四個基底態的其中一個，比如兩個量子位元都是上自旋。如果愛麗絲以垂直方向的軸來測量她的量子位元，她一定只會得到上自旋的

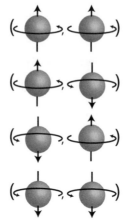

由兩個量子位元組成
的各種基底態

結果，同理鮑勃也是。如果愛麗絲改以水平方向的軸來測量她的
量子位元，會得到左自旋和右自旋機率各半的結果；鮑勃也還是
一樣。但這兩個情況，我們都不必先知道愛麗絲看到了什麼，
才知道鮑伯會看到什麼。所以我們才往往可以隨意地用「一個粒
子的波函數」這樣的話，儘管我們知道實際情況沒這麼簡單，只
是若構成系統的不同部分彼此沒有纏結，它們就好似各有自己的
波函數一樣。

　　相反地，我們來考慮兩個基底態的等量疊加。一個基底態是
兩個電子都是上自旋，另一個是兩個都是下自旋：

$$\Psi = \sqrt{\frac{1}{2}} \left(\text{⬆,⬆} \right) + \sqrt{\frac{1}{2}} \left(\text{⬇,⬇} \right)$$

　　如果愛麗絲以垂直軸的方向來測量自旋，結果會出現機率各
半的上自旋和下自旋，而鮑勃也是。不同之處在於，如果我們在
鮑伯觀測之前，先知道愛麗絲的觀測結果，我們就會有百分之百

的信心知道鮑勃會看到什麼，也就是和愛麗絲觀測到的一樣。以標準量子力學的用語來說，愛麗絲的觀測使波函數崩陷成其中一個基底態，從而決定了鮑勃的觀測結果。（以多世界的語言來說，愛麗絲的測量讓波函數產生了分支，創造了兩個不同的鮑勃，每一個他都會得到一個特定結果。）這就是纏結的作用。

□　□　□

在 1927 年的索爾維會議之後，愛因斯坦仍然確信量子力學（特別是哥本哈根學派的詮釋）在預測實驗結果方面表現十分出色，但要作為一個解釋物質世界的理論仍有不足。最後他把他的顧慮，與共同研究者波多斯基（Boris Podolsky）和若森（Nathan Rosen）一起在 1935 年發表成論文，就是名聞天下的 EPR 弔詭（又稱 EPR 悖論）。愛因斯坦後來說，論文的基本概念是他的，若森負責計算，主要撰寫的人是波多斯基。

EPR 探討兩個朝相反方向運動的粒子的位置和動量，不過我們用量子位元來討論比較簡單。如前文所述，我們考慮兩個處於纏結態的自旋。（這個狀態很容易在實驗室裡創造出來。）假設讓愛麗絲和她的量子位元留在家裡，讓鮑勃帶著他的量子位元出遠門，比方說搭乘火箭，飛往距離地球 4 光年的半人馬座 α 星（南門二）。雖然他們兩人愈離愈遠，但是兩個電子之間的纏結絲毫不減；只要愛麗絲和鮑勃都沒有去測量他們的量子位元，整體的量子態就維持不變。

等鮑勃一抵達南門二，愛麗絲終於可以依照約定，以垂直軸

的方向觀測她的粒子。在觀測之前,我們完全無法確定她會看到哪一個自旋方向,當然也無法確定鮑勃粒子的自旋方向。假設愛麗絲觀測到上自旋。然後,根據量子力學的規則,我們立刻就能知道無論鮑勃何時動手觀測,他看到的一定是上自旋。

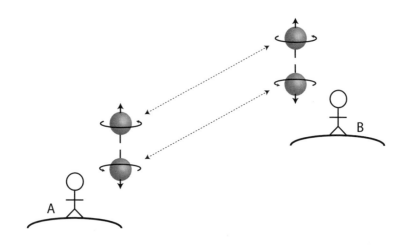

　　這實在很詭異。30 年前愛因斯坦已經確立了狹義相對論,其中一個重要的規則是:任何訊號的傳播速度都無法快過光速。但我們卻在這裡說,根據量子力學,愛麗絲在地球上做的觀測可以「立刻」影響到鮑勃的量子位元,就算他遠在 4 光年外。鮑勃的量子位元怎麼知道愛麗絲的量子位元已經被觀測了,還有觀測結果是什麼?這就是一直讓愛因斯坦無法釋懷的「鬼魅的超距作用」(spooky action at a distance)。

　　不必把事情看得這麼悲觀。你會想到的第一件事是,既然通知一到,量子力學就能用比光速還快的速度對遠方造成影響,我們是否可以利用這個好處來達到遠距離立即通訊的目的。我們能

不能製造出「量子纏結電話」，讓光速再也不是限制？

答案是不行，沒辦法。從我們這個簡單的例子看得很清楚：如果愛麗絲測量到上自旋，她立刻就知道鮑勃觀測的時候也會測到上自旋。但鮑勃不會知道這個。為了讓鮑勃知道他的電子自旋狀態，愛麗絲必須透過傳統的通訊方法，把她的測量結果傳給鮑勃——這就受到光速的限制了。

你或許會認為這裡有漏洞：要是愛麗絲並不是單純去測她的量子位元，聽任結果隨機出現，而是以某種方式去強制出現上自旋呢？然後鮑勃就也會測出上自旋。這樣訊息就會像是瞬間傳送過去的。

問題在於，我們無法直接用強制某個答案出現的方式，去測量一個處於疊加態的量子系統。如果愛麗絲只是單純測量電子的自旋，結果出現上自旋和下自旋的機率必定各半，沒有第二句話。愛麗絲是可以透過某種方式，在觀測前操縱電子的自旋，強制它百分之百變成上自旋，而不再是疊加態。例如，她可以選用性質恰到好處的光子來射向電子，如果電子是上自旋，就略過去不理它，如果是下自旋，就把它撞翻變成上自旋，如此愛麗絲的電子測出來就一定是上自旋。但這時的電子也已經與鮑勃的電子失去纏結。甚且，原本電子之間的纏結已經轉移到光子上：這個光子現在變成是處於「略過愛麗絲的電子」和「撞上愛麗絲的電子」這兩個狀態的疊加。鮑勃的電子絲毫不受任何影響，仍將以上自旋和下自旋機率各半的結果出現，所以並沒有傳送任何訊息。

這就是量子纏結的一個普遍特徵：無信號定理（no-signaling

theorem）。根據這個定理，纏結的粒子對不能超過光速傳遞訊息。所以量子力學似乎要鑽一個微妙的漏洞，既違反相對論的精神（沒有任何東西可以快過光速），同時又遵守物理定律（實際的物質粒子以及它們攜帶的任何訊息，都不能以快過光速的方式來傳遞）。

□　□　□

所謂的 EPR 弔詭（事實上一點都不弔詭，它只是量子力學的一個特徵）不僅止於對「鬼魅的超距作用」的擔憂而已。愛因斯坦不只是為了表達量子力學很詭異，真正的用意是說它不可能是一個完整的理論，背後必定潛藏一個綜合模型，量子力學只是那個模型的一個有用的近似值而已。

EPR 相信局域性原理（principle of locality）：描述大自然的物理量是定義在時空中特定的點上，不是分散在各處的，而且只會與附近的其他物理量直接交互作用，不會有遠距的交互作用。換個方式來說，基於狹義相對論的光速限制，局域性的觀念似乎蘊含了我們在一個位置上對一個粒子所做的事，絕對無法同時影響到我們可能在遠方進行的觀測。

表面上看，兩個距離很遠的粒子可以纏結在一起，似乎代表量子力學不遵守局域性原理。但 EPR 想要幹得更徹底一點，要確定沒有任何聰明的變通辦法能讓每件事看起來都像是在局部發生的。

EPR 提出這樣一個原則：如果我們有一個處於指定狀態的物

理系統，而且有一個能測量這個系統、並能百分之百確定測量結果的方法，如此我們就是把一個現實元素（element of reality）與測量結果建立了關聯。在古典力學裡，質點的位置和動量都算是現實元素。在量子力學裡，假如我們有一個上自旋的量子位元，那麼就會有一個現實元素與垂直方向的自旋態對應，但並不需要有一個現實元素來對應水平方向的自旋態，因為我們不知道測量水平方向的自旋態會得到什麼結果。根據 EPR 的表述，在一個「完整」的理論中，每一個現實元素都要有一個能直接對應的部分，他們認為以這個標準來看，量子力學並不算完整。

我們再拿愛麗絲和鮑勃以及他們的纏結量子位元來看，假設愛麗絲剛剛以垂直方向來測量她的電子，發現是上自旋，我們知道鮑勃測到的也會是上自旋，雖然他自己還不知道。所以從 EPR 的觀點，有一個現實元素對應了鮑勃的粒子，比方是上自旋。但這個現實的元素並不是愛麗絲進行觀測時才出現的，因為鮑勃的粒子離愛麗絲很遠，根據局域性的要求，這個現實元素必須位於電子所在的位置，所以它必定一直都在那裡。

現在我們假設，愛麗絲並不是測量垂直方向的自旋狀態，而是測量了水平方向的自旋，結果是右自旋。根據我們最初設定的纏結量子態，鮑勃必定會測得與愛麗絲相同的結果，無論她選擇的測量方向為何。因此我們知道鮑勃也會測到右自旋。所以以 EPR 的觀點，從以前到現在都存在的一個現實元素是「如果從水平軸方向測量，鮑勃的量子位元為右自旋」。

無論是愛麗絲還是鮑勃的電子，都不可能事先得知愛麗絲會測量哪個軸方向。因此，與鮑勃的量子位元相關聯的現實元素，

保證了從垂直方向測量時會得出上自旋，從水平方向測量時會得出右自旋。

　　這正是測不準原理宣稱不可能發生的事。如果垂直自旋已經確定下來，那就完全無法得知水平自旋的狀態，反之亦然，至少根據傳統量子力學原理是如此。量子表述中沒有任何東西能同時確定垂直自旋和水平自旋的狀態。所以，EPR 得意地下了結論，量子力學必定還少了什麼東西，不能完整描述物理現實。

　　EPR 論文引起的騷動遠達物理學界之外。《紐約時報》收到波多斯基私下透露的消息，在頭版刊登了一篇關於這個理論的報導。這激怒了愛因斯坦，他就在紐時發表了一封措辭嚴厲的信，對於在「世俗媒體」[10]上提前討論科學成果表示譴責。據說他從此再也沒有和波多斯基說過話。

EINSTEIN ATTACKS QUANTUM THEORY

Scientist and Two Colleagues Find It Is Not 'Complete' Even Though 'Correct.'

SEE FULLER ONE POSSIBLE

Believe a Whole Description of 'the Physical Reality' Can Be Provided Eventually.

圖出自維基百科

百轉千迴的纏結：多部分的波函數

專業科學家的回應也非常迅速。波耳對 EPR 論文寫了一篇簡短的回應，許多物理學家表示這篇文章解決了所有的疑問。比較讓人不解的地方是，波耳的文章怎麼能達到這個效果？波耳雖然極為聰穎又有創造力，但他從來不是善於清楚溝通的人，他自己也承認。他那篇回應裡充滿了這樣的字句：「在這個階段出現了此一本質性問題，即對於量子系統的後續行為，有哪些可能的預測類型的精確定義條件會受到影響。」大意是說，在還沒有把對現實元素的觀察方式納入考慮之前，我們不應該急著把它們歸因到系統裡。波耳似乎是在表示，現實不僅取決於我們的測量對象，也取決於我們怎麼去測量它。

□　□　□

愛因斯坦和他的同事列出了他們認為一個物理理論的合理判斷準則——必須滿足局域性，並且可以百分之百預測出結果的物理量需有對應的現實元素——以此說明量子力學並不合乎這些準則。但他們並沒有認定量子力學是錯的，只是說它不完整。看來我們還是有希望找到一個更好的理論，既能滿足局域性，又不違背現實。

這個希望被貝爾（John Stewart Bell）徹底摧毀了。貝爾是來自北愛爾蘭的物理學家，曾在瑞士蘇黎世的 CERN（歐洲核子研究組織）擔任研究員。他在 1960 年代對量子力學的基礎問題產生興趣，那段時期的物理學界認為花時間去思考這樣的事是完全沒有價值的。而今，貝爾定理對纏結的研究卻是公認最重要的

物理成果之一。

　　這個定理再次要我們思考愛麗絲和鮑勃，和他們那對纏結的量子位元的自旋。（這種量子態現在被稱為貝爾態〔Bell states〕，不過最初是玻姆在概念化 EPR 難題時提出來的術語。）假設愛麗絲測量垂直方向，得出上自旋的結果。我們現在知道如果鮑勃也去測量垂直方向，一定也會得出上自旋的結果。此外，根據量子力學的一般規則，我們知道如果鮑勃決定測量水平方向，得出右自旋和左自旋的機率會是各 50%。我們可以說，如果鮑勃測量垂直方向，那麼他和愛麗絲的測量結果百分之百相關（完全確定他會測到什麼），但如果他測量的是水平方向，兩人之間實驗結果的相關性為零（完全不知道他會測到什麼）。

　　要是鮑勃在繞行南門二的太空船上覺得無聊，決定以水平和垂直之間的某個角度的軸方向來測量自旋呢？（為了方便想像，假設愛麗絲和鮑勃共享了很多個纏結的貝爾粒子對，可以不斷重複做這樣的測量，而我們只關心愛麗絲測量到上自旋的情形。）那麼鮑勃通常、而不是絕對，會在較接近垂直方向的軸上，測到較多的上自旋。其實算一下就知道：假設鮑勃選擇的軸是 45 度角，剛好位在垂直軸和水平軸的正中間，那麼他和愛麗絲的測量結果會有 71% 的相關性。（也就是 1 除以根號 2，如果你想知道這數字怎麼來的話。）

　　在某些表面上看起來很合理的假設下，貝爾展示的是量子力學的預測不可能在任何局域理論中重現。事實上，貝爾證明了一條嚴格的不等式：在沒有任何鬼魅的超距作用下，如果愛麗絲和鮑勃都以 45 度角的軸來測量，二人結果之間的相關性最多只能

達到 50%。前述 71% 的相關性預測明顯違反了貝爾不等式。對於其中潛藏著一個簡單的局域性機制的幻想，與量子力學的實際預測，二者之間存在顯著且不容否認的差異。我猜你現在心裡在想：「喂，你說的『表面上合理的假設』是什麼意思？給我說清楚，我會自己決定什麼合理、什麼不合理。」

也對。貝爾定理背後的確有兩個你可能會質疑的假設。首先是鮑勃「決定」要以某個軸去測量他的量子位元。聽起來似乎有個與人類的選擇（或者說自由意志）相關的元素進到了量子力學的定理中。當然這不是量子力學獨有的；無論是否明講，科學家總是假設他們可以選擇測量任何東西。但我們真的認為這只是一種方便的說法而已，而且別忘了，科學家本身也是由遵守物理定律的質點和作用力組成的。所以我們可以想像援引**超決定論**（superdeterminism）的觀念：真正的物理定律是完全確定的（任何地方都不具有隨機性），而且宇宙的初始條件是在大霹靂時，就明確地以某個方式設定完成，永遠不可能做某些「選擇」。由此不難想像有人可以發明一種完美的局域超決定論，來模仿量子纏結的預測，純粹因為宇宙是預先安排好的，只為了讓它看起來是那樣。大多數物理學家似乎很難接受這個看法，因為要是你能細膩地把你的理論安排到可以做到這一點，那麼基本上你可以安排它去做任何你想做的事，到了那個地步我們還何必研究物理？不過有些聰明人正在追求這個想法。

另一個可能讓人懷疑的假設，乍看之下似乎沒有什麼爭議：測出明確的結果。當你去觀察一個粒子的自旋時，無論你從哪個軸方向去測量，你實際測得的結果就是上自旋或下自旋其中之

一。這看起來很合理，不是嗎？

可是先等等。我們實際上知道有一個理論，主張測量不會出現明確的結果。它就是**簡樸的艾弗雷特量子力學**。你看，我們測量電子自旋時不是測得上自旋就是下自旋這個陳述根本不是真的，而是在波函數的某一個分支裡，我們會測得上自旋，在另一個分支裡會測得下自旋。宇宙作為一個整體，並不存在任何單一的測量結果，而是有多個結果。這並不代表貝爾定理在多世界詮釋中是錯的，因為只要假設正確，推論出來的數學定理毫無疑義也會是正確的；這只是代表貝爾定理在此不適用而已。貝爾並沒有暗示我們必須把鬼魅的超距作用納進艾弗雷特量子力學中，如同它在無聊的單世界理論中所做的那樣。相關性的出現，並不是因為有任何一種影響機制以超過光速被傳送出去，而是因為波函數的分支進入到不同的世界裡，而在那些世界裡形成相關。

對一個研究量子力學基礎問題的人來說，貝爾定理在你的研究裡扮演著什麼角色，完全取決你想要研究什麼。如果你有志從零開始發明一個新版的量子力學，而在這個新版的理論中，測量能得到明確的結果，那麼，貝爾不等式就是你必須牢記在心的重要指標。另一方面，如果你能接受多世界表述，正想弄清楚怎麼把理論映射到實際觀測經驗上，那麼貝爾定理就只是基礎方程式自動得出的結果，而不是你在研究時需要擔心的附加限制。

貝爾定理的妙處在於，它把量子纏結中那個鬼魅的超距現象，轉變成一個直觀的實驗問題：自然界是否展現出遙遠粒子之間固有的非局域相關性？你會很高興聽到這個實驗已經有人做出來了，而且量子力學的每一次預測都得到精采的驗證。大眾媒體

有一個傳統，就是喜歡用「量子現實比以前所相信的更離奇！」這種聳動的標題來寫文章。但你認真看一下內文報導的實驗結果，其實就是有人用了早在 1927 年、或至少是 1935 年就建立的理論，再次證實了量子力學本來就應該要能預測的事。我們現在對量子力學的理解比當時要好得多，但是這個理論本身並沒有任何改變。

　　我並不是說這些實驗不重要或不厲害；當然是重要又厲害。比方在測試貝爾的預測時，會遇到的問題是你要想辦法確定量子力學預測的額外相關性，不能是由某個預先存在的、不容易被發現的古典關聯引起的。你怎麼知道是不是有某個隱藏在過去的事件，偷偷影響了我們測量自旋時的決定或是測量的結果，或是兩者都受影響？

　　物理學家已竭盡全力在消除這些可能性，還有一個小實驗室因為做了「無漏洞貝爾測試」而闖出名號，最近他們想要消除實驗室中可能存在某個未知過程對測量自旋方向的選擇造成的影響。所以他們選擇軸角度的方式，不是由研究助理決定，也不是透過實驗室的亂數產生器，而是由很多光年外的恆星發出的光子的偏振角度來決定。如果有什麼邪惡的陰謀，想讓世界看起來像量子力學描述的那樣，那麼它必定是在數百年前光子離開那些恆星時就開始謀劃了。雖然還是有可能，但機率很低。

　　看來量子力學又對了一次。到目前為止，量子力學一直都是對的。

第二部

SPLITTING

分裂

6

Splitting the Universe:
分裂宇宙

Decoherence and Parallel Worlds
去相干與平行世界

　　1935 年愛因斯坦和波多斯基、若森三人合寫了著名的 EPR 悖論，提出對量子纏結的質疑，對此波耳很快做出了回應。這是波耳和愛因斯坦針對量子力學基礎的一系列辯論中，最後一場重大的公開交鋒。波耳在 1913 年剛提出量子化的電子軌道模型之後，他就與愛因斯坦通信討論關於量子理論的想法，他們的爭論則是在 1927 年的索爾維會議時達到頂點。在流行的傳說中，愛因斯坦會在研討會與波耳對談時，針對正快速取得共識的哥本哈

根學派提出反對意見，波耳則為此苦思一個晚上，並在隔天的早餐時，洋洋得意地對挫敗的愛因斯坦論述他的反駁意見。我們所得到印象是，愛因斯坦就是無法認清「測不準原理」這個事實，以及無法接受「上帝和宇宙擲骰子」的觀念。

然而，事實並非如此。愛因斯坦主要關注的並不是隨機性，而是實在論（realism）和局域性的問題。他希望搶救這兩個原則的決心，在提出 EPR 悖論時達到了高峰，而且，他們三人認為量子力學必定還是不完整的。然而，在那時，就公共關係的角度來看，他們已經輸掉了這場戰爭，而哥本哈根學派對量子力學的詮釋方式，則是被全世界的物理學家所接受，並開始把量子力學應用到原子和核物理的技術性問題，以及剛剛問世的粒子物理和量子場論等領域上。EPR 論文本身的意涵，則是被整個物理學界所忽略。持續與量子理論中最讓人困惑的核心問題搏鬥，而不去解決較具體的問題，開始被認為是一種不切實際的偏執。人一旦達到某個年紀，並開始失去鬥志之後，就會出現一些東西來占據這群原本多產的物理學家的寶貴時間。

1933 年愛因斯坦離開德國，接受普林斯頓大學的聘約，在新成立的高等研究院擔任研究員，之後一直到 1955 年他離世之前，都待在普林斯頓。從 1935 年起，他的技術性工作大多專注在古典的廣義相對論，以及建構電磁場和重力場的統一理論，然而，他從來沒有停止過對量子力學的關心。波耳偶而會訪問普林斯頓，那裡也是他們二人持續對話的地方。

惠勒（John Archibald Wheeler）於 1934 年應聘到普林斯頓大學物理系擔任副教授，他的辦公室和愛因斯坦就在同一條

路上。幾年之後，由於發明了「黑洞」和「蟲洞」等通俗的名詞，惠勒成了世界知名的廣義相對論專家之一，然而，在他早年的學術生涯裡，量子力學是他專注的領域。他曾短暫地在哥本哈根接受過波耳的指導，1939 年時，他和波耳就核融合問題共同發表了一篇開創性論文。惠勒非常欽佩愛因斯坦，但他對波耳的態度可用崇敬來形容，誠如他後來說的：「與波耳在卡拉姆堡森林（Klampenforg Forest）的櫸樹下散步和交談，讓我深深相信以前一定曾經存在過像孔子和佛陀、耶穌和伯里克里斯（Pericles）、伊拉斯謨（Erasmus）和林肯這樣有智慧並互相為友的人類。」[11]

惠勒對物理學的貢獻有很多層面，其中之一是他指導了許多才華洋溢的研究生，包括後來的諾貝爾獎得主費曼（Richard Feynman）和索恩（Kip Thorne）。其中還有一位學生就是艾弗雷特（Huge Everett III），他引進一個全新方式來思考量子力學的基礎問題。我們在之前已經大致介紹過他的想法：波函數代表實在界，它隨時間平滑的演化，當量子測量發生的時候，這個演化會導向多個不同的世界。重點是，我們現在有工具可以適切地展示這個想法。

▫ ▫ ▫

艾弗雷特的想法，最終在 1957 年成為他在普林斯頓的博士論文，而這可說是完全符合惠勒最喜歡的一個原則：理論物理應該是「既激進且保守」的。意思是，一個成功的物理理論，必須

Hugh Everett III
(Courtesy of the Hugh Everett III Archive at the
University of California, Irvine, and Mark Everett)

能經得起實驗數據的檢驗，但也僅限於實驗者力所能及的範圍
而已。我們應該要保守，指的是我們應該從已知正確的理論和原
理出發，而非每次遇到新的現象，就隨意引進新的解釋方式。然
而，我們也應該要激進，指的是我們應該認真對待，那些尚未得
到實驗驗證的預測和理論意涵。這裡的關鍵字是「我們應該從」
和「我們應該認真對待」；當然，如果舊理論已經明目張膽地違
背了實驗數據，自然就是認可新理論的時候，然而在我們認真去
對待某個預測時，並不表示我們就應該全盤接受這個新理論，而
無視於新資訊的出現。簡言之，惠勒的哲學是，我們應該謹慎地
從我們相信我們已經了解的觀點開始，之後就要勇敢地，以最好
的想法，盡全力向外推論，一直至宇宙的邊緣。

　　艾弗雷特帶來的啟示，有一部分是與思考量子重力理論有
關，這也是惠勒前一陣子感興趣的研究主題。所有的物理，如物

質、電磁交互作用、核力等，似乎都能很好地融進量子力學的框架裡。唯獨重力，似乎一直是個頑固的例外。愛因斯坦在 1915 年時提出廣義相對論，認為時空本身是一個動態的實體，它的彎曲和翹曲就是你我所認知的重力在作用。然而，廣義相對論是一個嚴謹的古典理論，內含時空曲率與位置和動量之間的類比關係，對於這兩個物理量的測量，也沒有任何的限制。但是，若想把這個理論「量子化」，亦即去建構一個時空的波函數理論，來取代古典時空中的某個特殊的點，已經被證明是一道難題。

建構量子重力理論的難處，不僅是技術性的（理論計算的結果往往會得出一個無限大的數值），更是觀念上的。即使是在量子力學裡，在你或許不能精確地說出某個質點位於何處的同時，「空間中的某個點」卻是一個有著非常精確定義的觀念。我們可以明確地指出某個位置，並去訊問在該位置附近發現質點的機率大小。然而，如果「位置的實體」不是由某種散布在空間中的東西所組成，而是由可能的時空疊加而成的量子波函數所描述，我們如何能以「何處」來詢問觀測到某個質點的位置？

當我們去討論測量問題時，這個困惑變得更加讓人不解。到了 1950 年代時，歌本哈根學派已經成為顯學，物理學家也都接受「測量會導致波函數崩陷」的觀點。他們甚至願意接受把測量過程視為可以最佳描述宇宙的方法的基礎。或者，至少，不再為此而擔太多的心。

然而，如果我們所考慮的量子系統是整個宇宙，又會發生些什麼事？歌本哈根學派的關鍵思維在於區分被測量的量子系統與執行測量的古典觀察者之間的不同。然而，如果系統是整個宇

宙，我們全都身處其中，就不會有外部的觀察者可以讓我們去申訴。多年後，霍金（Stephen Hawking）和其他科學家藉由研究量子宇宙論，來探討一個獨立（self-contained）的宇宙在時間上可能出現最早的時刻為何，據推測會與大霹靂有關。

當惠勒和其他人在思考量子重力理論的技術性難題時，艾弗雷特則開始著迷於這些觀念上的問題，特別是如何處理測量的問題。多世界表述的種子可以回溯到 1954 年時，他與年輕的物理學家米斯納（Charles Misner，也是惠勒的學生）和彼得森（Aage Petersen，是波耳的助手，從哥本哈根來美國訪問）的一次深夜討論。他們三人都同意，當晚喝了不少的雪利酒。

顯然，艾弗雷特推論，如果我們要用量子術語來談論宇宙，我們就不能另外刻劃出一個單獨的古典世界。宇宙中的每一部分都必須按照量子力學的規則來處理，包括身處其中的觀察者。全宇宙就是一個單一的量子態，以艾弗雷特所謂的「普適波函數」（universal wave function）來描述；我們一直稱之為「宇宙的波函數」（wave function of the universe）。

如果一切都是量子的，而宇宙是由單一的波函數描述，那麼測量該如何發生？艾弗雷特推論，測量必定是發生在宇宙的某一部分與另一部分，以某種適當的方式發生交互作用的時候。他注意到，這是一件會自動發生的事，因為這是普適波函數遵循薛丁格方程式隨時間演化的結果而已。我們根本不需要因為測量而去徵調額外的特殊規則；因為萬事萬物本就無時無刻處在互相碰撞之中。

正是基於這個理由，艾弗雷特以「量子力學的『相對狀態』

表述」為題寫下他的論文。當測量裝置與量子系統交互作用時，它們之間就發生纏結。因此，不需要再有波函數崩塌或其他的古典領域的說法。這個裝置本身演化成一個疊加態，與要被觀察的狀態纏結在一起。經測量所得出的明確結果（「上自旋」）只與實驗裝置的某個特殊裝態相關聯（「我測量到電子的上自旋」）。其他可能的測量結果，仍然存在，而且是一個完全真實的存在，如同在另一個獨立的世界那般。我們所要做的就是，勇敢地面對量子力學一直試圖要告訴我們的東西。

□ □ □

我們以更明確的方式用艾弗雷特的理論來解釋，當電子的自旋被觀察到時，發生了什麼事？

假設我們有一個自旋粒子，相對於某個選定的軸方向，我們只能觀察到上自旋或下自旋二者之一的結果。電子通常會處於某種上和下的疊加態。此外，我們還有一個測量裝置，它本身就是一個量子系統。假設這個實驗裝置處於三種可能性的疊加態：它可以測得上自旋，它可以測得下自旋，也可能尚未測得任何結果，這稱為「就緒」狀態。

測量裝置完成其任務並測得一個實驗結果，這件事告訴我們：「自旋＋裝置」這個組合系統的量子態如何根據薛丁格方程式演化。亦即，如果我們從處於就緒狀態的設備開始，而且電子單純處於上自旋的狀態，則可以保證該裝置會演化成測得上自旋的狀態，如下所示：

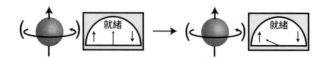

左側的初始狀態可解讀為「電子處於上自旋狀態，且裝置處於就緒狀態」，右側的儀器指針指著向上的箭頭，意思是「電子處於上自旋狀態，且裝置測得上自旋」。

同樣地，實驗裝置可以成功測得下自旋的結果，意味著這個裝置必然已經從「就緒」演化成「測得下自旋」：

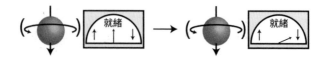

當然，我們想要了解的是，如果電子的狀態不是單純的上自旋或下自旋，而是由這二者所形成的某種疊加態，又會發生些什麼事？好消息是，我們已經知道所有我們需要知道的事情了。量子力學的規則很清楚：如果你知道系統是如何從兩種不同的狀態開始演化的，那麼由這兩種狀態疊加演化的結果，一定也會是這兩種演化的疊加。換句話說，從某種自旋的疊加態，以及裝置的就緒態開始，我們有：

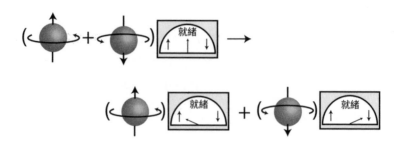

　　末狀態是處於纏結的疊加態：上自旋和測得上自旋，以及下自旋和測得下自旋。此時，嚴格來說，「自旋處於疊加態」或「裝置處於疊加態」的說法已經不再正確了。纏結使我們無法再單獨個別討論自旋或裝置的波函數，因為我們對其中某一個的觀察，可能取決於我們對另一個的觀察。我們唯一能說的只是「自旋＋裝置系統處於疊加態」。

　　如果我們完全只依照薛丁格方程式的指示，由自旋＋裝置所組成的系統末狀態就是一個清楚、明確而且確定的波函數。這就是艾弗雷特量子力學的祕密。根據薛丁格方程式，一個精確的測量裝置將會演化成一個巨觀的疊加態，而我們對此疊加態的終極解釋則是分支到不同的世界裡。我們沒有添加多餘的世界進來，它們一直都存在著，而且是薛丁格方程式不可避免地賦予了它們的生命和存在。問題是，在我們實際經驗的世界裡，似乎從未遇過與巨觀物體有關的疊加態。

　　傳統的補救辦法是，以各種不同的方法來瞎搞量子力學的基本規則。有些做法認為，薛丁格方程式並不適用於所有的情況，有些人則認為在波函數之外，還有其他額外的變數。哥本哈根學派的作法是，從一開始就不允許把測量裝置視為一個量子系統，而且把波函數崩陷視為另一種波函數的演化方式。無論是哪一種方式，都採取了扭曲的方式，只為了不接受那個對自然真實而完整的描述方式。誠如艾弗雷特在後來寫道：「哥本哈根的詮釋方式根本不可能是完整的，因為它與古典物理之間的先驗依賴（a priori reliance）……而且也是一個哲學上的怪物；它認為『現實』只存在於巨觀世界，而否認微觀世界也具有相同的概念。」[12]

　　艾弗雷特的處方很簡單：停止自我扭曲。接受薛丁格方程式所預測的就是現實。波函數末狀態所包含的兩個測量結果，實際上都是存在的。它們只是描述了各自分離、永不交互的多個世界而已。

　　艾弗雷特並沒有引進任何新的東西到量子力學裡，他反倒是移除了一些無關而且多餘的表述方式。借物理學家邦恩（Ted Bunn）的話：所有非艾弗雷特量子力學版本都屬於「消失的世界」（disappearing worlds）理論。如果多個世界的觀點讓你覺得困擾的話，你要嘛必須去更動量子狀態的本質，要嘛必須去改動它們正常的演化狀態。然而，這麼做值得嗎？

▫　▫　▫

　　這裡有一個迫在眉睫的問題。我們很熟悉如何以波函數來表示，不同的可能測量結果的疊加態。電子的波函數可以表示成各種可能位置的疊加態，也可以是上自旋和下自旋的疊加態。然而，我們從未試圖去說，組成疊加態裡的每一個部分都是一個獨立的「世界」。的確，這樣的想法是矛盾的。對垂直軸而言，上自旋的電子，若從水平軸來看，則是左自旋和右自旋的疊加態。所以，我們現在所描述的到底是一個世界還是兩個世界？

　　艾弗雷特認為，把涉及巨觀物體的疊加態描述成不同的世界，在邏輯上是一致的。然而在他寫論文的時候，物理學家還沒有發展出必要的技術工具，來把這個想法變成一幅完整的畫面。後來，當人們理解到去相干（decoherence）現象之後，才開始

有能力去理解這個想法。去相干這個概念由德國物理學家澤賀（Hans Dieter Zeh）於 1970 年提出，現已成為物理學家思考量子動力學的核心部分。就現代艾弗雷特學派而言，去相干對於理解量子力學絕對至關重要。它一勞永逸地解釋了為什麼當你在測量量子系統時，波函數似乎會崩陷——以及「測量」究竟是什麼。

我們知道波函數只有一個，即宇宙的波函數。但是，當我們在討論個別的微觀粒子時，它們可以處於量子態，而與世界的其他部分沒有關聯。在這種情況下，我們可以合理地談論「這個特定電子的波函數」等等，但要記住，這實際上只是一個有用的權宜之計，只有在系統與其他任何東西都沒有纏結時，我們才可以使用這個說法。

就巨觀的物體而言，事情沒有那麼簡單。考慮我們的自旋測量裝置，假設我們把它置於測量上自旋和下自旋的疊加。這個裝置的刻度盤包括一個指向向上或向下的指針。這一類的裝置無法與世界的其他部分分離，即使看起來，它只是一部靜置在實驗室裡的儀器，但實際上，實驗室中的空氣分子正不斷地與它發生碰撞，更有無數的光子從它身上反射回來等等。宇宙中除它之外的所有其他東西，我們稱之為環境（environment）。在正常的情況下，我們無法阻隔巨觀物體和環境之間的交互作用。即使只是非常輕微，這一類的交互作用也一定會使測量裝置與環境纏結起來，例如光子可能因為指針在某個位置而從錶盤反射出來，但如果指針指向別處，則會被錶盤所吸收。

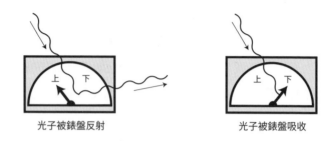

光子被錶盤反射　　　　　　　　　　光子被錶盤吸收

　　所以我們之前在討論測量裝置與量子位元發生纏結時所寫下
的波函數，並不是故事的全部。我們把環境狀態放在大括號中，
正確的波函數應該寫成：

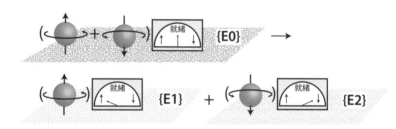

　　環境狀態實際上是什麼並不重要，因此我們把它們為標記
為 {E0}、{E1} 和 {E2} 來表示不同的背景。我們不會（通常也不
可能）準確地去追蹤環境中正在發生的每一件事情——這太複雜
了。這絕不僅僅是一個光子與儀器波函數中的某個組成發生不同
的交互作用而已；光子的數量會非常巨大。沒有人會期望去追蹤
房間中每個光子或粒子的行為。

　　這個簡單的過程——巨觀物體與我們無法追蹤的環境纏結在

一起——就是去相干，而它會帶來改變宇宙的後果。去相干導致波函數分裂或分支（branch）成多個世界。每一個觀察者都會與宇宙的其他部分一起分支成多個副本。在分支後，原始觀察者的每個副本都發現自己處於一個具有特定測量結果的世界裡。對這些觀察者的副本來說，波函數「似乎」已經崩陷了。我們比他們更了解；由於去相干分裂了波函數，崩陷只是表象而已。

我們不知道分支發生的頻繁程度，甚至不知道這是否是一個有意義的問題。這取決於宇宙中的自由度是有限值還是無限大，這是目前基礎物理學中一個懸而未決的問題。但我們確實知道，有很多分支正在進行：每當量子系統與環境纏結在一起而形成疊加態時，就會發生這種情況。在一般人的身體中，每秒大約有5000個原子經歷放射性衰變。如果每次衰變都把波函數分裂為二，那就是每秒會有 2^{5000}（2的5000次方）個新分支形成。很多！

□ □ □

「世界」究竟是由什麼所構成？我們只有寫下了描述自旋、裝置和環境的一個量子態而已。是什麼讓我們說它描述了兩個世界，而不僅僅是一個世界？

所謂的世界，條件之一應該是在它的不同部分之間，彼此是可以相互影響的；至少在原則上是如此。現在假設有一個「幽靈世界」的場景（這不是對現實的真實描述，只是用來當作生動的類比）：生物死亡之後全都變成了幽靈。這些幽靈之間彼此可以交談和看見對方，但不能看見或與我們交談，我們也不能看見或

與它們交談。它們住在另一個獨立的「幽靈地球」上，在那裡，它們可以建造幽靈房屋，並從事它們的幽靈工作。但是它們和周圍的環境都不能以任何方式與我們和我們周圍的事物互動。在這種情況下，說幽靈居住在一個真正獨立的幽靈世界是有道理的，因為幽靈世界發生的事情與我們世界所發生的事情完全沒有任何關係。

現在，把這個標準應用到量子力學上。我們對自旋及其測量設備是否會相互影響不感興趣——顯然是可以的。我們關心的是比方說，儀器波函數的某個分量（例如，錶盤指向向上的部分）是否可能影響到另一個分量（例如，它指向向下的部分）。我們之前也遇到過類似的情況，在雙狹縫實驗的干涉現象中，波函數自己影響了它自己。當我們讓電子通過兩個狹縫，而不去測量它們是從哪個狹縫通過時，我們最終會在屏幕上看到亮暗相間的干涉圖樣，並把這個現象歸因於個別狹縫在總機率的貢獻上的相互抵消。最關鍵的點是，我們隱含地假設電子在這段旅程中，並沒有與其他任何東西產生相互作用而纏結在一起。亦即，它沒有去相干。

相反地，當我們去檢測到電子究竟通過哪一個狹縫時，干涉圖樣就消失了。之前，我們把個結果歸因於，由於我們進行了測量，導致電子的波函數在狹縫處發生了崩陷。對此，艾弗雷特為我們講述了一個更引人入勝的故事。

實際發生的是，電子在通過狹縫時與探測器纏結在一起，然後探測器又很快地與環境纏結在一起。這個過程與我們先前測量自旋時的狀況完全類似，只不過我們現在是在測量電子通過左狹

縫 L 還是右狹縫 R：

沒有神祕的崩陷；整個波函數仍然存在，並根據薛丁格方程式愉快地演化，只留給我們由兩個成分（L 和 R）纏結起來的疊加態。但請注意，當電子繼續向屏幕移動時發生的事。和以前一樣，屏幕上任何一個點的電子狀態，都有來自通過狹縫 L 的東西的貢獻，以及通過狹縫 R 的東西的貢獻。但是現在，這些貢獻不會相互干涉。如果想要獲得干涉圖樣，我們需要把兩個相等且相反的量相加起來：

$$1 + (-1) = 0$$

然而，屏幕上不會有任何一個地方，可以讓我們發現來自 L 和 R 狹縫的電子，其波函數的貢獻是相等且相反的，因為電子在穿過這些狹縫時，就與「世界其他地方的不同狀態」纏結在一起了。當我們在說「相等且相反」的時候，我們的意思是完全的相等和相反，而不是「除了我們纏結的那個東西之外的相等」。與探測器和環境的不同狀態纏結在一起——換句話說，就是被去相干了——這意味著電子波函數的這兩個部分，已無法再相互干涉

了。也就是說，它們根本無法互動。這個意思是，無論出於何種意圖和目的，它們是分屬不同世界中的一個部分。* 從與波函數的某個分支纏結在一起的事物來看，其他分支可能就像被幽靈占滿的另一個世界。

量子力學的多世界表述一勞永逸地移除了，與測量過程和波函數崩陷相關的所有謎團。就「觀察」而言，我們不再需要任何的特殊規則：所有發生的事，都只是波函數根據薛丁格方程式的指示，隨著時間演化而已。就構成「測量」或「觀察者」的成分而言，已不再有任何特別之處——測量是一種交互作用，它使量子系統與環境纏結，產生去相干，並分支到多個各自獨立的世界裡；觀察者則是讓這類交互作用發生的系統。特別值得一提的是，這不牽涉到意識。所謂的「觀察者」可以是蚯蚓、顯微鏡或石頭。除了會情不自禁地與環境交互作用並與之纏結之外，巨觀系統完全沒有任何特別之處。如果我們想要接受這一個強大、簡單而統一的量子力學版本，代價是要接受有大量的獨立世界。

□　□　□

艾弗雷特本人並不熟悉去相干的現象和理論，所以他心中的圖像並不像我們剛剛描述的那麼堅實和完整。然而，他重新思考測量問題的方式，以及為量子動力學勾勒出一幅統一圖像的方

----

* 波函數產生的所有分支的集合，和宇宙學家常說的「多重宇宙」（multiverse）不一樣，宇宙學的多重宇宙是空間的集合，這些空間通常彼此相距非常遙遠，當地的物理條件也迥異。

法，倒是從一開始就讓人信服。即使在理論物理學的領域裡，有時有人做出重大的貢獻或提出重要的想法，只是因為運氣好，在適當的時間出現在適當的地點，而不是因為特別聰明。然而，艾弗雷特並不在此列。認識他的人，一致同意他有著令人稱羨的聰穎天資，而且，從他的著作中可以清楚看出，他對自己的思想及其中的深意理解得很透徹。如果他還活著，面對現今這些量子力學的基礎議題，他絕對還是遊刃有餘。

困難的地方在於讓其他人也欣賞這些想法，這包括他的指導教授。惠勒個人非常支持艾弗雷特，但他也忠於自己的導師波耳，以及認同哥本哈根詮釋學派的正確性。他一方面希望艾弗雷特的想法能獲得廣泛的注意，一方面又努力避免不讓這些想法被詮釋成直接攻擊波耳在量子力學的思考方式。

然而，艾弗雷特的理論**的確**對波耳的圖像提出直接的攻擊。艾弗雷特本人也知道這一點，並且喜歡用生動的語言來凸顯這個攻擊的本質。在他論文的初期草稿中，艾弗雷特使用變形蟲分裂的類比來說明波函數的分支：「我們可以想像一隻具有智力且記憶力良好的變形蟲。隨著時間的推移，變形蟲不斷分裂，每次產生的變形蟲都具有與父母相同的記憶。因此，我們的這隻變形蟲擁有的不是一條生命線，而是一棵生命樹。」惠勒被這個（相當準確，且）明目張膽的隱喻嚇到了，他在手稿的空白處潦草地寫下：「分裂？需要更好的措辭。」[13] 這對師生一直在為表達新理論的最佳方式而爭論不休，惠勒偏好保守和謹慎，而艾弗雷特則傾向於大膽且清晰的表達方式。

1956 年，正當艾弗雷特在忙於完成論文之際，惠勒訪問了

哥本哈根，並向波耳和他的同事（包括彼得森）展示了這個新的圖像。至少他想過要這麼做。因為在那個時候，大家對於「波函數崩陷，以及不要尷尬地去詢問究竟發生了什麼事」的量子理論學派已經漸漸習以為常，而那些接受這個想法的人，對於重新審視量子理論的基礎並不感興趣，特別是在有這麼多有趣的應用工作可以做的時候。

惠勒、艾弗雷特和彼得森的信件在大西洋之間來回飛來飛去，在惠勒回到普林斯頓去幫艾弗雷特的論文做最後定稿時，他們之間通信仍在進行中。這一過程的痛苦完全體現在論文的演變過程中：艾弗雷特的論文初稿題目為〈以普適波函數方法研究量子力學〉（Quantum Mechanics by the Method of the Universal Wave Function），修訂之後改名為〈不含機率的波動力學〉（Wave Mechanics without Probability）。這篇文章後來被稱為論文的「長版」，一直到 1973 年才出版。艾弗雷特最終提交的博士論文則被稱為「短版」，題目是〈論量子力學的基礎〉（On the Foundations of Quantum Mechanics），該論文最終在 1957 年以〈量子力學的「相對態」表述〉（'Relative State' Formulation of Quantum Mechanics）為題付梓。它省略了艾弗雷特初稿中許多有趣的部分，包括對機率和資訊理論基礎的檢驗，以及對量子測量問題的概述，而只專注在量子宇宙學的應用。（發表的論文中沒有出現「變形蟲」，但艾弗雷特確實設法在惠勒會忽略的地方，也就是在證明過程的註腳裡插入了「分裂」一詞。）此外，在艾弗雷特的論文發表時，惠勒也寫了一篇「評論」文章，表明新理論是激進而重要的，但同時卻也試圖掩蓋其與哥本哈根在方

法上的明顯差異。

　　爭論在那之後仍持續進行，但沒有太大進展。 在艾弗雷特寫給彼得森的一封信裡，其中有一段文字透露出他的挫折感：

> 　　為了避免我的論文的相關討論徹底死去，讓我火上澆油一下…… 對「哥本哈根詮釋」的批評…… 我認為你不能僅僅以誤解波耳的立場來駁回我的觀點。我相信，把量子力學建立在古典物理之上，是一個必要的臨時步驟，但是現在的時機已經成熟……可以把〔量子力學〕視為一個獨立的理論，一個不再需要依賴古典物理的基礎理論，而且可以從它推導出古典物理……
>
> 　　讓我提一些哥本哈根詮釋的惱人特點。 巨觀系統具有的龐大特性，允許人們去忽略量子效應（在討論打破測量鏈時），然而，它卻從來都沒有為這個斷然宣告的教條提供任何理由。〔再者〕對於測量過程的這種「不可逆性」，也沒有任何一致的解釋。而且，波動力學和古典力學也並未蘊含這一點。難道又是一個獨立的假設嗎？[14]

　　艾弗雷特最終決定不再繼續這場學術鬥爭。在完成博士學位之前，他就接受了美國國防部武器系統評估小組（Weapons Systems Evaluation Group）的工作，轉而研究核武器的影響，涉及戰略、博弈理論和優化等領域，並在創辦幾家新公司方面發揮

了影響。目前尚不清楚艾弗雷特有意不申請大學教職的理由，是由於學術界對他的新理論的批評，或者僅僅是出於對學術界的不耐煩。

不過，他對量子力學的興趣倒是一直未減，即使他再也沒有發表過這方面的文章。在艾弗雷特取得博士學位，進入五角大樓工作之後，惠勒說服他親自訪問一趟哥本哈根，並和波耳及其他人做一些討論。這趟訪問並不順利；後來艾弗雷特認定這是一場「從一開始就注定要失敗」[15] 的行程。

艾弗雷特送論文去發表，時任期刊編輯的美國物理學家德威特（Bryce DeWitt），在看了文章之後給他寫了一封信，抱怨在現實世界顯然沒有「分支」這回事，因為我們從未體驗過這樣的事情。艾弗雷特在回答時，提到了哥白尼那個同樣大膽的想法，即地球繞著太陽運行，而不是相反的情形：「我忍不住想問：你感覺地球在運動了了嗎？」[16] 德威特不得不承認，這是一個很好的回應。反覆思考了一段時間後，到了 1970 年，德威特已經成了艾弗雷特的積極擁護者。他付出了巨大的努力，希望使這個默默無聞的理論能獲得更多的認可。他的策略包括在 1970 年《今日物理》（Physics Today）上發表了一篇有影響力的文章，隨後更在 1973 年出版的一本論文集裡，收錄了艾弗雷特的「長版」論文，以及一些相關的評論。這本論文列被簡單地稱為《量子力學的多世界詮釋》（Many-Worlds Interpretation of Quantum Mechanics），這個生動的名字一直沿用至今。

1976 年，惠勒從普林斯頓大學退休，轉到德克薩斯大學（University of Texas）任職，德威特剛好也在該大學任教。1977

年，他們一起組織了一個關於多世界理論的研討會，惠勒說服艾弗雷特暫時跟國防部請假來參加這個活動。研討會很成功，艾弗雷特給與會的物理學家留下了深刻的印象。其中之一是年輕的研究員多伊奇（David Deutsch），他後來成為多世界理論的主要支持者，也是量子計算的早期先驅。惠勒甚至提議在聖塔芭芭拉（Santa Barbara）建立一個新的研究機構，讓艾弗雷特可以在那裡重啟量子力學的全職研究，可惜這件事最後無疾而終。

艾弗雷特於 1982 年因突發心臟病去世，得年 51 歲。他的生活方式並不健康，暴飲暴食、吸菸酗酒。他的兒子馬克（Mark Everet，後來組建了 Eels 樂團）曾表示，他最初很氣父親沒有把自己照顧好。不過，後來他改變了主意：「我意識到我父親的生活方式有一定的價值。他隨心所欲地吃、抽、喝，然後在某一天突然死去。這與我目睹的其他生活選擇相比，事實證明，讓自己好好享受，然後迅速死去，也算是善終了。」[17]

7

Order and Randomness:
秩序與隨機性

Where Probability Comes From
機率從何而來

　　在英國劍橋，一個陽光明媚的日子，哲學家安斯康姆（Elizabeth Anscombe）遇到了她的老師維根斯坦（Ludwig Wittgenstein）。維根斯坦以他獨特的思維開口問道：「為什麼大家都說，認為是太陽繞地球旋轉，而不是地球繞著軸在自轉，是很自然的想法？」[18]安斯康姆給了個想當然爾的答案：因為「看起來」就像是太陽繞著地球在旋轉。「嗯，」維根斯坦反問說：「如果是地球在自轉，**看起來會是什麼樣子**？」

這則軼事——由安斯康姆本人講述，並且在劇作家史塔佩（Tom Stoppard）著名的戲院劇本《跳線》（Jumpers）中重述——這是艾弗雷特學派人士的最愛。不僅物理學家科爾曼（Sidney Coleman）過去常常在課堂上提到它，物理哲學家華萊士（David Wallace）以它作為《湧現的多元宇宙》（The Emergent Multiverse）的開場白。它甚至和艾弗雷特最初回覆德威特的評論異曲同工。

我們很容易明白為什麼觀察很重要。任何一個有理智的人，在第一次聽到「多世界」的概念時，都會有一個很直接、而且是發自內心的反對意見：我根本就「感覺」不到，每當有個量子測量進行之後，我這個人就會分裂成很多個人。而且，除了我自己所處的這個宇宙之外，「看起來」並沒有其他各種平行宇宙存在。

好吧，艾弗雷特人會借用維根斯坦的話來問你：如果「多世界」是真實的，你會感覺到什麼？看到什麼？

我們希望生活在艾弗雷特宇宙中的人，也能夠實際體驗到和我們相同的經驗：一個非常準確地遵循教科書量子力學規則，並且在許多情況下與古典力學非常接近的物理世界。然而，「一個平滑演化的波函數」和實驗數據之間，存在著一道觀念上的鴻溝，需要很多的解釋。我們用來回答維根斯坦的答案，是否就是我們想要的答案，還無法確定。艾弗雷特的理論在表述上可能很簡樸，但要充分闡述其中的含義，則還有大量工作要做。

在本章中，我們將面對多世界的一個主要難題：機率的起源和本質。薛丁格方程式是一條完全決定論的數學式。為什麼機率會出現，為什麼它們會遵循玻恩定則：機率等於振幅（與波函數

中每個可能出現結果相關聯的那個複數）的平方？ 如果說，在每個分支上都會有一個未來的我存在，那麼，去討論每一個分支最終可能會出現的機率，是否還有意義？

在教科書或哥本哈根版本的量子力學裡，完全沒有必要去「推導」玻恩定則。我們只是把它當作理論的假設之一放在那裡。為什麼我們不能在多世界裡做同樣的事情？

答案是，即使玻恩定則在兩種情況下聽起來都一樣——「機率等於波函數振幅的平方」——但二者的含義卻大不相同。教科書版本的玻恩定則，實際上是一份陳述，它告訴我們某件事情發生的頻率，或者將來會發生某事的頻率。多世界理論沒有容納這樣一個額外假設的空間。僅僅根據「波函數始終服從薛丁格方程式」這條基本規則，我們就能確切地知道將會發生些什麼事。機率在多世界裡是一個必要的陳述，它告訴我們應該**相信**什麼，以及我們應該如何**行動**，而不是關於某件事應該發生的頻繁程度。而「我們應該相信什麼」並不會真的在物理理論的假設中，占有一席之地；相反地，這些假設會自然地讓我們知道「應該相信的東西」。

此外，正如我們即將看到的，我們沒有任何的空間，也沒有任何必要去做額外的假設。只要依據量子力學的基本架構，就會自然地，而且自動地出現玻恩定則。由於我們傾向於看到玻恩定則（它就像自然界中的行為一樣），這應該給我們一些信心，知道我們正走在正確的軌道上。這個架構，可以從更基本的假設中得出重要結果，應該優於在相同條件下，需要單獨再做假設的其他框架。

　　如果我們可以解決這個問題，將會是多世界表述的一大進展：如果「多世界」是真實的，那麼我們所期望看到的世界，就是我們實際看到的世界。也就是說，那會是一個與古典物理非常近似的世界，唯一的例外是，在量子測量的實驗中，對於得出某個特定結果的機率，還是會由玻恩定則決定。

□　　□　　□

　　我們一般會認為，機率的問題在於要解釋「機率等於振幅的平方」的原委。然而，這並不是真正困難的部分。對振幅取平方而得出機率是一件很自然的事情。絕對不用擔心，結果可能是波函數的五次方或類似的東西。我們在第五章時討論過這一點，當時我們使用量子位元來解釋，可以把波函數視為一個向量。這個向量就像直角三角形的斜邊，各別的振幅就像該三角形的其他短邊。向量的長度等於 1，根據畢氏定理，它是所有振幅的平方和。因此，「振幅的平方」很自然地看起來就像是機率；而且，它們都是正數，加起來等於 1。

　　更深層的問題是，為什麼艾弗雷特的量子力學裡會有不可預測的東西存在，而且如果有的話，為什麼會有計算機率的特定規則存在。在多世界表述裡，如果你知道某一時刻的波函數，你可以通過求解薛丁格方程式，精確地計算出它在任何其他時間時的樣子。這裡完全沒有任何的不確定性存在。然而，在現實的世界裡，原子核的衰變或自旋的測量等，看起來似乎又是完全隨機的現象，那麼，我們如何能透過多世界的圖像，來發現隱藏在這些

觀察結果背後的現實呢？

　　考慮我們最喜歡的例子：電子自旋的測量。假設我們從上自旋和下自旋各半的疊加態的電子開始（相對於垂直方向的軸），使其通過斯特恩－革拉赫磁體。根據標準量子力學，波函數有 50% 的機率會崩陷為上自旋，並且有 50% 的機率會崩陷成下自旋。而在另一方面，多世界表述則認為，宇宙的波函數有 100% 的機會從一個世界演化為兩個世界。誠然，在其中的一個世界，實驗者會看到上自旋，而在另一個世界，他們會看到下自旋。但毫無疑問的是，這兩個世界都獨立**存在**著。如果我們要問的問題是「會有多大的機率，讓我最終身處於波函數為上自旋的分支世界中？」，可惜的是，這個答案似乎並不存在。你將不會是其中的某個實驗者；現在這個「單一的你」，毫無疑義地會演化成未來的「兩個他」。在這種情況下，我們應該如何討論機率問題？

　　這是一個好問題。想要回答它，我們得從有點哲學的角度來思考：「機率」到底是什麼意思？

ㅁ ㅁ ㅁ

　　如果我們說關於機率的「意義」有一些的不同的看法，應該不會讓你感到太意外。考慮拋擲出一個公平的硬幣。「公平」意味著，在次數上，硬幣將會有 50% 的次數出現正面， 50% 的次數出現反面；至少從長遠來看會是如此。但是如果你只有拋擲兩次，而兩次都出現反面的請況，應該也不會有人感到驚訝才對。

　　這個「從長遠來看」的警語，為我們提供了一個策略來了解

機率。如果拋擲硬幣的次數不多，無論結果為何，我們都不需要驚訝。但隨著拋擲的次數愈來愈多，我們預期出現正面的總次數將會接近 50%。因此或許可以把機率定義為，在我們拋擲硬幣無限多次之後，實際出現正面的次數所占的比例就是機率的大小。

上述這個機率的概念，有時被稱為頻率學派（frequentism），因為它把機率定義為，在大量試驗中發生的相對頻率。它與我們在拋硬幣、擲骰子或打牌時，對於機率運作方式的直觀理解非常吻合。對於頻率學派而言，機率是一個客觀的概念，因為它僅取決於硬幣的特徵（或我們正在談論的任何其他系統），而不取決於我們或我們的知識狀態。

量子力學的標準版本以及玻恩法則，都與頻率學派非常吻合。實際上，你或許不會有無限多個電子來測量它們的自旋，但你的確可以讓數量龐大的電子通過磁場，以此來測量它們的自旋。（斯特恩－革拉赫實驗是物理學系，在實驗課程中最喜歡重現的實驗之一，所以多年來，已經用這種方法測量了數量相當多的自旋。）我們可以收集足夠的統計數據來說服自己，量子力學中的機率真的就只是波函數的平方。

多世界表述則是另一個故事。假設我們把一個電子置於上自旋和下自旋各半的疊加態中，接著開始去測量它的自旋，然後重複很多次。在每次的測量中，波函數都會分支到一個具有上自旋結果的世界，和一個具有下自旋結果的世界。想像一下，如果我們以「0」來標示得結果為上自旋，「1」為下自旋。在 50 次測量後，將有一個世界，它的記錄看起來像：

1010101111101100101100101010001110110001110100001.

這個結果似乎足夠隨機，並且符合正確的統計數據：有 24 個 0 和 26 個 1。雖不完全是上下各 50%，但已與我們預期的非常接近了。

但也會有一個世界，在那裡，每一次的測量結果都是上自旋，因此它的記錄會連續出現 50 個 0 的列表。此外，也會有一個全部出現下自旋的世界，而其記錄是一串連續出現 50 個 1 的列表。最後，還會很多個不同的世界，各自記載著由 0 和 1 所組成的可能字串。如果艾弗雷特是正確的，那麼這每一種可能性出現在某個特定世界中的機率都是 100%。

事實上，我要做一個告解：真的有這麼多個世界。上面那個看似隨機的字串，並不是我編造出來的，也不是由古典的亂數產生器所產生的。它真的是由一個量子亂數產生器而產生的：那是一個可以進行量子測量的小型裝置，並依據測量的結果來產生 0 和 1 的隨機序列。根據多世界表述的說法，當我在生成這些亂數的時候時，宇宙已經被分裂成 250 個不同的副本（即 1,125,899,906,842,624，大約 1 京），其中的每一個宇宙副本，都各自帶有一個稍為不同的數字。

如果在所有這些不同的世界中，所有「我的分身」，都依計畫要把得出的這 50 個亂數寫進書，那就意味著，在宇宙的波函數裡，你手上這本《潛藏的宇宙》就有超過 1 京種不同的版本。在大多數情況下，這些版本的差異很小，只是 0 和 1 排列的次序稍有不同。但是有幾個可憐的「我的分身」，他們筆下的 50 個

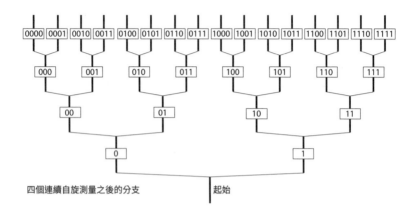

四個連續自旋測量之後的分支　　　　　　　起始

亂數全部都是 0 或全部都是 1。不知道此刻的他們會怎麼想？該不會是認為亂數產生器故障了。顯然,他們並沒有準確地寫出我此時正在輸入的文字。

　　無論我或我的其他分身如何看待這種情況,結果都會與頻率學派的典範相當不同。如果說,每一次的實驗所出現的結果,都只是位於波函數裡的某個地方而已。那麼以無限多的實驗次數為前提,來討論出現某個特定結果的頻率,就沒有太大的意義了。因此,我們需要換一個方向,來思考機率究竟味著什麼。

▫ ▫ ▫

　　幸運的是,早在量子力學問世之前,就有研究機率的另一種思路,稱為「知識機率」(epistemic probability)。這個概念與我們當下知道的東西有關,但與那些假設中無限多的實驗次數無關。

秩序與隨機性：機率從何而來

　　考慮一下「費城 76 人隊贏得 2020 年 NBA 總冠軍的機率是多少？」這個問題。（我個人很重視這一點，但其他球隊的球迷可能不同意。）這不是我們想像中可以無限次重複的事件；如果不出意外，籃球運動員會變老，這會影響他們的發揮。2020 年 NBA 總決賽只會發生一次，誰輸誰贏，都有一個明確的答案，即使我們不知道結果是什麼。但是專業的賠率制定者，可以毫無疑慮地為這類情況指派相應的機率。在日常生活中，我們也毫不猶豫在做類似的事情；例如，我們常常都在判斷各種一次性事件發生的可能性，從我們申請的工作是否會成功等重要事件，到晚上七點前會不會肚子餓的簡單問題。就此而言，我們可以談論過去某件事發生的機率，例如確實有某件事發生，然而我們並不知道是什麼事──「我不記得上週四我什麼時候下班了，但是大概是在下午五點到六點之間，因為那通常是我下班回家的時間。」

　　在這些情況下，我們所做的是指派一個「可信度」（credence，信任某事為真的程度）給正在考慮中的每一個可能命題。和機率一樣，單一命題的可信度必須介於 0% 和 100% 之間，而所有可能結果的可信度總和應為 100%。隨著新資訊的獲得，你可以隨時調整對於某個事件的可信度；就像是，你對於某個單字的拼寫方式，會有某種程度的信心，隨後在查字典的過程中，信心逐漸增加，最後確認拼字的方式。統計學家把這個思考方式，正式發展成一套推論機率的方法，稱之為貝氏推論（Bayesian inference），以 18 世紀長老會牧師和業餘數學家貝葉斯牧師（Rev. Thomas Bayes）命名。貝葉斯推導出了一條方程式，教我們在獲得新信息之後，應該如何更新先前的可信度，你

可以在世界各大學統計系的海報和 T 恤上，找到這條的公式。

如此一來，即使某件事只會發生一次，而不是無限多次，我們也可以有一個非常好的「機率」概念。這是一個主觀概念的機率，而不是一個客觀概念的；不同的人，在不同的知識狀態下，對於某個事件的可能結果，自然會先指派一個可信度給它。對錯與否，並不重要，只要大家都同意，在獲得新資訊之後，就根據新訊息去更新可信度即可。事實上，如果你相信永恆論——未來和過去，二者一樣的真實；只是還沒有到訪過未來而以——那麼，就可以把客觀的「頻率學派」歸類到貝葉思學派裡。以隨機擲硬幣為例，「硬幣正面朝上的機率是 50%」可以詮釋為「鑑於我對這枚硬幣和其他硬幣的了解，我所能做的最好預測是，下一次硬幣出現正面或反面的機率相同，即使後來出現的會是一個確定的結果。」

□　□　□

這種以我們的知識為基礎，而不是以出現頻率為基礎的機率概念，是否真能算是一個進展，目前還不清楚。多世界表述是一種決定性理論，因為，只要我們知道某個時刻的波函數和薛丁格方程式，我們就可以弄清楚即將要發生的每一件事。從理智來看，還有什麼是我們不知道的東西，需要透過玻恩定則來指派一個可信度給它呢？

有一個很誘人卻是錯誤的答案：我們不知道「我們最終會進入哪一個世界」。這個答案之所以錯誤，因為它暗示了必須依賴

一個根本不適用於量子宇宙的個人身份概念。

對於我們周遭世界的理解，現代科學所提出的觀點，截然不同於哲學家口中的「俗民」（folk）版本，而這正是我們想要質疑的地方。科學觀點最終應該能解釋我們的日常經驗。當然，我們無權期望，在科學發展歷程中曾經出現的概念和類別，可以一直保持其有效性，而一直出現在我們對物理世界最新、最完整的那幅圖像中。一個好的科學理論應該與我們的經驗相容，雖然它可能會透過一種完全不同的語言來表達。在日常生活中，我們早已熟悉並運用的想法和觀念，會成為有用的近似方式，方便我們用來述說一個更完整的故事。

普通的一張椅子不是柏拉圖式的「原型椅子」。它是原子按某種組態排列的集合體，讓我們可以合理地把它歸類在「椅子」的類別中。我們可以毫不費力地辨識出這一類別物體的模糊界限──沙發算是椅子嗎？高腳凳怎麼樣呢？如果我們拿一張百分之百確定是椅子的東西，然後把它的原子一個一個地除去，它會逐漸變得越來越不像一張椅子，然而，這裡沒有一個硬性和明確的門檻，使它忽然從椅子變成非椅子。不過，這沒關係，因為在我們日常生活中的對話裡，可以完全毫不費力地接受這種鬆散的標準。

然而，在談到「自我」這個概念時，我們就會多出一些自我保護意識。在日常的經驗裡，關於我們的自我，在概念上不會有很模糊的地方。雖然我們會成長和學習，身體會老化，會以各種方式在與世界互動等。但無論在任何時候，我們都可以毫不費力地識別出這個千真萬確的「我自己」。

潛藏的宇宙

　　量子力學表明，我們必須修改一下這個故事。在測量一個自旋時，波函數因去相干而產生分支，一個單一的世界由此分裂成兩個，從測量前的只有一個人，後來變成有兩個人。想去探詢哪一個才是「真正的我」，是個沒有意義的問題。同理，在分支發生之前，想知道「我」在後來會進入哪一個分支世界，也是個沒有意義的問題。分支後的這兩個人完全有權利把他們自己當作是「我」。

　　在古典的宇宙中，把個體識別為隨時間衰老的人，通常是沒有問題的。在每一個瞬間，每一個人都是原子的某種排列組合，但重點不在於單個原子的狀況，因為隨著時間的推移，我們身上會有很大量的原子被替換掉。重點在於我們所形成的模式，以及這個模式的連續性，尤其是指這個人所具有的記憶。

　　這個量子力學的新特徵是，當波函數發生分支時，會去複製這個模式。我們不需要為此感到恐慌。我們只需要隨著時間的推移，去調整我們對「自我」的概念即可，因為從人類進入科學時代的這數千年以來，我們從來都不需要去解釋這個狀況，自然也就沒有理由需要去思考這個問題。

　　儘管「自我」是一個很頑固的概念，但如何從出生到死亡的過程來看待一個人，一直都是個有用的近似方式。你現在這個人，與一年前，甚至是一秒鐘之前的你，其實已經不是完全相同的一個人了。你身上的原子已經移動到一個稍微不同的位置上了，更有些原子已經被新的原子所替換了。（如果你是邊看書邊吃東西的話，你現在身上的原子可能已經比剛剛來得多了。）如果我們想要比平時更精確一些的話，我們不應該談論「你」，而

是應該改成「5:00 pm 的你」、「5:01 p.m. 的你」等等。

　　有一個統一的「你」的觀念之所以有用，不是因為在不同時刻，組成你的這些原子集合體都必須要完全相同，而是因為它們以一種明顯的方式相互關聯起來。它們描述了一個真實的模式。某個時刻的你，來自於更早之前的你，在這二者間，你體內的組成原子有過一些演變，少部分的它們也有過一些加加減減的變化。當然，哲學家們對這個問題已經深思熟慮過了。以帕菲特（Derek Parfit）為例，他提出，在時間的流逝中，身份認同之所以能維持，是因為你生命中的兩個事件之間存在有一個「關係 R」（Relation R）；這個「關係 R」的意思是指，未來的你和過去的你之間，共享著心理上的連續性。

　　在多世界量子力學的表述中，情況完全一樣，只是現在可以從一個稍早的人那裡，衍生出一個以上的人。（帕菲特對此不會有任何意見，並且，他實際上去研究了以影印機為比喻的類似情況。）因此，與其簡單地談論「5:01 pm 的你」，我們需要說的

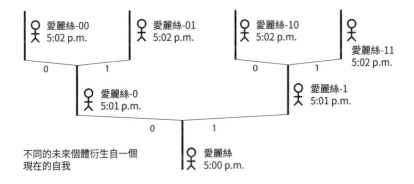

- 173 -

是「5:01 pm 的那個你，是來自 5:00 pm 的你，並且降臨到波函數為上自旋分支的那個人」，同理也適用於身在下自旋分支的人。

這裡的每一個「分身」都有充分的理由來宣稱自己就是「你」。他們都沒有錯。他們每一個都是一個獨立的人，在溯源之後，他們的起源都會是同一個人。在多世界的表述裡，一個人的壽命應該像是一棵有很多分枝的樹，在任何時刻都有多個人同時存在，而不是像變形蟲分裂那種單一的軌跡。而且，所有的這些討論，無關乎所我們關注的對象是一個人或是一塊石頭。世界複製了，世上的一切自然也都隨之其後。

．．．

我們現在準備要面對多世界表述裡的機率問題。一般會自然地認為要探討的問題是「我最終會落在哪一個分支裡？」然而，這並不是我們應該思考的方式。

相反地，我們應該思考的是，在去相干發生，而且世界已經分支之後的那一刻。去相干是一個非常快速的過程，通常是需要不到一秒的極短時間。從人類的角度來看，波函數基本上是「瞬間」發生分支的（儘管這只是一個近似值）。因此，分支會先發生，我們只是後來才注意到它，例如去觀察電子在通過磁場之後，結果是向上或是向下偏折。

有那麼一小段的時間，會有兩個你的複製品同時存在，而那

兩個複製品是一模一樣的。他們各自生活在波函數的兩個不同分支上，但他們都不知道自己身處於哪一個分支上。

你大概可以看得出來這是怎麼回事了。宇宙的波函數本身沒有是什麼是未知的：它包含有兩個分支，我們知道與每一個分支相應的振幅。然而，有一些事，是真正位在這些分支上的人所不知道的：他們身處在哪個分支上。物理學家維德曼（Lev Vaidman）首先在量子情境中強調了這個稱為「自定位不確定性」（self-locating uncertainty）的狀態——你知道關於宇宙中的所有事情，卻不知道自己身在宇宙中的何處。

這個無知狀態讓我們有機會來討論機率。在分支發生之後的那一刻，你的兩個副本就受限於自定位不確定性的影響，因為他們無法得知自己位在哪一個分支上。他們唯一能做的，就是給每一個分支都指派一個可信度。

這個可信度應該是什麼？有兩種可行的方法。首先是我們可以使用量子力學本身的結構來挑選出一組可信度，理性的觀察者可以就此分配給相應的不同分支。如果你願意接受這一個觀點，那麼你最終指派的可信度，就會是你從玻恩定則中所得到的數值。如果機率是源自在自定位不確定性條件下所指派的可信度，那麼，量子測量結果的機率就會由波函數的平方所決定，而這正是我們所期望的事實。（如果你願意接受這一觀點，並且不想被細節所困擾，歡迎你跳過本章的其餘部分。）

其次是另一個思想流派，它基本上完全否認「指派明確的可信度」是件合理的事。因為我可以設想出各種古怪的規則，來計算波函數會出現某個分支的機率。也許我只是想把更高的機率

指派能讓覺得更快樂的分支，又或者指派給只會出現上自旋的分支。哲學家艾伯特（David Albert）提出一種「肥胖測量」[19]，其機率與你體內的原子總數成正比（這只是為了強調任意性，而不是因為他真的認為這是合理的）。我們沒有合理的理由可以制定這樣的規則，但又有誰能阻止我呢？根據這種態度，唯一「理性」的做法就是，承認沒有正確的方法可以指派可信度，因此拒絕這樣做。

這是一個讓人可以接受的立場，雖然我認為它還不是最好的。如果多世界表述是正確的，那麼無論我們喜歡與否，我們都會發現自己處於自定位不確定性的狀態中。而且，如果我們的目標是以最科學的方式來理解這個世界，那麼這份理解必然會涉及指派可信度的做法。畢竟，科學的一部分工作是要預測未來將會觀察到什麼，即使結果只是機率性的。如果有某一組指派可信度的方法，而且其中的每一個方法看起來都一樣地合理，那麼這會讓我們陷入困境。然而，如果有一個理論結構，可以合理又明確指出了一個指派可信度的獨特方法，而這個方法所得出的結果又與實驗數據一致，那麼，我們就應該採用它，並恭喜自己出色地完成一項任務，然後繼續解決其他問題。

□ □ □

在我們不知道自己正處於哪一個波函數分支的情況下，假設我們相信，可能存在一個明確的最佳方式來指派可信度。之前，我們提到，本質上，玻恩定則只是應用畢氏定理的結果。現在，

我們可以更加小心一點，而且去解釋為什麼，在目前這個自定位不確定性的情況下，考慮可信度是個合理方式。

這是一個重要的問題，因為假設我們還不知道玻恩定則的話，我們可能會認為振幅與機率完全無關。例如，當你從某個分支分裂到兩個分支時，面對兩個獨立的宇宙，為什麼不指派相等的機率給它們？這個稱為分支計數（branch counting）的想法，我們很容易可以證明它是行不通的。然而，還有一個更嚴格的版本，內容是：「當分支具有相同的振幅」時，我們就應該給它們指派相同的機率。有趣的是，這個思路的結果會變成，我們需要去證明的是，當分支具有不同的振幅時，我們應該使用玻恩定則來計算。

在轉向實際有效的策略之前，讓我們先打發分支計數這個錯誤的想法。考慮一個單一的電子，它的垂直自旋已經被一個儀器測量出來了，也就是說，去相干和分支已經都發生過了。嚴格來說，我們應該去追蹤實驗設備、觀察者和環境的狀態，但它們只是順其自然地發展下去，所以我們不需要明確地寫出它們的狀態來。現在，讓我們假設上自旋和下自旋的振幅並不相等，也就是我們有一個不平衡的狀態 ψ，它在兩個方向上的振振幅不相等。

$$\psi = \sqrt{\frac{1}{3}} \quad + \sqrt{\frac{2}{3}}$$

在不同分支之外的那些數字是相應的振幅大小。由於玻恩定則說機率等於振幅的平方，所以在這個例子裡，我們應該有 1/3 的機率看到上自旋，2/3 的機率看到下自旋。

想像一下，假設我們不知道玻恩定則，而且希望通過簡單計算分支的數目來指派機率。試著從位在兩個分支上的觀察者來看事情。從他們的角度來看，這些振幅，只是某個無形的數字，乘上他們在宇宙波函數中的分支而已。為什麼這些振幅會與機率有關？別忘了，這是兩個同樣真實的觀察者，而且，一直到他們看到結果之前，他們根本不知道自己是位在哪一個分支上。因此，指派相同的可信度給他們是不是更合理？或者至少是更民主的作法嗎？

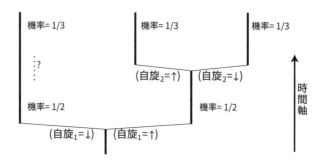

在此有一個明顯的問題，就是我們被允許持續地測量事物。假設，我們事先同意一個規則：如果我們測得上自旋，我們就停止實驗；但如果我們測量下自旋，就會迅速啟動另一個測量自旋的自動機制。再假設，第二個測得自旋的結果為右自旋，我們知道它可以寫成上自旋和下自旋的疊加態。一旦我們得出這個測量結果（僅在第一次測得下自旋的分支上），我們就會有三個分支：首先是第一次測得上自旋的分支，其次是我們先測得下自旋，之後測得上自旋的分支，最後則是連續兩次都測得下自旋的分支。

「為每一個分支指派相等的機率」的規則將告訴我們，這裡每一個分支出現的機率都是 1/3。

這實在很愚蠢。如果我們遵循這個規則，在我們對下自旋分支進行測量時，最初為上自旋的分支，其機率會突然由 1/2 變為 1/3。而我們最初觀察到上自旋的機率，不應該取決於另一個完全獨立分支上的人，是否需要再做一次實驗的決定。因此，如果我們要以合理的方式來指派可信度，我們必須採用比簡單的分支計數法更精緻和複雜的方法。

□ □ □

與其簡單地說「為每一個分支分配相等的機率」，讓我們試著思考一個範圍更窄的情況：「當分支具有相等的振幅時，指派給它們相等的機率」。例如，對單一的右自旋而言，可以把它寫成上自旋和下自旋相等的疊加態。

$$\text{(⊕)} = \sqrt{\frac{1}{2}}\text{(⊕)} + \sqrt{\frac{1}{2}}\text{(⊖)}$$

這條新規則的意思是，如果我們以垂直軸來測量自旋，我們應該分別指派 50% 的可信度給上自旋和下自旋的分支。這似乎是合理的，因為這兩種可能的結果之間存在對稱性；的確，任何

合理的規則都應該分配給它們相等的機率。*

　　這條較溫和的規則有一個好處，它消弭了重複測量會引起的矛盾。若只有在某個分支上進行額外的測量，則不會對其他的分支造成任何影響，所以，也不會讓分支再次出現振幅不相等的情形，也就是說，這條新規則似乎了無新意。

　　但在實際上，這條新規則的含意遠不止於此。如果我們從「等振幅隱含等機率」的簡單規則開始，去思考它是否是某個通則的特例，亦即一個不會引發矛盾的通則應該是什麼。我們最終會得到一個獨特的答案。而這個答案就是玻恩定則：機率等於振幅的平方。

　　我們仔細解釋一下：回到我們最初討論的那個不平衡的狀態 Ψ，某個振幅為 1/3 的平方根，另一個為 2/3 的平方根。現在，我們明確地標示出第二次測量的水平自旋結果（之前，這第二個量子位元只是很自然地包含在狀態 Ψ 裡面）。

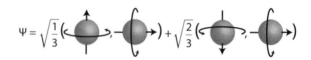

堅持「振幅相等於隱含機率相等」還不能告訴我們任何事

----

* 這裡有一些更複雜的論點，認為這條規則來自非常脆弱的假設。楚雷克（Wojciech Zurek）提出了一種推導這個原則的方法，而我和西本斯（Charles Sebens）共同提出了另一個獨立的論點。我們證明，如果你堅持你在實驗室中指派給某個實驗結果的機率，與宇宙中其他地方的量子態獨立無關的話，就能推導出相同的規則。

情，因為這裡的振幅是不相等的。不過，我們可以玩一個與之前相同的遊戲：如果第一次的結果是下自旋，我們可以沿著垂直軸去測量第二次的自旋結果。此時，波函數會演化成三個分支，而我們可以通過回顧右自旋在垂直自旋（上自旋和下自旋）的分量，來計算出這三個分支的振幅。把 2/3 的平方根乘以 1/2 的平方根，將會得到 1/3 的平方根，因此，這次的這三個分支都有相等的振幅。

$$\Psi = \sqrt{\frac{1}{3}} \left(\text{⊙} , \text{⊙} \right) + \sqrt{\frac{1}{3}} \left(\text{⊙} , \text{⊙} \right) + \sqrt{\frac{1}{3}} \left(\text{⊙} , \text{⊙} \right)$$

　　由於振幅相等，我們可以安全地指派相同的機率給它們。因為有三個分支，所以每個分支的機率是 1/3。而且，如果我們不希望某一個分支的機率，會因為發生在另一個分支上的事件而突然改變的話，這意味著，我們應該在進行第二次測量之前，就把 1/3 的機率指派最初的那個上自旋分支。而這個 1/3 剛好等於分支振幅的平方——正如玻恩定則所預測的那樣。

□　□　□

　　這裡還有剩餘幾個讓人擔憂的問題。你可能會反對，我們只有考慮了一個特別簡單的例子，其中某個分支的機率恰好是另一個的兩倍。但是，只要我們可以把我們的量子態細分成正確的數量，使得每一個的振幅大小都相等，那麼我們就可以仍然使用這

個相同的策略。其中，只要振幅的平方仍然是有理數（一個整數除以另一個整數），就不會有問題，而且答案都是一樣的：機率等於振幅的平方。當然，可能會有很多出現無理數的情況，但作為物理學家，只要你能夠證明某些東西對所有的有理數都有效，那麼你就可以把問題交給數學家，並咕噥著「連續性」之類的話語，然後就可以放心宣布你的任務完成了。

在此，我們可以看到畢氏定理發揮了作用。這就是為什麼，這個比另一個分支大根號 2 倍的分支，可以分裂成兩個大小相等的分支的原因。然而，這也告訴我們，困難的部分不在於推導出實際的公式，真正的關鍵是，它為機率在這個決定性理論中的含意，提供了堅實的基礎。在此，我們探索了一個可能的答案：在波函數分支之後，我們立刻就能得知各個不同分支的可信度。

你可能仍會擔心，「但是，我想知道的是，在測量之前，我就能知道測得某個結果的機率，而不僅是在測量之後才能知道答案。在分支之前，任何事都不具有不確定性——你已經告訴過我：去懷疑我將會落在哪一個分支是個錯誤的問題。那麼在測量之前，我該如何談論機率這個問題呢？」

不必害怕。你是對的，你這位想像中的代言人，完全不需要去擔心自己最終會落在哪一個分支上。相反地，我們的確知道，現在的你之後會分裂成另外的兩個你，而且他們會各自出現在不同的分支上。他們會是完全相同的兩個人，只是無法確定自己是位在哪一個分支上，而且根據玻恩定則，他們會各自被指派一個可信度。但這意味著，你所有的「後代」都將擁有完全相同的認知狀態，以及一個根據玻恩定則所決定的機率。因此，你可以很

放心地開始動手去做實驗，並且現在就可以把機率指派給未來可能出現的測量結果。現在，我們被迫把機率的含義，從簡單的頻率模型轉變為更可靠的「知識機率」概念，然而，我們計算事物的方法，以及如何根據這些計算來採取行動的方式，則與以前一模一樣。這就是為什麼物理學家一直可以在避免這些微妙問題的同時，又做著有趣的研究工作。

直觀來說，這種分析表明，量子波函數中的振幅，讓不同的分支具有不同的「權重」（weight），該權重與振幅的平方成正比。我不想過度從字面上的意義來理解這個心理圖像，但它卻提供了一個具體的畫面，可以幫助我們理解機率，而且也有助於我們稍後將會討論到的能量守恆等其他議題。

分支的權重＝ | 該分支的振幅 |^2

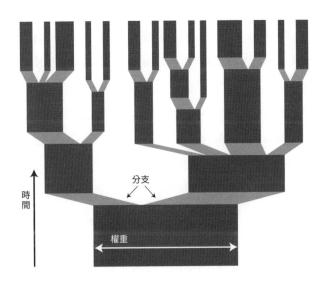

　　當有兩個振幅不等的分支時，我們說只有兩個世界，但它們的權重不相等；具有較大振幅的分支出現機率較高。由某特定波函數所產生的所有分支，其權重總和為 1。此外，當某個分支一分為二時，我們不會簡單地想像，這是藉由複製原有的分支來「創造更多的宇宙」；這兩個新世界的總權重，會與分支發生前的那一個世界的權重相等，而且，整體的總權重會保持不變。也就是說，隨著分支的不斷發生，新生的各個世界將會變得愈來愈「輕薄」。

▫ ▫ ▫

　　這不是在多世界理論中推導出玻恩定則的唯一方法。在探討物理學基礎的學術社群中，更流行的策略是採用「決策理論」（decision theory）──在不確定的世界中，一個理性主體（rational agent）在選擇時根據的規則。這個方法最初由多伊奇（David Deutsch，1977 年在德克薩斯會議上對艾弗雷特印象深刻的物理學家之一）於 1999 年率先提出，後來由華勒斯（David Wallace）修改成更嚴格的版本。

　　決策理論認為，對於可能發生的不同事件，理性主體會把不同數量的價值或「效用」附加到它們，然後傾向於追求最大化的「預期效用」──所有可能結果搭配機率加權之後的平均值，即為預期效用。假設可能會出現 A 和 B 兩個結果，若這個主體指派給 B 的效用剛好是 A 的兩倍，那麼，在面對 A 肯定會發生，

而 B 只有 50% 的機率會發生的情況下，這個主體應該會無動於衷。目前已有許多合理的公理，是想要做好的效用指派時所應該遵守的原則；例如，如果一個主體偏好的是 A 而不是 B，也更偏好 B 而不是 C，那麼他絕對應該更偏好 A 而不是 C。任何人，只要在生活裡違背這些決策理論的公理，都會被認為是非理性的，僅此而已。

若想在多世界理論的情境下使用這個框架，在已知宇宙的波函數即將分支，而且知道個別分支的振幅將會是多少的情況下，我們會希望知道一個理性主體會做出怎樣的決策。例如，有一個上自旋和下自旋相等疊加的電子，即將穿過斯特恩－革拉赫磁體來測量自旋。有人跟你打賭，如果結果出現上自旋，他們願意付給你 2 美元，但前提是，如果結果出現下自旋，你願意付給他們 1 美元。你應該接受這場「賭局」嗎？如果我們相信玻恩定則是正確的，答案顯然是肯定的：因為我們的預期收益是 0.5($2) + 0.5(-$1) = $0.50。不過，我們現在想做的事情是推導出玻恩定則；假設你知道，未來有一個你會贏得 2 美元，而另一個你卻會損失 1 美元，你應該要如何做出選擇？（讓我們假設你已經足夠完美，只需要關心這件賭贏或賭輸 1 美元的事，而不擔心人生是否就此發生巨變。）

目前的問題要稍微棘手一些，不過在之前自定位不確定性的情況下，我們已經用可信度來解釋過機率，所以我們就不再詳細地重複一次，所幸這二者的基本觀念是相同的。首先，我們考慮兩個分支有相等振幅的情況，而且我們可以證明，簡單地取這兩個不同效用的平均值就等於期望值，是合理的計算方法。然後，

假設我們有一個與之前相同的不平衡態 ψ，而且，如果測量結果為上自旋，你給我 1 美元，如果結果是下自旋，換我給你 1 美元。透過一些數學上的戲法，我們可以證明，在這個情況下，你的預期效用會與有三個振幅相等的可能結果的預期效用完全相同；也就是說，你會因某個結果給我 1 美元，而我則會因其他兩個結果給你 1 美元。在這個例子裡，期望值就是這三個不同結果的平均值。

歸根結底，在艾弗雷特宇宙中的理性主體，他們的行為就「好像」是生活在一個非決定性的宇宙一樣，在那裡，機率還是由玻恩定則所決定。在這個情境下，如果我們可以接受理性的意義，以及這些各式各樣看似合理的公理，那麼採取其他方式來做決策，將會是不理性的行為。

有人可能會固執地認為，僅僅證明「人們應該表現得『好像』某事是真的」是不夠的。它必須是「真的」是真的才行。這裡稍微忽略了一個重點。在普通單一的世界觀底下的現實，是指實際發生隨機的事件，而量子力學的多世界表述則是從另一個截然不同的觀點來看待現實。因此，某些我們早已習以為常的觀念，會隨著這個新觀點而發生改變，這並不足為奇。如果我們是生活在標準量子力學的世界裡，在那裡，波函數崩陷是真正隨機發生，並且遵循著玻恩定則，那麼我們以某種方式來計算預期效用就是一個理性的行為。多伊奇和華勒斯已經證明，如果我們生活在一個決定性的多世界宇宙中，那麼理性的行為就是以完全相同的方式來計算預期效用。從這個角度來看，這就是我們需要討論的機率的意義：不同事件實際發生的機率，與我們在計算預期效用時

賦予這些事件的權重，二者是等效的。因此，我們計算機率的方式，應該要與在單一的隨機宇宙裡完全相同；雖然這個多世界宇宙要比原本那個單一宇宙來得更豐富一些，但是機率仍然是貨真價實的機率。

8

Does This Ontological Commitment Make Me Look Fat?

這個本體論承諾會
讓我顯胖嗎？

A Socratic Dialogue on Quantum Puzzles
關於量子謎題的蘇格拉底式對話

　　愛麗絲一邊重新斟滿酒杯，一邊默默地思考了一會兒。「讓我確定一下，」她最後說。「你真的想談量子力學的基礎？」

　　「當然，」她的父親帶著頑皮的微笑回答。他本人就是一名物理學家，精通粒子物理學的技術計算，有成功的職業生涯。許多利用大型強子對撞機（Large Hadron Collider）來撞擊粒子的

實驗物理學家，會定期向他諮詢關於頂夸克衰變所產生的粒子射流之類的難題。但說到量子力學，他只是個用戶，而不是生產者。「是時候讓我好好了解我女兒的研究了。」

「好的，」她回答。在讀研究所的時候，愛麗絲最初與父親選擇相似的專業道路，但因頑固地想要弄懂量子力學的實際含義而陷入困境。在她看來，物理學家無視於他們這個最重要理論的基礎問題，是一個自欺欺人的做法。幾年後，她雖然取得了理論物理學博士學位，卻在一所知名大學的哲學系找到了一份助理教授的工作，並在量子力學多世界表述的領域裡建立起專家的聲譽。「你想怎麼討論？」

「我寫下了一些問題，」他邊說邊拿出手機，在螢幕上點開一個東西。

愛麗絲感到好奇和恐懼交錯的複雜情緒。「放馬過來。」她說著，聞了聞她剛剛倒進酒杯裡的波爾多葡萄酒，風味開展得很好。

□　□　□

「好。」他開始了。他自己喝的是琴酒馬丁尼，不會太干，三顆橄欖。「我們從好講的開始講。奧坎剃刀（Occam's Razor，意指「簡約法則」）。我們在幼稚園就學過，對同一件事，相較於囉嗦複雜的解釋，我們應該更喜歡簡單的解釋。現在，假設我有在追蹤妳的工作——也許我沒有——在我看來，妳似乎很樂意假設有無數個看不見的世界。這不會有點無謂嗎？ 正好和最簡

單的解釋方式相反？」

愛麗絲點點頭。「這個嘛，當然要看我們怎麼定義『簡單』。我在哲學系的同事有時把這個當作是對『本體論承諾』的擔憂——粗略地說，我們需要想像的東西的數量，都包含在現實的全部裡，只為了描述我們觀察到的部分。」

「那奧坎剃刀不會認為，一個基礎理論有太多個本體論承諾，會降低吸引力嗎？」

「當然會，但是我們要小心一點來看待這個承諾的實際內容。多世界理論的假設並不是有大量的世界。它假設的是『一個根據薛丁格方程式演化的波函數』。那些世界自動就出現在那裡。」

她父親反對。「這是什麼意思？名字都叫做多世界理論了，它當然是假設有大量的世界存在。」

「不是喔。」愛麗絲回答，她熱身得差不多了，逐漸顯示出戰鬥力。「多世界理論所做的假設，**就是其他所有版本的量子力學所做的假設**。如果不要多世界，替代方案都需要提出額外的假設：要不就是在薛丁格方程式之外再添加新的動力學內容，要不就是在波函數之外再增加新的變量，再不然就是對現實有一個完全不同的新觀點。從本體論來說，你能得到最精簡的理論就是多世界。」

「你在開玩笑吧。」

「沒有！老實說，一個更得體的反對意見是，多世界理論太過於精簡，因此要把它的表述形式映射到我們觀察到的世界的混亂性上，是一件非顯然（nontrivial）的工作。」

　　她父親似乎陷入沉思，暫時忘了喝他的雞尾酒。

　　愛麗絲決定加強這個論點。「我解釋一下我的意思。如果你相信量子力學討論的內容與現實有關，例如，相信電子可以處於上自旋和下自旋的疊加。而且，因為你、我和我們的測量儀器全部都是由電子和其他量子粒子構成的，那最簡單的假設——奧坎剃刀會建議你去做的假設——就是你、我和我們的測量儀器也都處於疊加，而且事實上，整個宇宙都可能是疊加的。不管你喜不喜歡，這就是量子力學表述的直接蘊含。當然有可能用各種方式去發明更複雜的理論來消除所有的疊加，或用非物理的方式來表達，但你應該可以想像得到，奧坎的威廉會站在你背後瞪你，發出不贊成的嘖嘖聲。」

　　「我覺得這有點詭辯，」父親碎念道，「撇開哲學不談，妳的理論中有一堆原則上不可觀察的部分，根本一點也不簡單。」

　　「沒有人能否認多世界理論涉及了，你知道的，就是『許多世界』，」愛麗絲承認。「但這並不影響理論本身的簡潔性。我們判斷一個理論的好壞，不是根據它能夠描述和確實描述的實體的數量，而是根據基本概念的簡潔性。整數的概念——『-3, -2, -1, 0, 1, 2, 3……』——比起，我不知道，隨便說『- 342、7、91、10 億和 3、小於 18 的質數、3 的平方根』等等要簡單得多。整數有無限多個，但它有一個簡單的模式，使得這個無限大的集合變得很容易描述。」

　　「好吧，」她父親說。「我明白了。世界有很多個，但有一個簡單的原理可以產生這些世界，對吧？但是，當妳真正擁有這麼多世界時，一定要用到非常大量的數學資訊來描述所有這些世

界。難道我們不應該尋找一個更簡單的理論，可以完全不需要這些東西嗎？」

「歡迎你找找看，」愛麗絲回答，「很多人都找過了。但是為了不要多世界，你最終會讓理論變得更複雜。可以這樣想：所有可能的波函數所占的空間，叫希伯特空間（Hilbert space），是非常大的。它在多世界理論中並不比在其他版本的量子理論中更大，完全一樣大，而且這個大小要描述大量的平行現實已經綽綽有餘。一旦你可以描述電子自旋的疊加，你就可以同樣容易地去描述宇宙的疊加。如果你有在研究任何形式的量子力學，你會知道多世界的潛在性就在那裡，普通的薛丁格演化就傾向於產生這些世界，不管你喜不喜歡。其他的方法只是選擇以某種方式，不去利用希伯特空間的完整豐富性。他們不想接受其他世界的存在，所以要想盡辦法以某種方式來擺脫它們。」

□　□　□

「好吧。」她父親咕噥著說，雖然沒有完全相信，但顯然已經準備好換下一個問題了。他喝了一口酒，看著手機。「這個理論不是還有哲學問題嗎？我自己不是哲學家，但波帕（Karl Popper）和我都知道一個好的科學理論應該是『可證偽的』。如果你連一個或許能證明你的理論是錯誤的實驗都想像不出來，那麼它就不是真正的科學。這就是多世界的問題，不是嗎？」

「這，是也不是。」

「這就是哲學問題的制式回答嘛！」

「我們苛求用語精確就必須這麼令人討厭囉。」愛麗絲笑了。「當然，波帕認為科學理論必須可證偽。這是一個重要的想法。但他下意識在想的是不同理論之間的差異，例如愛因斯坦的廣義相對論，明確做出了太陽造成光線彎曲的經驗預測，與馬克思主義歷史學或弗洛伊德精神分析學這樣的理論之間的區別。他認為，後面這類理論的問題在於，無論實際情況怎麼發生，你都可以編造一套說法來解釋為什麼會這樣。」

「我也是這麼想。我自己沒讀過波帕，但我很欣賞他指出了一些對科學至關重要的東西。」

愛麗絲點點頭。「他的確是。但老實說，大多數現代的科學哲學家都同意那並不是完整的答案。科學比單純能否證偽更複雜，科學和非科學的區別是一個微妙的問題。」

「對你們這種人什麼都是微妙的問題！難怪你們很難取得任何進展。」

「稍安勿躁，爸爸，我們要講到一個重點了。波帕最終想要釐清的是，一個好的科學理論有兩個特徵。首先，它必須是明確的：你不能隨便把理論拿去『解釋』任何別的事情，波帕就是擔心辯證唯物主義或精神分析可以被人任意解釋。其次，它是經驗性的：理論不能僅憑推理就認為是正確的。而應該是，我們想像世界有很多可能的樣子，每個都對應不同的理論，然後透過實際觀察世界來選擇合適的理論。」

「正是如此。」父親似乎覺得他占上風了。「經驗！所以你要是不能實際觀察到那些世界，妳的理論就根本沒有經驗的成分可言。」

「恰恰相反，」愛麗絲說，「多世界理論完美體現了這兩個特徵。這不是為了直接套用到觀察到的任何事實而做的敘述。它的假設很簡單：世界是由一個根據薛丁格方程式演化的量子波函數所描述。這個假設很明顯是可證偽的，只要做一個實驗，證明量子干涉在它該發生的時候沒有發生，或者纏結可以用於超光速通信，或者即使沒有去相干，波函數也會崩陷。多世界表述是有史以來最可證偽的理論。」

「但那些不是對多世界理論的檢驗，」她父親抗議道，不願在這一點上讓步。「妳說的那些都只是一般的量子力學檢驗。」

「對！但艾弗雷特的量子力學就只是純粹的量子力學，沒有任何後見之明的額外假設。如果你真的想引入額外的假設，那麼我們倒是可以一一探究這些新假設是否經得起檢驗。」

「得了吧。多世界理論的定義性特徵就是這些世界全都存在。我們的世界無法與它們互動，所以那個定義性特徵是無法檢驗的。」

「那又怎麼樣？每一個好的理論都會做出一些無法檢驗的預測。我們目前了解的廣義相對論就預測，在 2000 萬光年外一個 10 公尺寬的特定空間區域內，不會在明天突然有 1 毫秒的時間失去重力。這當然是一個完全無法檢驗的預測，但我們非常相信這是真的。重力沒有理由突然有這種表現，而且去想像重力這樣表現，我們就會得到一個比現有理論更難接受的理論。艾弗雷特量子力學中的其他世界正是這樣的特性：那是根據一個簡潔的理論表述得來的不可避免的預測。我們應該接受這些預測，除非有什麼明確不能接受的理由。」

「更何況，」愛麗絲緊接著說，「如果我們非常幸運的話，原則上是可以探測到其他世界的。它們並沒有離開，一直都在波函數中。去相干使得一個世界非常不可能干擾到另一個世界，但以形上學來說並非不可能。只不過，我不建議去申請經費來做這樣的實驗。這就像把奶精加進咖啡裡，然後期待它們會自發地分開一樣。」

「放心吧，我沒打算這麼做。我只是覺得波帕對妳對科學哲學的態度不會滿意而已。」

「我難倒你囉，爸。」愛麗絲說，「波帕本身就是哥本哈根詮釋的嚴厲批判者，他說那是一個『錯誤的、甚至邪惡的學說』。[20]相對之下，他對多世界理論就很有好評，他準確地把它描述為是『對量子力學完全客觀的討論』。[21]

「說真的？波帕是艾弗雷特學派的？」

「嗯，不是，」愛麗絲承認，「他最後和艾弗雷特分道揚鑣，因為他無法理解波函數為什麼會分支，分支後又不會重新融合在一起。這確實是一個很好的問題，但我們已經可以回答了。」

「我相信妳可以。他在哪裡找到了量子力學的基礎？」

「他發展了自己的量子力學表述，但一直沒有真正流行起來。」

「哈！哲學家。」

「是啊。我們比較擅長告訴你為什麼你的理論是錯的，而不是提出更好的理論。」

□　□　□

　　愛麗絲的父親嘆了口氣。「好啦，我不是說妳說服了我什麼，但我也不想在哲學上吹毛求疵。既然妳提起，波帕的問題似乎有點道理。為什麼世界能分裂，卻不能融合起來？如果我們有一個上自旋和下自旋的等量疊加，在未來要測量時可以預測觀察到個別結果的機率。但是，如果我們有一個自旋完全向上的電子，而且我們被告知這是剛剛測量到的結果，那麼我們絕對不可能知道它在測量前的疊加態是什麼（只能確定它的自旋不是完全向下）。為什麼會有這樣的差別？」

　　愛麗絲似乎對這一道題早有準備。「這只是熱力學而已，真的。或者至少是『時間之箭』，從過去指向未來。我們只記得昨天，卻無法記得明天；奶精和咖啡可以混在一起，卻不會自發性地分開。波函數會產生分支，但分支後不會再合併起來。」

　　「這聽起來很可疑。據我了解，多世界理論標榜的特徵之一是，波函數只服從薛丁格方程式；沒有單獨的崩陷假設。我以前在學量子力學的時候，就知道波函數崩陷的方向是朝向未來，而不是朝向過去，這是崩陷假設的一部分。我不明白為什麼對艾弗雷特來說仍然如此，明明薛丁格方程式就是完全可逆的。奶精和咖啡與波函數有什麼關係？」

　　愛麗絲點點頭。「非常好的問題。我們稍微整理一下。熱力學第二定律討論的『熵』——像你知道的，大致是指一個組態的無序性或隨機性——在封閉系統中永遠不會減少，這個波茲曼（Ludwig Boltzmann）在 1870 年代就解釋過了。熵表示原子可能排列方式的數量，因此從宏觀來看整個系統是一樣的。熵會增

加純粹是因為高熵的方式比低熵的方式多得多，所以熵不可能下降。對吧？」

「當然，」她父親同意，「但這都是古典的；波茲曼對量子力學一無所知。」

「沒錯，但基本概念是一樣的。波茲曼解釋了為什麼熵會傾向於增加，但他沒有說出為什麼熵在最初會很低的理由。近幾年我們認識到這是宇宙學的事實，宇宙在大霹靂之後是從有序狀態開始的，此後熵自然而然持續增加，所以有了時間之箭。我們還不清楚為什麼早期宇宙的熵會這麼低，不過我們有人已經有頭緒了。」

「講這個的重點是……」

「因為對艾佛雷特學派來說，量子的時間之箭和熵的時間之箭，二者的解釋是一樣的，都是基於宇宙的初始條件。系統與環境纏結並去相干時，就會發生分支，這只會發生在時間朝未來移動時，而不會在朝過去移動時。波函數的分支數量，就像熵一樣，只會隨著時間增加。這代表一開始時的分支數量相對少。換句話說，在很久以前，各個系統與環境之間纏結的數量相對少。和熵一樣，這是我們對宇宙設定的初始條件，而到了現今，我們不確定為什麼會是這樣。」

「好吧，」她父親說。「承認有我們不知道的事是好事。至少根據目前已知的東西，我們可以藉由過去的特殊初始條件來解釋時間之箭。不過這是可以同時解釋熱力學之箭和量子之箭的單一條件嗎，還是只是一個類比？」

「我覺得這不只是類比，但老實說，這個主題大概需要用更

嚴格的方式來研究。」愛麗絲回答，「這中間似乎有一種關聯。熵和我們的無知有關。如果某個系統具有低熵，它的微觀組態數量相對少，所以單從巨觀上的可觀察特徵就可以對它有很多了解；但如果它具有高熵，我們知道的就相對少。馮紐曼（John von Neumann）意識到，纏結的量子系統也類似這樣。如果一個系統和任何別的東西都沒有纏結，我們就可以安全地討論它的波函數，把它視為孤立狀態。但是當它處於纏結態時，個別的波函數是未定的，所以我們只能談論結合後的系統的波函數。」

她父親精神來了。「馮紐曼是很棒的人，一個真正的英雄。從匈牙利移民到美國的物理學家太多了——西拉德（Szilard）、維格納（Wigner）、泰勒（Teller）——但他是最頂尖的。我依稀記得他推導出一個熵的公式。」

愛麗絲同意。「毫無疑問。在古典情況下，我們不確定系統的確切狀態，所以就有了熵，而在量子情況下，兩個子系統纏結在一起時，我們就不能單獨討論任何一個系統的波函數；馮紐曼就是意識到這兩種情況之間的數學等價性。由此，他推導出一個量子系統的「纏結熵」（entanglement entropy）公式，某個東西與世界其他地方的纏結愈多時，它的熵就愈高。」

「啊哈，」她父親興奮地叫道，「我知道妳接下來要說什麼。波函數在時間上只會向前分支，而不會向後分支，這不只是類似古典物理中熵的增加，根本是同樣一件事。在觀念上，低熵的早期宇宙，對應於當時有許多未纏結的子系統。隨著它們交互作用並纏結在一起之後，我們把這視為波函數的分支。」

「完全正確，」愛麗絲回答，帶著幾分身為女兒的驕傲。「我

們還不確定宇宙為什麼會是現在這樣，但是，只要我們接受早期宇宙是處於相對而言較少纏結的低熵狀態，其他一切就順理成章。」

「先等一下。」她的父親似乎意識到了什麼。「照波茲曼的說法，熵只是傾向於增加，但這不是絕對的規律。最根本的理由只是原子和分子的隨機運動而已，所以熵會自發性降低的機率並不是零。這是不是代表去相干也可能會在未來的某一天逆轉，而讓世界真的可以融合起來，而不是分支下去？」

「當然有可能，」愛麗絲點了個頭說，「但就像熵一樣，發生這種情況的可能性實在太小，無論是日常生活中還是物理學史上的任何實驗，都不計這一點。在我們宇宙的生命週期裡，兩個在巨觀上獨立分離的組態，發生「再相干」的機率，即使只有一次，也是極端地低。」

「所以妳是說還是有機會囉？」

「我的意思是，如果你對多世界理論的擔心是，波函數的分支會在未來的某一天重新聚集，那麼顯然你已經用盡了所有合理的擔憂，只是在最後掙扎而已。」

□　□　□

「話先不要講得這麼滿。」她父親嘀咕道，似乎又恢復了他的懷疑態度。他從杯子裡拿起牙籤，咬了一口橄欖。「我試著理解一下這個理論真正在說什麼。我們可以說，每時每刻所產生的世界數量是無限大的，對嗎？"

「這個嘛，」愛麗絲說得有點猶豫，「要誠實回答這個問題，恐怕要先在哲學上吹毛求疵一下。」

「我怎麼一點也不意外。」

「我們可以回到熵的類比。波茲曼提出熵公式時，他計算的是一個在巨觀上看起來相同的系統可能有的微觀組態數量。由此他才能說：熵會自然增加。」

「當然，」她父親說，「但這是真實的、誠實的物理學，可以用實驗來檢驗的東西。不知道這些和妳說的多世界奇想有什麼關係？」

「我們現在是這麼說，但你必須想像以前的人在當時的想法。」愛麗絲已經舒適地進入教授模式，暫時忘了她那杯波爾多。「波茲曼是對的，但當時還是有不少反對意見。首先是他把熵從物理系統的一個客觀特徵變成主觀的，一個取於某種『看起來一樣』的概念。其次是他把第二定律降級了，從原本一個絕對的陳述，變成一個單純的趨勢——熵不見得要增加，只是很可能增加。粒子隨機運動，所以系統極可能會朝著更高熵的狀態演化，但不並是像定律那樣必然。憑著多年累積的智慧，我們可以看出波茲曼定義中隱含的主觀性並不妨礙它成為一個有用的定義，而且事實上，第二定律雖然不是牢不可破的定律，卻是一個很好的近似值，而且無論我們的目的是什麼，它都非常夠用了。」

「這個我懂。」她父親回答，「熵是客觀上真實的東西，但只有在我們做出幾個決定之後才能去定義和測量它。這從來沒有真正困擾過我——有用就好！但我不確定多世界真的有用。」

「我們待會會講到，但我先闡述一下這個類比。艾弗雷特量

子力學中的『世界』和熵一樣，是一個高階概念，而不是基礎概念。它是一個有用的近似值，可以提供實實在在的物理見解。在理論的基本架構中並沒有包含波函數的獨立分支。只是它讓人類在想像有很多這樣的世界疊加時特別方便，而不必把量子態視為一個未分化的抽象存在來處理。」

父親的眼睛微微瞪大了一些。「這比我擔心的還要糟糕。聽起來妳是要告訴我，多世界理論中的『世界』根本不是定義良好的概念。」

「它的定義就和熵一樣良好。如果我們是一個 19 世紀的拉普拉斯惡魔，知道宇宙中每個粒子的位置和動量，我們就不會屈從於定義像『熵』這種低解析的概念。同樣地，我們如果知道整個宇宙確切的波函數，就永遠不必去談論『分支』。但對這兩種情況我們都是可憐的有限生物，只擁有極不完整的資訊，所以運用這些高階概念是非常有用的作法。」

愛麗絲看得出父親快失去耐性了。「我只想知道有幾個世界。」他說，「如果妳不能回答這個問題，那麼妳就不是很會推銷這個。」

「只能怪你從小就灌輸我面對任何事情都要誠實啊。」愛麗絲聳了聳肩說。「這取決於我們怎麼把量子態劃分到多個世界裡去。」

「難道沒有什麼明顯的標準做法嗎？」

「有時候有！在測量結果明顯是離散的簡單情況下，例如測量電子的自旋，我們可以肯定地說波函數一分為二，世界（無論它是什麼）的數量就加倍。如果測量一個原則上是連續的量，比

如粒子的位置，就沒這麼明確了。在這種情況下，我們可以定義某個結果範圍的總權重，也就是波函數振幅的平方，但無法知道分支的絕對數量。那個數量取決於我們對測量結果的描述要再分到多細，因此最終是看我們的選擇。我最喜歡華萊士的一句話：『問有多少個世界，就像在問你昨天有多少個經驗，或者問一個悔過的罪犯有多少個遺憾一樣。回答說你有很多經歷，或者他說他有很多遺憾，都是完全合理的；列出其中最重要的類別也非常合理；但是問『多少個』不能算是一個問題。』」[22]

愛麗絲的父親似乎不滿意這個說法。沉吟了半晌，他回應道：「好，我盡量持平來看，我可以接受『世界』不是基本的存在，所以只能用一些近似的東西來定義它。但妳總可以告訴我，它的數量究竟是有限的，還是無限多個？」

「你是可以這樣問。」愛麗絲同意，或許有點不情願。「可惜我們不知道答案。世界的數量的確有上限，那就是希伯特空間的大小，一個由所有可能波函數組成的空間的大小。」

「但我們知道希伯特空間是無限大的，」她父親插話道，「即使只是對一個粒子來說，希伯特空間也是無限多維的，更不用說量子場論了。這樣聽起來世界的數量是有無限多個了。」

「我們不確定對我們實際這個宇宙而言，希伯特空間的維度是有限還是無限。我們當然知道有些系統適合的希伯特空間是有限維。單一個量子位元的狀態不是上自旋就是下自旋，因此對應的是二維的希伯特空間。如果有 N 個量子位元，對應的希伯特空間是 2^N 維——我們考慮的粒子數目愈多，希伯特空間的大小就跟著呈指數增長。一杯咖啡大約有 10^{25} 個電子、質子和中子，

每個粒子的自旋都由一個量子位元描述。所以一杯咖啡的希伯特空間（只考慮自旋，不管粒子的位置等等）大約是 2 的 10^{25} 次方。

「不用說，」愛麗絲繼續說，「這數字大得誇張。如果用二進位來表示，是 1 的後面接了 10^{25} 個零。就算花上目前可觀測宇宙的整個壽命這麼長的時間，你也寫不完這串數字。」

「但你顯然在作弊，實際數字遠不止於此，」她父親說。「妳只算了自旋，但真正的粒子在空間中還有位置，而且有無限多個這樣的位置。這就是為什麼粒子集合的希伯特空間會有無限多維——維度數目就是可能的測量結果的數量。」

「對。沒錯，艾弗雷特自己就是認為，每一次量子測量都會把宇宙分裂成無限多個世界，他不覺得有任何困擾。無限大聽起來是很大的數字，但在物理學上我們一天到晚都會用到無限大這個量。你也知道，0 和 1 之間的實數就有無限多個。如果希伯特空間有無限多維，那麼去談論有多少個世界就沒有多大意義。但是，我們可以把相似的世界歸成一組，然後討論一些組別之間的相對權重（振幅平方）。」

「很好。所以希伯特空間是無限多維的，世界的數量是無限多的，但妳卻要主張我們應該只討論不同類型的世界的相對權重？」

「不是，我還沒說完，」愛麗絲說，「現實世界不只是一堆粒子，甚至不像量子場論描述的那樣。」

「不是那樣？」她父親假裝沮喪地說，「那我這輩子都在做什麼？」

「你一直忽略了重力，」愛麗絲回答，「你在考慮粒子的物

理特性時，這樣想是非常明智的。但量子重力有跡象顯示，相異的可能量子態在數量上是有限的，而不是無限多。如果這是真的，那麼我們能夠合理討論的世界數量就會有一個極大值，由希伯特空間的維數決定。我們的可觀測宇宙的希伯特空間維數大概是像 2 的 10^{122} 這樣的規模。是很大的數字。」愛麗絲承認，「但有限的數字再大，也比無限大小得多。」

父親似乎在思考她說的。「嗯。我實在不知道我們對量子重力有什麼很可靠的了解……」

「也許還沒有。所以我才說，我們不知道世界的數量是有限還是無限多。」

「好吧，可以接受。但我想到一個全新的擔憂。在我聽起來意思是每當量子系統與環境纏結時就會發生分支，所以常常在分支。妳剛才引用的這個數字雖然大得嚇人，但是會不會還不夠大？隨著宇宙演化，我們確定希伯特空間有足夠的地方容納這些不斷衍生出來的波函數分支嗎？」

「嗯，老實說我沒想過這個。」愛麗絲拿過來一張餐巾紙，開始在上面寫一些數字。「我看看，可觀測宇宙大約有 10^{88} 個粒子，主要是光子和微中子。這些粒子大多會平靜地穿越太空，不會和任何東西發生交互作用或纏結。所以我們盡量高估一下，想像宇宙中的每一個粒子，每秒發生 100 萬次交互作用並分裂波函數，從大霹靂以來就一直這樣，大霹靂發生在 10^{18} 秒以前。所以波函數分裂的次數是 $10^{88} \times 10^6 \times 10^{18} = 10^{112}$，產生的分支總數是 2 的 10^{112} 次方（$2^{10^{112}}$）。」

「不錯！」愛麗絲似乎對這個數字很滿意。「這雖然還是一

個很大的數字，但是已經比宇宙的希伯特空間維數小得多了。而且小得可憐。這應該是分支數量的安全高估值了。所以就算我們還不能確定回答會有多少個分支，也不用擔心希伯特空間會被用完。」

．．．

「那好，我還小小擔心了一下。」她父親從馬丁尼中的橄欖嚐到了爽口的鹹味。他看著愛麗絲，眼中閃爍著光芒。「妳以前真的都沒有問過自己這個問題？」

「我想大多數艾弗雷特學派的人都習慣去思考波函數各種分支的相對權重，而不會數什麼東西有幾個。因為我們不知道那個答案，所以去想這個沒有太大的意義。」

「我得稍微消化一下，因為我一直都認為應該有無限多個世界，而『多世界』就暗示了無論什麼事總會在某個地方發生。每個可能的世界都存在於這個波函數之中。我認為這才是賣點。我被一個計算問題困住時，如果可以想像我在另一個世界是一隻駱馬，或者是一個聰明、有錢的花花公子慈善家，我會覺得很欣慰。」

「原來你不是嗎？」愛麗絲假裝驚訝。「我一直覺得你有點像駱馬。」

「照你這樣說，在某個世界我應該是有億萬身家的駱馬。」

「不要再離題了，」她繼續說，「我要特別指出，重點不在於『你』會是駱馬還是億萬富翁，而是那些會完全是另一個存在，

我相信等一下一定還會講回來。和這個問題直接相關的是，多世界理論並沒有說『所有可能發生的事都會發生』。它說的是『波函數根據薛丁格方程式演化』。有些事不會發生，因為薛丁格方程式沒有導向它發生。例如我們永遠不會看到電子自發地變成質子，因為這會造成電荷改變，而電荷一定要守恆，所以分支不可能創造出電荷比一開始多或少的宇宙。艾弗雷特量子力學雖然會發生很多事，但並不代表所有的事都會發生。」

愛麗絲的父親揚起眉毛表示懷疑。「親愛的，我想妳是為了面子在吹毛求疵。也許不是真的每一件事都會發生，但我相信在各種世界裡就是會發生很多聽起來很誇張的事情，不是嗎？」

「當然，我很樂意承認這一點。每次你撞上一道牆，波函數都會分支成好幾個世界，在有的世界裡面可能你鼻子受傷，有的是你直接穿牆而過沒有受傷，有的是你反彈到房間的另一邊，諸如此類。」

「但這很重要，不是嗎？在普通的量子力學中，巨觀物體穿牆而過的機率雖不等於零，但小到難以想像，所以可以忽略不計。而在多世界的理論中，它卻有 100% 的機率會發生在某個世界裡。」

愛麗絲點了點頭，但她的表情顯示她已經想過這個無數遍了。「你說得一點也沒錯，這是差別。但我要說這一點也不重要。如果你接受艾弗雷特學派用玻恩定則所做的推導，你應該會『表現得像是』有一個你會穿牆而過的機率在那裡，只是這個機率小得離譜，所以你會正常過日子，沒有任何理由去考慮這個機率。要是你不接受這個論點，那多世界理論要你操心的事可多了。」

她父親很堅決。「我認為這些『低機率世界的問題』實際上非常重要。在艾弗雷特世界的系綜（ensemble）裡的那些觀察者，要是看到違反玻恩定則預測的現象怎麼辦，譬如說測量一個自旋 50 次，有的分支是 50 次都出現上自旋的結果，有的是 50 次都是下自旋的結果。那些可憐的觀察者會怎麼對量子力學下結論？」

「這個嘛，」愛麗絲說，「基本上只能說算他們倒楣。鳥事也是會發生的。不過指派給那類觀察者的總權重太小了，不用太替他們擔心。更不用說他們連續測到 50 個上自旋之後，接下來的 50 次會以壓倒性的機率映射到玻恩定則的預測。他們很可能會把最初這個『五十連勝』歸因於實驗錯誤，當成一件趣事和實驗室夥伴分享。這就像一個非常大的古典宇宙；如果條件設定為我們往宇宙每個方向都能不間斷地看到無限遠，那麼我們極有可能看到跟我們一樣的其他文明——事實上會有無限多個——在做量子力學實驗。雖然每個文明都有可能得到玻恩定則預測的機率，假設那些文明也有無限多個，其中一定會有一些看到的統計數據很不一樣。如果是那樣，他們可能就會推導出不正確的量子力學結論。那些觀察者是運氣不好，但可以覺得安慰的是，在宇宙中所有觀察者組成的集合裡，他們只是極少數。」

「還真是小小的安慰！以妳的物理學觀點，總會有一些觀察者對自然法則的理解完全錯誤。」

「沒有人承諾要給他們一座玫瑰園啊。任何理論都是這樣，只要觀察者數量夠多，這種擔憂就會存在，多世界理論只是一個例子而已。重點是在艾弗雷特的量子力學裡，有一種方法可以比

較所有不同的世界：取這些分支的振幅，然後平方就好了。對於
會出現極端意外的世界，它的分支振幅會非常非常小，在所有世
界的集合中就很罕見。他們的存在不該造成我們的煩惱，就像在
一個無限大的古典宇宙裡也總有這樣一小群運氣不佳的觀察者，
我們也不用被他們困擾。」

□ □ □

「我還不確定有沒有被妳說服，不過我把我的擔憂記錄一
下，先繼續往下談。」他瞇著眼睛看著手機上的問題清單。「我
最近讀了一點東西──包括妳寫的一些論文──我欣賞多世界
的一點是，它消除了測量問題的一些殘餘謎團。測量沒什麼特別
的，只是一個疊加的量子系統與更大的環境發生纏結時，會導致
去相干與波函數分支。但是波函數只有一個，也就是『宇宙波函
數』，它描述了空間中的一切。我們要怎麼從全域的角度來思考
分支的問題？分支是一次性發生的，還是在發生交互作用時從系
統逐漸往外展開的？」

「天哪。我有感覺這次的答案也不會讓你滿意。」愛麗絲切
了一塊乳酪，仔細地把它擺在一塊餅乾上，一邊考慮該如何回
答。「基本上，這取決於你。或者，用更有權威感的語言來說，
『分支』本身是人類發明的一種現象，以便描述一個複雜的波函
數，至於分支是一次性發生，還是從某個點逐漸展開，就要看那
個情況怎麼想比較方便。」

她父親搖搖頭。「我以為分支是整個問題的重點不是嗎？如

果妳不但不能觀察別的分支，也不能計算它們，連判斷它們是怎麼發生的明確標準都沒有，那妳怎麼能把多世界當作有價值的科學理論呢？分支好像就只是，呃，你的意見而已吧，老兄？」他老是喜歡引用電影臺詞，有點太過頭了。*

「從某種意義上來說沒錯。但意見有比較好的，也有比較壞的。你可能偏好『沒有任何東西的速度超過光速』這樣的描述。真正重要的是，你無法以超過光速的速度來交流或發送訊息；無論你選擇用哪種描述，事實都是這樣。但如果對你來說，限制某個明顯的物理效應，例如分支，傳播速度不超過光速，會讓你感覺更安心，那完全是可以的。在這種情況下，波函數的分支數量就取決於你在時空中的哪個位置。」她拿出一張新的餐巾紙，又開始塗鴉，這次是許多用直線畫成的小圖。「這裡我們的空間是從左到右，時間向上。某個事件可能發射出來的光束以 45 度角向上移動。假設波函數一開始只有一個分支，我們可以想像分支就是在那個事件時發生的，然後在時間中向上傳播，但只以光速增長。位在較遠處的觀察者會被單一分支描述，較近處的觀察者則會被兩個分支描述。這剛好合乎『遠方的觀察者無法知道這個分支事件或受它影響，而近處的觀察者就會』的想法。」

她父親仔細地研究了這張圖。「我明白了。我想我是先入為主地以為分支會在整個宇宙中同時發生，讓我這個喜歡狹義相對

---

* 「那就只是，呃，你的意見而已吧，老兄。」（That's just like, your opinion, man）在網路論壇中常用來反駁或駁斥其他人的觀點過於主觀或冗長，類似於 TL; DR（Too Long; Didn't Read。太長；未讀）和 Didn't Read, LOL（未讀，大笑）的用法。原句起源於 1998 年一部非主流喜劇電影《謀殺綠腳趾》（The Big Lebowski），劇中主角以該句話來回覆別人對他的嘲諷。

論的人很困擾。我相信妳和我一樣清楚，不同的觀察者對同時性有不同的定義。我好像更喜歡這張圖，上面的分支以光速向外傳播。所有的效應看起來都滿局域的。」

愛麗絲揮了揮手，繼續畫畫。「但用另一個方向來看也行。我們同樣可以把分支描述為在整個宇宙中同時發生。我們用自定位不確定性來推導玻恩定則時，這個觀點很有幫助，無論分支發生在哪裡，我們都能在它發生後立刻很清楚地討論你所在的是哪個分支。根據相對論，以不同速度移動的觀察者會畫出不同的分支，但這樣做並不會導致觀察上的差異。」

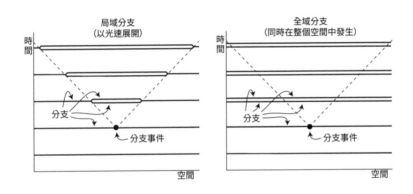

「唉呀！妳前面那些有道理的說法又都被妳撤銷了。這下妳又告訴我，也可以把分支想成是完全非局域的。」

「是啊，但我真正要說的是『多世界是一種局域理論嗎？』這個問法不太正確。比較好的問法是：『我們可否把分支描述為一個局域過程，僅發生在事件的未來光錐之內？』答案是『可以，但我們同樣可以把它描述為一個非局域過程，同時在整個宇宙內

發生。』」

　　她父親用雙手摀著臉，似乎正在努力吸收這個想法，而不是沮喪得想放棄。然後他起身，皺著眉頭，再去調了一杯馬丁尼。他回到椅子上，一手拿著酒杯，一手拿了一些花生。「我想重點是，不管我以為遠處的人是否有分支，對他們來說都沒有差別。我可以認為他們只是一個副本，或者是兩個完全相同的副本。這只是描述的問題。」

　　「就是這樣！」愛麗絲讚道。「無論我們認為分支是以光速向外傳播，還是同時發生，都只是看怎麼想最方便的問題。就像我們不會去擔心是要用公分還是英寸來測量長度一樣。」

　　她父親翻了個白眼。「什麼樣的野蠻人會用英寸來測量長度？」

▫ ▫ ▫

　　「好，我們可以換檔了。」過了一會兒他說，「我知道，研究弦論或其他不太在意現實的人喜歡談論額外的維度。在那些額外的維度裡會有分支嗎？這些其他的世界到底位於哪裡？」

　　「噢，你夠囉，羅伯特。」愛麗絲覺得她爸很煩的時候就會用他的名字叫他。「你明明很清楚。分支並不『位於』任何地方。如果你一直固守著東西一定要在空間裡有個位置這個想法，當然你或許就會想問其他世界在哪裡。但是根本沒有『地方』藏著那些分支；它們純粹是同時的、平行於我們世界的存在，無法和我們有實質的接觸。我想它們應該是存在於希伯特空間之中，但那

並不是什麼『地方』。天地之間的東西比你在你的哲學裡所能夢想到的還要多。」她很自豪能繼續引用莎士比亞的名言。

「是啊，我知道。我們已經喝了幾杯，我想我應該問妳一點簡單的。」

□ □ □

他把手機螢幕上的文件往下捲動。「好了，我們要嚴肅一點了。這一題困擾了我超久：能量守恆怎麼辦？你突然創造出一個全新的宇宙，那些『東西』要從哪裡來？」

「唔，」愛麗絲回答，「想想普通的教科書量子力學吧。給定一個量子態，我們就能計算它描述的總能量。只要波函數嚴格依照薛丁格方程式演化，能量就是守恆的，對吧？」

「對。」

「就是這樣而已。在多世界中，波函數服從薛丁格方程式，故其能量守恆。」

「但是多出來的世界呢？」她父親堅持說，「我可以測量我周圍看得到的這個世界包含的所有能量，而妳卻說它一直在被複製。」

愛麗絲覺得她對這個問題有十足信心。「世界並不是生而平等。想想波函數吧，它描述多個分支的世界時，我們可以把每個世界的能量乘以權重（振幅的平方），再全部加總起來，計算出總能量。一個世界一分為二時，每個世界的能量和它之前在單一世界時的能量基本上相同（對生活在其中的任何人而言），但它

- 213 -

們貢獻到宇宙波函數的總能量會減半，因為振幅減小了。每個世界都變得『薄』了一些，儘管它的居民感受不出差別。」

「在數學上我了解妳的意思，」她父親承認，「但是我的直覺沒辦法掌握。比如說一個保齡球，它有特定質量和位能。但是因為隔壁房間的某個人觀察到了量子自旋，造成波函數出現分支。現在變成有兩個保齡球，但各自都還是具有先前的位能。是這樣嗎？」

「你沒有考慮到分支的振幅。保齡球對宇宙總能量的貢獻不能單看它的質量和位能，還要乘上該波函數分支的權重。在分裂後，雖然看起來你有兩個保齡球，但它們合起來對波函數的能量貢獻，和先前單個保齡球的貢獻一樣多。」

她的父親似乎在沉思這個問題。「我不確定我是否同意妳的說法，但我快被妳累死了。」他喃喃說道。過了一會兒，他又回到他的問題清單上。

□　□　□

「我想我只剩下一個問題了。」愛麗絲的父親收起手機，喝一點他的第二杯馬丁尼，然後稍微湊上前去。「老實說，妳真的相信這個嗎？每當有人去測量粒子的自旋，就會有我的副本出現？」

愛麗絲往椅背上一靠，啜了口葡萄酒，若有所思。「對啊，我是真的相信。至少我個人認為艾弗雷特量子力學，以及它所蘊含的多世界，是到目前為止我所知道的最合理的量子理論版本。

如果這代表我必須接受此刻的我會演化成許多個未來的我，而那些略有不同的我永遠無法交談，我也很樂意接受。當然，如果將來有新的實驗結果或新的理論見解出現，我也很樂於更新我的想法。」

「好個優秀的經驗主義者。」她父親笑了。

「我借用一下多伊奇的話，」愛麗絲說，「他說過，『儘管量子理論在經驗上取得了無與倫比的成功，但主張它「作為對**自然的描述基本上為真**」，仍會招來譏諷、不理解，甚至憤怒。』」[23]

「那是什麼意思？ 每個物理學家都認為量子力學在描述自然啊！」

「我認為多伊奇說的『量子理論』，指的是多世界理論。」現在輪到愛麗絲笑了。「他的意思是，很多人之所以反對艾弗雷特量子力學，大多是發自內心的厭惡，而不是原則性的擔憂。但就像哲學家劉易斯（David Lewis）說的：『我不知道怎麼反駁不願相信的目光。』」

「我希望妳說的不包括我。」愛麗絲的父親似乎有點被刺傷了。「我一直在想辦法從原則性來了解這個理論。」

「當然不是！」愛麗絲回答。「我們剛才的談話，不管我有沒有說服到你，都是所有思想周延的物理學家應該要談的。對我來說，重要的並不是每個人都要變成艾弗雷特學派，而是大家都接受挑戰認真去了解量子力學。我寧願跟一個，比方說，衷心支持隱變數的人對話，也懶得花心思去吸引一個根本漠不在乎的人的興趣。」

她父親點點頭。「我是花了點時間，我承認。 但是沒錯，

我在乎。」他對女兒微笑。「我們的任務就是去了解事情，不是嗎？」

9

Other Ways:
其他的方式

Alternatives to Many-Worlds
多世界以外的選項

　　艾伯特（David Albert）是哥倫比亞大學的哲學教授，同時也是研究量子力學基礎的知名科學家。他對量子的基礎產生興趣的過程，可以說是一個非常典型的研究生經歷。他在洛克菲勒大學（Rockefeller University）物理系攻讀博士學位時，閱讀了由18世紀哲學家休謨（David Hume）所寫的一本書，書中探討知識和經驗之間的關係，隨後他開始相信，物理學對於量子測量問題的理解是不夠好的。（當然，休謨並不知道這些量子測量的問

題，但艾伯特在他自己的腦海中，已經把相關的點串連了起來。）1970 年代後期，洛克菲勒大學沒有人對這些思路感興趣，因此艾伯特和以色列著名的物理學家阿哈羅諾夫（Yakir Aharonov）展開了遠距合作，並寫出了多篇相當具有影響力的論文。然而，當他希望把這些成果作為博士論文時，卻驚呆了洛克菲勒大學的高層。為免遭到退學的處分，艾伯特被迫另外寫了一篇關於數學物理的論文。他回憶道，這是一個「明確指派的任務，因為這樣會讓我的人品看起來比較好。但這裡很明顯存在一個懲罰性元素。」[24]

　　量子力學的基礎究竟是什麼？物理學家一直很難就此問題達成共識。但在 20 世紀下半葉，他們的確在某個相關問題上達成了顯著的共識：無論量子力學的基礎是什麼，我們都不應該去「談論」這個問題。在遇到有實際的工作要完成的時候，例如在計算和構建新的粒子和場的模型時，深究這個問題並不恰當。

　　在這個氛圍之下，艾弗雷特根本沒有嘗試申請教職，就離開了學術界。1940 年代，跟隨歐本海默學習和工作的玻姆提出了一個巧妙的方法，亦即利用隱變數來解決測量問題。玻姆的這個想法，在一場研討會上由另一位物理學家幫忙發表，奧本海默聽後大聲嘲笑道：「如果我們無法反駁玻姆，那麼我們就必須要同意去忽略他。」[25]貝爾不僅闡明了量子纏結具有明顯的非局域特性，而且在這個領域所作的研究比任何人都多，但他卻刻意向 CERN 的同事隱瞞了他在這個主題上的興趣；在同事的眼中，貝爾只是一個相對傳統的粒子理論學家而已。澤賀在 1970 年代還是一名年輕研究員時，就投身開創去相干概念，他的導師警告說：

研究這個課題會毀掉他的學術生涯。事實也的確如此，他發現，他早期的論文很難被接受，期刊審稿人告訴他「這篇論文完全沒有意義」[26]和「量子理論不適用於巨觀物體」等等。1973 年，荷蘭物理學家古德斯密特（Samuel Goudsmit）在擔任知名期刊《物理評論》的編輯時，發布了一份備忘錄：除非有新的實驗預測出現，否則本期刊不再接受量子基礎的相關論文。（如果這個政策早點實施，該期刊將不得不拒絕著名的 EPR 論文以及波耳對它的回覆。）

　　然而，誠如這些故事告訴我們的，儘管在這條道路上充滿了各種障礙，但仍有一部分的物理學家和哲學家堅持不懈地努力，持續在追求理解量子現實的本質。特別是在波函數分支的過程經由去相干概念所闡明之後，多世界理論的前景看好，有望解決由測量所衍生出來的難題。然而，其他值得考慮的方法，並不該因此而受到忽略。它們之所以有價值，一方面是因為它們有可能是正確的（這總是最好的理由），另一方面則是因為，無論我們個人的偏好為何，比較各種不同的思路，有助於我們更好地理解量子力學。

　　多年下來，各種不同的量子理論公式和表述方式，已累積了驚人的數量。（維基百科的相關條目，明確列舉出 16 種不同的「詮釋」，另外還有一個「其他」類別。）在這裡，我們將考慮與艾弗雷特方法互相競爭的三個理論：動力學崩陷（dynamical collapse）、隱變數和認識理論（epistemic theories）。雖然遠非全面，但這些可以說明人們採取的基本策略。

潛藏的宇宙

□　□　□

多世界的優點在於其基本表述非常簡潔：只有一個隨薛丁格方程式演化的波函數。其他都只是註解而已。其中的某些註解非常有用，例如分裂成系統及其環境、去相干和波函數的分支等。若要把這個清爽而優雅的基本表述，與我們混亂的世界體驗相匹配，這些註解是不可或缺的。

無論你對多世界有何看法，它簡潔的特性為考慮替代方案提供了一個良好的起點。如果你仍然極度懷疑，是否有一個更好的答案來回答機率問題，或者只是很厭惡會有多個世界的這個想法，那麼你需要的就是以某種方式去修改多世界理論。我們知道，多世界的內容就只有「波函數和薛丁格方程式」而已，那麼一些看似合理的修改方向就擺在眼前：修改薛丁格方程式，使多世界永遠不會演化出來；在波函數之外添加新的變數；或是重新詮釋波函數，把它視為我們對知識的一個陳述，而不是對物理現實的直接描述。所有這些思路都已經被熱烈地討論過了。

我們首先看看修改薛丁格方程式的可能性。這個思維方式，似乎完全未在大多數物理學家喜愛的舒適圈內：根本還不需要有任何成功的理論出現，理論學家們就已經在問自己，可以如何「玩弄」基本方程式來使它變得更好。薛丁格他自己最初希望的是，他的方程式描述的波，可以很自然地像一團東西那樣局限在某處，就像從遠處觀看粒子的行為那樣。也許針對他的方程式做一些修改，就可以實現這一目標，甚至可以在不需要出現多個世界的情況下，自然地解決測量問題。

這件事其實沒表面上看起來的那麼簡單。假設我們去做一個最明顯的嘗試：把新的項加進方程式裡，例如 Ψ^2，如此一來，我們往往會破壞該理論的重要特徵，例如機率的總和為 1。但這種障礙很少會讓物理學家望而卻步。在粒子物理的標準模型，成功統一電磁交互作用和弱交互作用的溫伯格（Steven Weinberg），就以一個巧妙的方式修改了薛丁格方程式，可使總機率的大小不隨時間的推移而改變。然而，這個做法必須付出一個代價，從最簡單的溫伯格理論版本來看，在纏結的粒子之間，它允許信號傳送的速度高過光速，而違反了普通量子力學的無通信定理。這個缺陷可以被修補，但隨後會導致更奇怪的事情：不僅波函數還是會出現分支，而且你可以在這些分支之間發送信號，這也就是物理學家波爾欽斯基（Joe Polchinski）戲稱的「艾弗雷特電話」[27]。這或許是一件好事：如果你想根據量子測量的結果來選擇你的人生，透過檢查不同世界裡的「分身」，來決定應該選擇哪一個世界。但這似乎不是大自然實際的運作方式。而且，它並沒有成功解決測量問題，也沒有擺脫其他多出來的世界。

回想起來，這還是有道理的。考慮一個單純處於上自旋狀態的電子，它也可以等效地表示為左自旋和右自旋的疊加態，因此，如果我們沿水平磁場做觀察，結果出現左自旋和右自旋的機率各是 50%。但正是由於這兩個選項之間的機率完全相等，因此，很難想像一條決定論的方程式如何能預測出，我們將會看到其中的某一個結果，而不是另外的那一個結果（假設沒有新的變數攜帶額外的信息）；其中必定是有某種東西打破了左自旋和右

自旋之間的平衡關係。

　　因此，我們必須更大膽地思考。與其就著薛丁格方程式去修修補補，不如硬著頭皮引入一種完全不同的波函數演化方式，一種可遏制多分支出現的方式。已經有大量的實驗證據向我們保證，波函數「通常」會服從薛丁格方程式；至少在我們不去觀察時，它們是這樣的。也許不太可能，卻是非常重要的一個可能性是：波函數可能有著非常不同的行為方式。

　　那些非常不同的行為會是什麼呢？由單一波函數描述的多個巨觀世界的副本，是我們試圖避免出現的一個恐怖存在。那麼，如果我們想像波函數偶爾會發生自發崩陷（spontaneous collapse），亦即從分布在不同的可能性之中（比如空間中的位置），突然轉變成某個相對比較集中、確定的可能呢？這就是動態崩陷模型（dynamical-collapse model）的關鍵新特徵，其中最著名的是 GRW 理論（GRW theory），由吉拉爾迪（Giancarlo Ghirardi）、里米尼（Alberto Rimini） 和韋伯（Tullio Weber）提出。

　　想像在自由空間中的電子，不受任何原子核的束縛。根據薛丁格方程式，這種粒子的自然演化過程，其波函數會散開而且不斷地向外擴散。針對這幅圖像，GRW 添加了一個假設：在每一瞬間，波函數都有可能發生根本性的瞬時變化。新波函數的峰值，會根據它本身的機率分布來決定，這與我們在測量電子的位置之前，根據原始波函數所做的預測機率分布相同。新的波函數會強烈地集中在某個中心點附近，因此從我們這種巨觀觀察者來看，這個粒子基本上是位於某個位置。 GRW 理論中的波函數崩

陷是真實和隨機的，而不是由測量引起的。

GRW 理論不是某種量子力學的含糊「詮釋」；它是一個全新的物理理論，具有不同的動力學思維。事實上，這個理論假設了兩個新的自然常數：**新局域波函數的寬度**，以及**每秒發生動態崩陷的機率**。這些參數的實際數值，寬度可能是 10^{-5} 厘米，每秒崩陷的機率為 10^{-16}。因此，一個典型的電子其波函數在自發崩陷之前可以演化 10^{16} 秒；這大約是 3 億年。因此，在可觀測宇宙的 140 億年生命中，大多數電子（或粒子）僅僅只定位了幾次而已。

這是該理論的一個特徵，而不是錯誤。如果你要搞亂薛丁格方程式，最好不要毀掉傳統量子力學的所有精彩成果。我們一直在用單個粒子或幾個粒子的集合進行量子實驗，如果這些粒子的波函數不斷地發生自發崩陷，那麼必定會是一個災難性的現象。如果真的有某種隨機性的元素，存在於量子系統的演化過程中，那麼對單個粒子而言，最好是極其罕見的。

那麼，該如何微調這個理論，才能擺脫巨觀疊加的困境呢？答案是纏結，就像去相干在多世界理論中扮演的角色那樣。

考慮測量電子的自旋。當我們讓電子通過斯特恩－革拉赫磁鐵時，它的波函數演化成「向上偏折」和「向下偏折」的疊加。我們測量它的去向，例如通過檢測落在屏幕上的電子，再把該屏幕連接上帶有指針指示向上或向下的刻度盤。一位艾弗雷特人說，指針是一個大型的巨觀物體，它很快就會與環境纏結在一起，導致波函數的去相干和分支現象。GRW 理論無法訴諸這樣的過程，但會發生一些相關的事情。

這並不是原始電子自發地發生崩陷。我們必須等待數百萬

年，才能使它成為一個可能發生的事件。然而，測量儀器中的指針大約含有約 10^{24} 個電子、質子和中子。所有這些粒子都以一種明顯的方式纏結在一起：它們各自處於不同的位置，具體的位置則由指針是指向上或指向下決定。在我們打開盒子之前，儘管任何特定粒子都不太可能發生自發崩陷，但是，在這些粒子之中，至少會有一個粒子發生自發崩陷的可能性卻是非常大——大約是每秒 10^8 次。

就一個巨觀的指針而言，它其中的一小部分粒子集中一起而出現在某個區域，可能不是一件會讓人覺得有什麼特別的事。但纏結的魔力意味著，如果只有一個粒子的波函數自發地局域化，那麼隨之而來的就是與該粒子纏結的其他粒子。因此，如果指針能以某種方式去避免它的任何粒子在某段時間內出現局域化，那麼這個時段就足以使指針演化成「上」和「下」的巨觀疊加態。所以，只要其中有某個粒子出現在某個位置（局域化），這個疊加態就會立即崩潰。這個指向裝置的波函數，會從描述兩個可能結果的疊加態，演化成只有一個明確結果的波函數，而整個過程的速度非常快。GRW 理論設法讓古典／量子的差異具有可操作性和客觀性，這使得哥本哈根學派的支持者不得不去援引這些差異。由眾多粒子組成的物體，它的整體波函數很可能會經歷一系列快速崩陷，從而顯示出可見的古典行為。

GRW 理論有明顯的優缺點。主要的優點是它是一個妥善提出而且明確的理論，以直接的方式來面對測量問題。在艾弗雷特方法中出現的多個世界，會被一系列完全無法預測的崩陷消除。我們由此得到的世界，是一個量子理論可以成功運行的微觀世

界，以及同時表現出古典行為的巨觀世界。對現實主義者而言，這是一個完美的解釋，因為它不需要援引任何與意識相關的模糊概念來解釋實驗結果。公平地說，我們可以把 GRW 理論視為是艾弗雷特量子力學加上一個隨機過程，這個隨機過程會在波函數出現新分支時，即時把它切斷。

此外，這個理論是可以通過實驗測試的。局域波函數的寬度和崩陷的機率這兩個參數，並不是隨意選定的；如果它們是另外兩個非常不同的數值，要麼無法得出合理的預測（崩陷會太罕見，或者無法聚集在某個位置），要麼早已經被實驗排除了。想像一下，我們有一股處於極低溫的原子流體，每個原子的移動速度非常緩慢（如果有在移動的話）。只要流體中有任何電子的波函數發生自發崩陷，就會帶給它的原子些微的振動能量，物理學家則可藉此檢測到輕微升高的流體溫度。這一類型的實驗正在進行中，最終目標是希望能驗證 GRW 理論，或完全排除它。

這些實驗說起來容易做起來難，因為我們談論的能量真的非常微小。儘管如此，當你有朋友在抱怨多世界理論（或其他探討量子力學的方法）無法以實驗來測試時，GRW 仍然是一個很好拿出來討論的例子。理論的檢驗，本就是透過與其他理論的比較來進行的，特別是這兩個理論在實驗預測方面有著明顯的不同。

好吧，GRW 理論的缺點之一是，新的自發崩陷規則完全是由後見之明而特別設定的，與我們知道的其他物理觀念都不一致。令人懷疑的是，大自然不僅會選擇在隨機的時間間隔內，去違反它經常運作的運動定律，而且還會透過我們無法以實驗檢測的方式進行。

　　GRW 理論的另一個缺點，也是讓它和其他相關的理論無法獲得理論物理學家青睞的理由是，目前尚不清楚如何以它為基礎，去構建一個同時適用於粒子和場的新版理論。從現代物理學的觀點，自然界的基本組成是「場」，而不是「粒子」。當我們以足夠近的距離去觀察振動中的場時，我們會看到粒子，這個理由很單純，因為這些場遵循著量子力學的規則。在某些情況下，我們可以認為以場是一個有用的描述（而不是強制性的），並且可以把場設想成是一種可以一次同時掌握許多粒子的方法。但是，在其他情況下（例如在早期宇宙中，或在質子和中子的內部），場性（field-ness）則是必不可少的特質。此外，至少在目前這個簡單的版本中，GRW 告訴我們波函數崩陷的方式，明確地與每個粒子的機率有關。這未必是一個不可逾越的障礙──從一些不太有效的簡單模型開始，把它們一般化，直到它們起作用為止，一直都是理論物理學家的看家本領──但這也顯示，GRW 這條思路與我們目前對自然律的思考，二者之間似乎不是很吻合。

　　GRW 以非常罕見的個別粒子自發崩陷，以及大型物體非常快速的自發崩陷，來勾勒出量子／古典邊界。另一種方法是，只要系統達到某個臨界值，就會導致崩陷發生，就像橡皮筋被拉得太長而發生斷裂一樣。以廣義相對論的研究成果而聞名的數學物理學家彭若斯（Roger Penrose），就以這個思路，提出一個著名的嘗試。彭若斯的理論以一種很重要的方式來使用重力。他建議，當波函數開始去描述巨觀疊加時，就會自發崩陷，且在巨觀的疊加態中，不同的部分具有明顯不同的重力場。這個「明顯不

同」的判別標準很難準確說明；單個電子無論它們的波函數如何散開都不會發生崩陷，而實體指針則因為足夠大，一旦開始演化成不同的狀態，立刻就會引起崩陷。

大多數的量子力學專家對彭若斯的理論並不感興趣，部分原因是他們對重力和基本量子力學之間的關聯，抱持懷疑的態度。當然，他們認為，我們可以在完全不考慮重力的情況下，去談論量子力學和波函數崩陷等議題。（而且，在這個學科的大部分歷史中，我們也確實如此。）

我們可以把崩陷視為去相干的偽裝，而把「彭若斯判准」進一步發展成一個較精確的版本，在這個版本中，物體的重力場可視認是環境的一部分，如果波函數的兩個不同分量具有不同的重力場，它們就會有效地去相干。重力是一種極其微弱的力，當重力和電磁力同時存在時，普通的電磁交互作用總會遠在重力之前就引起去相干。然而，重力的好處在於它是「萬有」的（萬物皆有重力場，但不是每樣東西都是帶電的），所以它至少是一個可以保證，任何巨觀物體都能引起波函數崩陷的方法。另一方面，在去相干發生時，分支已經是多世界理論中的一部分；這一類自發崩陷理論只會說「大自然這就像艾弗雷特描述的那樣，只不過，在新世界被創造出來的時候，我們就用手抹掉它們」。誰知道呢？搞不好這就是自然界實際運作的方式，但這並不是大多數物理學家被鼓勵追求的方向。

□　□　□

　　自從量子力學誕生以來，一個明顯且值得深思的問題並非「波函數不是故事的全部」，而是在波函數之外，是否還存在其他物理變數的可能性。畢竟，從機率分布的觀念來思考問題，是物理學家非常熟悉的作法，因為他們從 19 世紀開始發展統計力學起，就累積了豐富的經驗。對於一個盛有氣體的容器，我們不需要去指定每個各別原子的位置和速度，只需要知道它們整體的統計特性就足夠了。而且，在古典物理的觀點中，我們理所當然地認為，即使我們不知道具體細節，但每個粒子都是具有確切的位置和速度。也許量子力學也會類似這樣──有一些明確的物理量和預期能觀察到的結果有關，但我們不知道它們是什麼──波函數以某種方式捕捉了統計現實的一部分，但沒有講述完整的整個故事。

　　我們知道波函數不可能與古典的機率分布完全相同。真正的機率分布是把機率直接指派給某個結果，並且對某個給定事件的機率，必定是一個介於 0 和 1（含）之間的實數。然而，波函數為每個可能出現的結果指派一個振幅，而振幅是複數。它們既有實部也有虛部，而且也有正有負。當我們對這樣的振幅取平方時，得到的結果才是機率分布。但如果我們想解釋實驗觀察到的結果，卻不能直接使用這個機率分布，而必須保留波函數才行。譬如說，我們能從雙狹縫實驗中看到干涉現象，就是由於波函數的振幅可以是負數的緣故。

　　有一個簡單的方式來回答這個問題：假設波函數是實數，也是真實存在的物理實體（而不是因為我們所知有限而發明出來的方便表述），但同時也請想像還有額外的變數存在，譬如說是

粒子所在的位置。習慣上，我們把這些額外的物理量稱為隱變數
（hidden variables），雖然有些支持這個思路的人並不喜歡這個
標籤，因為這些變數是我們在實驗時，可以實際觀察到的物理
量。我們可以直接把它們稱作「粒子」，因為這就是我們通常
在考慮的情形。波函數在這個情況下，就擔負起「領波」（pilot
wave）的角色，引領粒子的移動方式。我們可以把粒子比喻成浮
在水面上的木桶，而波函數就像是推動這個木桶的水波和水流。
波函數會遵循一般的薛丁格方程式，而另外這個新的「引導方程
式」則負責管理這個粒子的移動方式。粒子會被引導到波函數較
大的區域，而遠離波函數幾乎等於零的地方。

　　這一類的理論，最初是在 1927 年由德布羅意在索爾維會議
中提出。愛因斯坦和薛丁格也都有類似的想法。不過，德布羅意
的想法在會議中遭到嚴厲的批判，其中又以包立為最。從當時的
會議紀錄來看，包立的批判似乎是錯誤的，而德布羅意事實上則
是正確地回覆了這些質疑。但是，這個經歷還是讓他覺得非常挫
折，而決定放棄這個想法。

　　在 1932 年有一本很有名的書《量子力學的數學基礎》
（Mathematical Foundations of Quantum Mechanics），作者馮
紐曼證明了一條關於難以建構隱變數理論的定理。馮紐曼不僅是
20 世紀最聰明的數學家和物理學家之一，他的名字更是在研究
量子力學的科學家心中占有極大的份量。這逐漸成了一個標準的
常規，每當有人建議，在哥本哈根學派固有的模糊詮釋之外，也
許還有較明確的表述方式時，只要有人提出馮紐曼的名字，以及
他的那個證明，就可以堵住所有人的嘴巴，而不會再有任何進一

步的討論。

　　事實上，馮紐曼所證明的，與大多數人心中的預設略有差距（他的書一直到 1955 年才被翻譯成英文，所以大多數的人其實是沒有讀過他所寫的內容）。一個好的數學理論得出的結果，是根據清晰明確的假設推理而得。然而，當我們想要以某個定理來理解現實世界時，我們需要很小心地判斷，這個定理根據的假設，在現實的世界裡是否為真。現在回過頭來看，如果我們的任務是要發明一個理論，一個可以重現量子力學預測的結果的理論，那麼我們並不需要去做當時馮紐曼所做的假設。他的確是證明了一些事情，但是他所證明的並不是「隱變數定理行不通」。數學家和哲學家黑爾曼（Grete Hermann）明確的指出了這點，可惜她的工作尚未獲得普遍的認可。

　　隨後走上舞臺的是玻姆，他在量子力學的歷史上是一個有趣而複雜的角色。1940 年代初期，還是研究生的他對左翼政治產生了興趣。他最終雖然參與了曼哈頓計畫（Manhattan Project），卻被迫只能在柏克萊進行研究，因為他拒絕簽署進入洛斯阿拉莫斯（Los Alamos）實驗室的安全文件。二戰之後，他在普林斯頓任職副教授，並出版一本很有影響力的量子力學教科書。在該書中，他謹慎地遵守著所學到的哥本哈根學派內容，然而，因為仔細思考過這個議題，讓他開始懷疑是否還有其他的可能性存在。

　　玻姆對這些議題的興趣，因某人而受到進一步的鼓勵。這個人正是因為直接與波耳及其同事辯論而享有盛譽的愛因斯坦。這位偉人讀了玻姆的書，並把這位年輕的教授叫到辦公室來，跟他一起討論量子力學的基礎問題。愛因斯坦解釋了他之所以反對波

耳的基本理由，是因為他認為量子力學還不是一個能夠完整描述現實的觀點，並鼓勵玻姆進一步去思考隱變數的問題，這也正是玻姆隨後的研究方向。

所有的這些都發生在玻姆身陷政治疑雲的那段時間裡。在當時，只要扯上共產主義，就可能會斷送所有的前途。1949 年，玻姆在眾議院非美活動委員會（House Un-American Activities Committee）作證，拒絕牽連他的任何前同事。1950 年，他因藐視國會而在普林斯頓的辦公室被捕。雖然他最終被判無罪，但是普林斯頓的校長還是禁止他走進校園，並對物理系施加壓力，不再續聘他。1951 年，在愛因斯坦和歐本海默的支持之下，玻姆終於在巴西的聖保羅大學找到工作，離開了美國。所以玻姆的想法首次在普林斯頓的研討會上發表時，才會需要請別人代為發表。

□ □ □

所有這些戲劇性的遭遇，都沒有妨礙玻姆在思考量子力學上的生產力。在愛因斯坦的鼓勵下，他發展出一個與德布羅意很近似的理論，在這個理論中，由波函數建構的「量子位能」（quantum potential）會指引粒子的運動方式。現在，這個研究方向被稱為德布羅意－玻姆理論，簡稱玻姆力學（Bohmian mechanics）。比起德布羅意，玻姆的理論呈現出更多的細節，特別是在描述測量的過程上。

即使到了今天，你偶而還是聽到專業的物理學家說，「因為

貝爾定理」，所以建構一個隱變數理論來重現量子力學的預測是一件不可能的事。然而，這正是玻姆所做的事；至少對非相對論性的粒子而言是成功的。事實上，貝爾正是少數讚賞玻姆研究工作的人之一，而且由於玻姆的啟發，他發展了一個定理，可以精確的理解如何去協調，玻姆力學的存在以及馮紐曼「無隱變數定理」的謠傳，這二者之間的矛盾。

實際上，貝爾定理證明的是，我們不可能由一個**局域**的（local）隱變數理論，去重現量子力學。而這正是愛因斯坦長久以來期盼的理論：有一個可以把獨立的現實與位於空間中某個特定位置的物理量關聯起來的模型，而且這些物理量的種種效應是以光速或低於光速在傳播的。玻姆力學完全是一個決定論的理論，但絕對是非局域的：分隔兩處的粒子可以瞬間作用在彼此身上。

玻姆力學假設有一組粒子位在明確的位置上（但是在它們被觀測到之前，我們並不知道它們位在何處），以及另一個獨立的波函數。這個波函數的演化方式，完全遵照薛丁格方程式的指示——它甚至似乎不知道有粒子的存在，而且也完全不受粒子行為的影響。與此同時，粒子會被由波函數決定的引導方程式推著走。然而，引導粒子的移動方式不僅由波函數決定，也由該系統**中所有其他粒子**所在的位置來決定。這就是非局域性：原則上，某個粒子的運動可以取決於其他位於任意距離之外的粒子的位置。誠如貝爾自己後來說：在玻姆力學裡，「這個愛因斯坦－波多斯基－若森悖論會以愛因斯坦最不喜歡的方式獲得解決。」[28]

在了解玻姆力學如何重現一般量子力學的預測上，非局域性

扮演了關鍵性的角色。考慮著名的雙狹縫實驗，它生動地展示了量子現象是如何同時具有波動性（我們可以看到干涉圖樣時）和粒子性（屏幕的偵測器出現點狀訊號，而且，當我們去偵測電子是由哪個狹縫通過時，干涉圖樣遍消失了）。在玻姆力學中，這個模稜兩可的現象一點都不神祕：粒子和波都存在。粒子是我們觀察到的東西；波函數影響粒子的運動方式，但是我們無法直接去測量波函數。

根據玻姆力學，波函數行經雙狹縫的演化方式，與艾弗雷特的量子力學相同。特別是，當波函數抵達屏幕時，波函數的振幅會出現建設性（相加）和破壞性（相減）的干涉效應。然而，我們在屏幕上無法看到波函數，我們能看見的只有撞上螢幕的個別粒子而已。這些粒子受到波函數的推擠而運動，因此它們較有可能撞上屏幕的位置，就是波函數振幅較大的位置，反之，在振幅較小處，粒子出現的機率也較低。

玻恩定則告訴我們，在某個特定位置觀察到粒子的機率，是由波函數振幅的平方值決定。從表面來看，這似乎與「粒子的位置是完全獨立的變數，可由我們隨意指定」的觀念相矛盾。此外，玻姆力學是完全決定論的觀點——不會有任何隨機的事件存在，亦即不會有 GRW 理論中的自發崩陷。所以，玻恩定則是從何而來的呢？

這個理由是，原則上，粒子的位置可以在所有的地方，但是實際上，對它們而言，會有一個自然分布的機率存在。想像我們有一個波函數，以及數量固定的粒子。如果我們要重新發現玻恩定則，我們只需要從類似玻恩定則的機率分布即可。也就是說，

我們必須以看似由波函數振幅的平方決定的機率分布，來分配粒子的位置：振幅較大的區域，粒子數較多；振幅較小的區域，粒子數目較小。

這樣的一個「平衡」分布具有一個很好的特點：系統會隨著時間的推進而演化，玻恩定則也會持續有效。如果我們的粒子是從與一般量子力學預期的機率開始，那麼它隨後的狀態也會持續與我們預期的機率相符。許多玻姆力學的支持者相信，系統最初的狀態是非平衡分布，將會隨著時間的推進而朝向平衡分布來演化；就像盒子中的古典氣體粒子，逐漸演化成一個熱平衡狀態那樣。不過，關於這個想法，目前還沒有定論。當然，最終的這個機率為何，會與我們對系統的知識有關，而不會由一個客觀的頻率決定；如果有某種方式，讓我們確切地知道每個粒子的所在位置，而不只是一個機率分布的話，我們就可以精準地預測實驗的結果，而根本不需要借助機率的幫忙。

以作為量子力學的另一種表述方式而言，這個想法讓玻姆力學陷入一個有趣的位置。GRW 理論通常與傳統量子力學的預期相吻合，但對於一些新現象，它也能做出一些明確的預測，得以通過實驗來做測試。與 GRW 相同，玻姆力學不僅僅是另一種「詮釋」，而是另一個不同且毫不含糊的物理理論。如果在某些情況下，粒子不是位於平衡分布的狀態，它是**不需要**遵守玻恩定則的。然而，如果粒子是處於平衡狀態，那麼玻恩定則就必須成立。如果是這種情況，玻姆力學的預測就會完全與正常的量子力學相同。也就是說，我們將會在波函數振幅較大的區域看到較多的粒子，而在振幅較小的區域，看到較少的粒子。

其他的方式：多世界以外的選項

目前，我們仍然不清楚，當我們去觀察粒子是由哪個狹縫通過時，究竟發生了什麼事。與艾弗雷特的主張相同，玻姆力學裡的波函數也不會發生崩陷，它會一直遵守薛丁格方程式而演化。所以，我們該如何解釋，在雙狹縫實驗中干涉圖樣消失的現象？

答案是「跟我們在多世界理論中用的方法一樣」。波函數雖然不會崩陷，但是它會演化。尤其是，我們應該考慮偵測裝置的波函數，以及電子通過狹縫時的波函數；玻姆力學是完整的量子力學，並不需要在量子和古典之間勉強築起一道牆。由於我們知道要考慮去相干現象（亦即偵測器的波函數會與通過某個狹縫的電子波函數纏結在一起），以及會有某種「分支」發生。差別在於描述裝置的變數（這在多世界理論中是不存在的），將會位於某個相對應分支中的某處，而不會出現在其他地點。從所有的這些看來，實際上，它與波函數崩陷無異；或者，如果你喜歡，你也能把它視為是由去相干而產生分支的波函數，只不過，對於我們關注的粒子，我們會認為它們只存在於某個特定的分支上，而不會對每一個分支都指派一個實體給它。

若說有很多艾弗雷特人對這種解釋感到半信半疑，你一定不會覺得訝異。如果宇宙波函數很單純地只是遵守薛丁格方程式，它將會經歷去相干和分支。而且，如果你已經承認波函數是實體的一部分，那麼對該物質而言，這些組成粒子的位置絲毫不會對波函數的演化造成任何影響。我們可以這麼說，這些位置的唯一功用是指向波函數的某一個特定分支，然後說：「這一個是真的。」因此，有部分的艾弗雷特人聲稱，玻姆力學和艾弗雷特理論並無實質上的差異，只不過它添加一些多餘的額外變數，除了

減輕「我們會分裂成多個分身」的焦慮之外，本身並無任何意義。誠如多伊奇所說：「領波理論是一種慢性否認平行宇宙理論的狀態。」

我們不打算在此裁決這些爭議。我們可以清楚地看到，玻姆力學是一個明確的理論架構，而這曾是許多物理學家認為不可能的一件事：建構出一個精確的、決定論的理論，使其可以重現標準量子力學的所有預測結果，而不需要任何關於測量過程的咒語，或是橫在量子和古典領域之間的界線。然而，我們為此付出的代價是，在這個新動力學裡明確顯示出來的非局域性。

．．．

玻姆曾希望他的理論，可以在物理學界裡獲得廣大的接受。但事與願違。在討論量子基礎的對話中，常常充滿了情緒性的字眼，例如海森堡稱玻姆的理論為「一個多餘的意識形態上層結構」，包立則把它視為「人造的形上學」[29]。我們先前已經聽過歐本海默的評價，而他曾是玻姆的導師和支持者。愛因斯坦對他的努力似乎是讚賞的，但也認為最終的理論建構過於人為，說服力不夠。然而，和德布羅意不同的是，玻姆並沒有向這些壓力屈服，而是持續地發展和推廣他的理論。事實上，他堅定的立場也啟發了德布羅意本人；德布羅意當時還在世，也相當活躍（他於 1987 年過世）。晚年的德布羅意重新回到隱變數理論，繼續發展並精緻他最初的模型。

即使不考慮明確存在的非局域性，以及它只是拒絕接受多世

界理論的指控，玻姆力學本身仍然有很多重要的內在缺陷，特別是從一個現代基礎物理學家的觀點來看。玻姆力學的內容物，顯然比艾弗雷特版本來得複雜，而且希伯特空間（所有可能波函數的集合）仍像往常一樣龐大。多世界存在的可能性，並沒有能避免或消除掉（如同在 GRW 裡），而只是否認它們不是真實的存在而已。玻姆力學的方式，一點都稱不上優雅。即使古典力學早已經被取代很久了，物理學家仍然很直覺地緊緊抓住類似牛頓第三運動定律的概念：如果有一個東西推著另一個東西，那麼第二個東西會反推回來。所以，如果我們說，粒子被波函數推著走，而波函數卻絲毫不受粒子的影響，這樣不是很奇怪嗎？當然，量子力學無可避免地會強迫我們去接受一些奇怪的事情，所以，或許這個考量並不是那麼重要。

更重要的是，德布羅意和玻姆的原始想法，都非常仰賴「粒子是真實的存在」這個想法。我們已經有一個很棒的模型，可以來理解這個世界，它就是量子場論，然而，如同 GRW 一樣，認為粒子是真實存在的想法，為我們在理解這個模型時創造了障礙。有人提議「玻姆化」量子場論的方法，也取得了一些進展——當他們真的想的話，物理學家也可以是極端聰明的。但這些成果感覺是強迫取得的，而不是自然而然得到的。這當然不意味著它就是錯的，但是，當我們拿它和多世界理論比較的話，玻姆這一派的理論顯然屈居下風；因為從多世界理論來看，場或量子重力都比較容易理解。

在討論玻姆力學時，我們參照的是粒子的位置，而不是它們的動量。這個得追溯到牛頓的年代，他考慮的粒子，是在每一瞬

間都有一個位置，而且可以透過計算位置的變化率，得出它在運動軌跡中不同位置上的速度（和動量）。但更多近代的古典力學表述方式（好吧，從 1833 年起），則以同等的份量來對待位置和動量。一旦我們進入量子力學，這個觀點就反映在海森堡的測不準原理上，因為位置和動量會以無差別的方式出現。玻姆力學抵銷了這個趨勢，它以位置為主，而動量則是可以根據位置而推導出來的物理量。但是結果卻變成，你無法準確地去測量動量，因為隨著時間的推移，在粒子位置處的波函數會存在一些無法避免的效應。所以，最終的結果是，測不準原理在玻姆力學中仍會保持成立，就像生活中的一個實際事件，讓人不得不接受。但它不具有某些理論的那種自動、自然的結果，亦即波函數就是唯一實體的那些理論。

這裡有一個較普遍的原理在發揮著作用。多世界理論的簡潔性讓事情很有彈性。薛丁格方程式可對波函數做計算，加上哈密頓算符後可得知它的演化速度；哈密頓算符用以測量量子態不同分量的能量多寡。你只要給我一個哈密頓算符，我就能立刻了解它對應的量子理論的艾弗雷特版本為何。粒子、自旋、場、超弦，都沒有問題。多世界理論是「隨插即用」（plug and play）的。

然而，其他的思路都需要更多的額外工作，而且這些工作是否可行，也未可知。你不僅需要去指定一個哈密頓算符，還需要指定波函數以某個特別的方式發生自發崩陷，或是有一組特殊的隱變數來確保我們知道過程為何。這些事，說得比做得容易。當我們要從量子場論移到量子重力理論（別忘了，這是艾弗雷特的初衷之一）時，這個問題就會變得更加明顯。在量子重力理論中，

「空間中的某處」這個特有的概念，會變得很有問題，因為不同的波函數分支，會有不同的時空幾何。這對多世界理論來說，沒有問題，但對其他的研究路徑，則是接近災難一場。

當玻姆和艾弗雷特在 1950 年代，發明與哥本哈根學派不同的研究路徑時，或是貝爾在 1960 年代證明出他的貝爾定理時，物理社群的氛圍是處於避免研究量子力學的基礎問題。這個氛圍在 1970 和 1980 年代，因為去相干理論和量子資訊的進展，而有些許的改變；例如 GRW 理論是在 1985 年時提出的。儘管這個領域仍遭受著主流物理學家懷疑的眼光（在另一方面，它則是吸引了很多哲學家的目光），但從 1990 年代以來，還是吸引了很多人的興趣，也累積了很多重要的成果，其中大部分是公開的。然而，我們也可以肯定地說，當代對於量子基礎的研究工作，大多還是集中在量子位元和非相對論粒子的脈絡裡。一旦我們從這裡畢業，開始進入量子場和量子重力的領域時，有些我們原本認為理所當然的東西，將不復存在。如同現在應該是物理學界要嚴肅地看待量子基礎的問題一樣，現在也是量子基礎的研究，應該嚴肅看待場論和重力理論的時候。

▫ ▫ ▫

深層而極簡的量子力學表述方式隱含著多世界的存在，為了要消弭這些多出來的世界，我們已經探索了一些方法，例如直接以隨機事件來砍掉多個世界（GRW 理論），或是必須抵達某個門檻（彭若斯），或是添加額外的變數，來挑選出特定的現實世

界（德布羅意－玻姆）。除此之外，還有哪些可能？

問題在於，一旦我們相信波函數和薛丁格方程式，那麼波函數的多個分支就會自動出現。所以，以我們目前考慮的這些選項，要嘛消除這些分支，要嘛假想有某些東西，可以讓我們從中挑選一個特別的分支來。

在這兩個選項之外的第三個做法是：否認波函數的真實性。

這個做法並不是意味著，我們要去否認波函數在量子力學裡的中心地位。而是，我們可以使用波函數，但是，我們不能聲稱它們代表了某個部分的現實。它們可能只是我們的知識的一個特徵；尤其是，對於未來的量子測量會出現的結果，我們的知識是不完備的。這個思維方式被成為「認識論」的研究取向。因為它認為，波函數取得了我們所知的一些內容，這不同於「本體論」的取向，它沒有把波函數認為是對客觀現實的描述。因為波函數通常由希臘字母 Ψ（Psi）表示，認識論取向的擁護者通常會取笑艾弗雷特人，或是其他波函數實在論者，而把他們稱作「Ψ 本體論者」（Psi-ontologists）。

我們已經注意到，認識論的策略不會是一個簡單而直截了當的研究取向。波函數絕對不可能是機率分布；因為真正的機率分布絕對不可能是負值，所以它不可能產生如同我們在雙狹縫實驗中看到的干涉現象。然而，我們不能就此放棄，我們可以試著用更精巧的方式，來思考波函數和現實世界之間的關係。我們可以試想一個表述方式，允許我們使用波函數來計算個別實驗結果的機率，而不讓它們與任何底層的現實有所牽扯。這就是認識論研究取向的任務。

目前已有許多以認識論為基礎的嘗試，試圖詮釋波函數的含意，就如同有多種崩陷模型和隱變數理論在互相競爭。其中最著名的是量子貝氏主義（quantum Bayesianism），由福克斯（Christopher Fuchs）、沙克（Rüdiger Schack）、凱夫斯（Carlton Caves）、梅爾銘（N. David Mermin）以及其他人一起共同發展。近日來，這個取向簡稱為 QBism（發音讀作 cubism，你不得不承認這是一個充滿魅力的名字）。

貝氏推論認為，對於各式各樣不同主張的真偽，我們的心中其實都有某種程度的看法（即可信度），而這些可信度會隨著新資訊的增加而隨時更新。所有的量子力學版本（甚至可以說是所有的科學理論），都使用了某種形式的貝氏定理，而在許多試圖理解量子機率的研究取向中，它更是扮演了關鍵性的角色。Qbism 之所以不同，因為它把我們的量子可信度變成是「個人的」，而不是普遍的。根據 Qbism，電子的波函數不是一個「一勞永逸」的東西，也就是說，原則上它不是放諸四海皆準的，而是每一個人對於電子的波函數都可以有自己的想法，而且可以根據這個想法來預測可能的觀察結果。如果我們去做很多個實驗，並且討論我們觀察到的現象，Qbism 的人認為，關於各種各樣可能的波函數形式，我們終將會達成某種程度的共識。然而，這些可能的形式，基本上，是測量我們個人信仰的結果，而不是這個世界的客觀特徵。當我們看到電子在斯特恩－革拉赫磁場中發生偏折時，這個世界並沒有發生任何變化，只是我們又學到了一些關於它的新東西而已。

這個哲學觀點有一個直接又讓人無法抗拒的好處：如果波函

數不是一個真實的物理物件，也就沒有必要擔憂它會發生「崩陷」，即使這個崩陷如謠傳般是非局域性的。如果愛麗絲和鮑勃擁有兩個彼此纏結的粒子，且愛麗絲做了一個測量，那麼根據一般的量子力學規則，鮑勃的粒子會在瞬間就發生變化。Qbism 打消了我們對這個變化的擔憂，因為「鮑勃粒子的狀態」根本就是一個不存在的東西。真正發生變化的，是愛麗絲身旁用來預測的波函數：透過某個合適的貝氏定理的量子版本而進行了更新。Qbism 安排了遊戲規則，使得當鮑勃去測量他身邊的粒子時，測量所得的結果，會符合我們根據愛麗絲測量結果所做的預測。但是，不需要去想像在鮑勃所在的位置附近，有任何實質的物體發生了變化。所有的這些改變，都只是不同的人具有的知識狀態而已，畢竟，所有的這些都只局限在他們自己的腦袋裡，而沒有在空間中散播開來。

雖然 Qbism 的術語為機率數學帶來很多有趣的發展，也為量子資訊理論提供一些啟示，但是，大多數的物理學家還是想知道：在這個觀點底下，現實到底是什麼？（派斯〔Abraham Pais〕回憶愛因斯坦曾問過他：他是否真的相信，月亮只有在你看著它時，它才是存在著的？）

這個答案並不清楚。假設我們讓電子通過斯特恩－革拉赫磁場，但是卻選擇不去觀察它是向上或向下偏折。從艾弗雷特的人來看，儘管我們沒有去觀察，但是去相干和分支還是發生了，而且另一樁事實是，我們會有某個分身位於某個特定的分支上。Qbism 的人則有很不一樣的論點：那裡根本不存在自旋被偏折向上或偏折向下這回事。我們擁有的只是某種程度的信心，認為

當我們最終決定去觀測時，將會看到什麼現象而已。就像在電影
《駭客任務》（The Matrix）裡的尼歐索學會的：湯匙是不存在
的。從這個觀點，在我們觀察之前，就開始擔心正在發生的事情
的「真實」是什麼，正是一個導致所有困惑的錯誤。

　　在大多數的情況下，支持 Qbism 的人不去討論「這個世界
究竟是什麼」的問題。或者，至少在目前進行中的研究典範下是
如此，他們選擇不過份拘泥在「現實的本質為何」這個問題上，
而這恰恰是我們其餘的人非常在乎的一件事。這個理論的基本成
份是一組**主體**（agent），他們有**信仰**（belief），並且會累積經
驗（experience）。從這個觀點來看，量子力學是這些主體去組
織他們的信仰，並根據新經驗來更新信仰的一個方法。「主體」
無疑是這個理論的中心概念，它與我們討論過的其他量子力學表
述方式形成鮮明的對比，根據這個理論，所謂的觀察者，不過就
是一種物理系統，與其他儀器沒有差別。

　　有時候，支持 Qbism 的人會把真實視為只有我們在觀測時
才會出現的東西。梅爾銘曾寫道：「在很多不同的個人外在世界
之外，的確存在有一個共同的外在世界。但是，在基礎層面上，
必須把這個外在世界理解成是我們所有人相互建構的成果，透過
我們身為人類最偉大的發明——語言，把我們各自不同的私人經
驗整合在一起的結果。」[30] 這個觀念不是指沒有現實存在，而
是任何看似客觀的第三人稱視角都無法捕捉到現實。 福克斯把
這種觀點稱為參與式實在論（Participatory Realism）：現實是匯
集不同觀察者顯示出來的整體經驗。

　　在發展量子基礎的研究取向上，QBism 還相對年輕，還有很

多工作有待完成。它可能會遇上一個無法逾越的障礙，或是逐漸失去世人的興趣。另一個可能是，在某些直截了當的量子力學實在論版本裡，關於觀察者的經驗，QBism 的洞見可以詮釋成一個有時有用的討論方式。 最後，QBism 或其他類似的想法，可能代表一個正確的、而且是具革命性的思考世界方式，亦即把主體（類似你我）置於我們對現實的最佳描述的中心位置。

就我個人而言，從一個相當認同多世界理論的角度（同時也承認我們還有很多待解的問題）來看，所有的這些思考似乎都投入了大量的精力，致力於去解決一些根本就不存在的問題。持平而論，Qbism 的支持者也感受到和艾弗雷特一樣的憤怒；梅爾銘曾說：「QBism 視『分支成多個同時存在的世界』為具體化量子態的反證法。」[30] 這就是量子力學，在那裡，某個人的荒誕想法，就是另一個人對生活所有疑問的解答。

□　□　□

在研究「物理學基礎」的社群中，到處都是很聰明的人，而且長時間投入很多心血在這些議題上，對於研究量子力學的最佳方法，迄今尚無共識。其中的一個理由是，大家來自不同的背景，所以心中認為最重要的議題也各不相同。在粒子理論、廣義相對論、宇宙學、量子重力等基本物理領域的研究人員，大多偏好艾弗雷特的研究取向。這是因為多世界理論經得起這些深層物理描述的考驗。你只需給我一組粒子、場以及諸如此類的東西，還有它們如何交互作用的規則，這些元素很直接地就能套進艾弗雷特

的圖像裡。而其他的理論則比較吹毛求疵一些，它們要求我們從一開始就必須弄清楚，這些理論對每一個新的情況，實際上說了些什麼。如果你也承認，我們並不真的知道關於粒子、場以及時空等基本理論究竟為何，而且聽起來就很累人，那麼多世界理論是一個自然而且簡單的方向。誠如華萊士所說：「艾弗雷特詮釋（在哲學可接受的範圍之內）是目前唯一適合用來了解我們已知量子力學的詮釋策略。」[31]

然而，還有另外一個理由，這會與個人的風格比較有關係。本質上，大家都同意，簡單、優雅的觀念，在尋求科學的解釋時會比較受歡迎。當然，只有簡單和優雅，並不表示這個觀念就是正確的——正確與否得由實驗數據決定——然而，當我們沒有足夠的數據來裁定競爭中的理論孰優孰劣時，我們很自然地會給予簡單而優雅的理論更高的分數。

問題是，簡單和優雅與否是由誰來決定呢？對這些名詞的判定是很主觀的。從某個特定的觀點來看，艾弗雷特量子力學絕對是簡單且優雅的：一個平滑演化的波函數，如此而已。但是，這個優雅的假設帶來的結果——一棵不斷增殖中的多宇宙樹——可以說一點也不簡單。

在另一方面，以一種較隨意的方式建立起來的玻姆力學，它含有粒子和波函數，而它們之間透過一條非局域的引導方程式而產生交互作用，這似乎看起來一點也不優雅。然而，當我們遭遇到量子力學實驗的基本要求時，以粒子與波函數為基本成分，卻是一個很自然的思考策略。物質的行為有時具有波動性，有時具有粒子性，因此我們同時使用波動和粒子這兩個模型。與此同

時，GRW 理論對薛丁格方程式添加了一個詭異又特別的隨機修改，但它卻可說是一個最簡單、最有力的方法，可以落實波函數看似崩陷的這一事實。

在物理理論本身，以及理論與我們觀察到的事實之間的對應關係，這二者的簡潔程度有一個有用的對比。多世界理論的基本成分無疑是最簡單的。然而，在理論本身（波函數、薛丁格方程式）與我們實際觀察到的世界（粒子、場、時空曲面、人、椅子、恆星、行星等）之間的距離，似乎非常遙遠。而其他的研究取向，也許比較偏巴洛克風格，在基本原理上多出一些「額外的裝飾」，但在解釋我們看到的世界上，卻相對簡單很多。

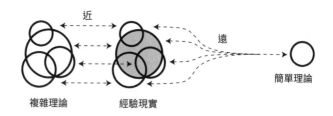

理論本身的簡潔性，和它與現象之間的遠近程度都各有不同，也很難知道如何去評價它們。這就是個人風格發揮作用的地方。我們目前討論過的所有量子力學研究取向，在我們思索著如何把它們發展成可以堅實地了解這個物理世界時，全都面臨著迫在眉睫的障礙。所以，我們每一個人都必須做出個人的判斷，去決定哪些問題終將獲得解決，以及不同的研究取向會有那些致命的缺點。的確，每一個人都會有各自不同的判斷，這也決定了他

們的下一步行動。但是，沒有關係，這會確保可以有很多不同的想法和觀念存活下來，而提升我們最終得出正確想法的機率。

多世界理論提供看到量子力學的一個觀點，它不僅有一個簡單且優雅的核心內容，而且似乎已經準備好去面對探索量子場論和時空本質時需要的調整。這已經足夠說服我，去試著與我那些隨著時間推移而不斷產生出來的擾人分身，和平相處。但是，如果後來顯示，有某個其他的研究取向可以更有效地回答這些深層的疑問，我也會很樂意改變心意。

10

The Human Side:
人性的一面

Living and Thinking in a Quantum Universe
在量子宇宙中生活與思考

　　在漫長的生命裡，我們每一個人多少都需要做出一些困難的抉擇。保持單身或是去結婚？穿上跑鞋去跑步或是再吃一個甜甜圈？繼續上研究所深造或是進入就業市場？

　　如果魚與熊掌可以兼得，而不是只能勉強擇一的話，那該有多好？量子力學建議了一個策略：每當你需要做一個決定的時候，你可以去諮詢量子亂數產生器。事實上，iPhone 上就有一個名為《宇宙分裂器》（Universe Splitter）的應用程式（app），

可以滿足這一方面的需求。（正如貝里（Dave Barry，美國作家）的一句名言：我發誓這不是我瞎掰的。）

讓我們假設你現在需要做一個決定：「我的披薩應該要加義式辣香腸或是香腸就好？」（然後我們再假設，有很多很多的限制存在，讓你無法同時把這兩種香腸放在同一個披薩上。）此時，你可以開啟《宇宙分裂器》，手機螢幕會顯示出兩個文字方格，你可以分別輸入「義式辣香腸」和「香腸」。接著按下按鈕，然後你的手機會送出一個訊號，經過網際網路抵達瑞士的一個實驗室，在那裡，有一個光子會被送向一個光束分裂裝置（基本上，它是一個部分鍍銀的鏡子，可以讓光子部分反射和部分穿透）。根據薛丁格方程式，這個光束分裂裝置會把光子的波函數分解成向左和向右兩個分量，分別朝向兩個不同的偵測器。當其中的某個偵測器接收到光子時，它會產生一個輸出訊號，使得光子與環境纏結在一起，迅速導致去相干，而使波函數分支為二。若你是位在光子向左的這個分支上的分身，則會在手機上看到閃爍著「義式辣香腸」的訊號，而位在光子向右的分支上的那個分身，則會讀到「香腸」。如果這兩個分身都按著手機的建議下單，那麼將會有某個世界的你點了義式辣香腸披薩，而另外一個世界的另一個你則是點了香腸披薩。遺憾的是，這兩個你彼此完全無法溝通，也無法分享這兩種披薩的口味如何。

即使是身經百戰的量子物理學家，也不得不承認，這個想法「聽起來」很荒謬。但是，以我們目前所知的量子力學，它的確是最直接的解讀方法。

我們很自然會發出以下的問題：我們該怎麼辦？如果現實世

界和我們在日常生活中的經驗是如此地不同，這對我們的生活方式會有什麼影響嗎？

大體而言：沒有！對生活在某個分支上的個人而言，他的生活方式，與一個生活在充滿了量子隨機事件的單一世界中的人，二者並無差別。只不過，這裡有一些值得探索的議題。

▫ ▫ ▫

你當然可以請量子亂數產生器來解決你的選擇困難症，並由此確保另外一個最佳選擇會出現在某一個分支上。不過，讓我們假設我們選擇不這麼做。「現在的我們會分支成多個未來的我們」這件事，會對我們目前所做的選擇造成影響嗎？從教科書的觀點，當我們去觀測一個量子系統時，會出現哪一個結果是由機率決定；若是從多世界理論的觀點，則是所有的結果都會發生，但個別結果的權重則由波函數振幅的平方決定。所有這些額外世界的存在，是否會對我們應該如何行動造成影響，無論是在個人行為或是道德考量上？

不難想像會有這個影響的存在，不過，如果仔細思考的話，就會發現實際的影響會比你的猜想小得多。考慮臭名昭彰的「量子自殺」（quantum suicide）實驗，或是相關的「量子不滅」（quantum immortality）觀念。自從多世界理論問世開始，這個觀念就一直被討論到現在（據傳聞，艾弗雷特本人相信某個量子不滅的版本），不過，讓這個觀念出名的是物理學家泰格馬克（Max Tegmark）。

實驗設置如下：我們想像有一個致命的儀器，它會透過量子測量來啟動，譬如向宇宙分裂器這個 app 發出一個查詢。假設這個量子測量有 50% 的機率會扣下板機，讓一把近距離的槍把子彈射向我的頭部，另外有 50% 的機率則是什麼事都不會發生。根據多世界理論，波函數會分裂成兩個分支，其中某個分支會有一個活著的我，而另一個則是死掉的我。

基於這個思想實驗的目的，讓我們假設我們相信生命只是一個單純的物理現象，因此我們可以暫時不去考慮死後的生命等議題。從我的觀點，在扣下槍枝板機的那個分支裡的我，無法再擁有任何新的經驗，因為在那個世界裡，後續的我是死亡的。但是，在另外的那一個分支裡，後續的我則是毫髮無傷地繼續活著，因為那把槍並沒有開火。就某種角度來說，即使我一再地重複這個可怕的實驗程序，「我」還是會永遠地活著。有人可能會極端地爭辯說，我不應該反對實際進行這個實驗（請暫時先不考慮世人對我的感覺）：因為在槍枝朝著「我」開火的那個分支裡，我不會真的存在，而在槍枝沒有開火射擊的分支裡，我則是毫髮無傷。（泰格馬克最初提出的論點比較沒有這麼誇張，他只是寫下：在多次重複這個實驗之後，存活下來的人將會有比較好的理由來接受艾弗雷特的想法。）這個結論與傳統的隨機表述方式形成鮮明的對比：傳統上，只有一個世界存在，而我能夠存活下來的機會，將會愈來愈小。

我不建議你在家自行嘗試這樣的實驗。事實上，即使不去在乎那些被槍殺了的「分身」，這背後的邏輯還是站不住腳的。

考慮在傳統、古典的單一宇宙裡的生命，如果你認為自己是

活在這樣的一個宇宙裡，假設有人偷偷走到你的背後，然後朝你的頭部開一槍，讓你立刻死亡，你不會介意嗎？（再一次，讓我們暫且忽略其他人可能會覺得沮喪的機率。）大多數的人都不會希望發生這種事。但是依照剛剛的邏輯，你實在不需要「介意」——畢竟，一旦你死了，就不會有一個「你」去對剛剛發生的事覺得介意或沮喪了。

這個分析過程忽略了一個點，在我們還活著並有感覺的時候，對於未來的死亡事件，我們「現在」就會覺得沮喪，特別是這個未來就近在眼前時。這是一個非常讓人信服的觀點；我們如何看待目前的生命，很大一部分是取決於我們對於剩餘生命的預期。縮短預期的生命長度，是我們每個人都不會想要的，即使一旦死亡這件事發生了，我們的人並不會在場去擔心它。鑑於此，事實證明，量子自殺正如我們的直覺暗示的那樣令人沮喪和難以接受。無論是在波函數的哪一個分支上，我所有的分身都會渴望擁有一個快樂而長壽的人生，同樣的道理也適用於我認為我只是活在一個單一的世界裡。

這與我們先前在第七章討論的觀念相呼應：把不同分支上的個體都視為各自獨立不同的人，是一件重要的事，即使他們都是由過去的某個人分身而來。在多世界理論中，我們如何思考「我們的未來」和「我們的過去」，這二者之間有一個重要的不對稱關係，這個關係最終可歸因於我們早期宇宙的低熵條件。每一個個人在回溯過去的生命時，都會回到同一個人身上，但是若隨著時間向前推進，則會分支成許許多多的人。在未來，沒有任何一個你可以是「真正的你」，然而，同樣正確的是，也沒有人會

是由所有未來的個體（分身）組成。他們都是各自獨立的個體，就像雙胞胎雖然來自同一個受精卵，但是他們還是兩個不同的個人。

我們可能會去在乎那些生活在其他分支裡的分身，然而，把他們想成「我們」卻不是明智之舉。假設你正要去做一個垂直方向上的電子自旋實驗，而你也準備好已讓它處於上自旋和下自旋各半的疊加態。此時，剛好有一位慈善家走進你的實驗室，向你提議：如果你測得上自旋，他們將會給你 100 萬美元，但是如果你測出下自旋，你得付他們 1 美元。無論動機和目的為何，你都應該很明智地接受這個提議；這就像有人找你打賭，贏得 100 萬美元和輸掉 1 美元的機率各半，雖然你現在就知道，在未來，你的某一個分身一定會輸掉 1 美元。

現在，讓我們換個假設，你很快地完成了實驗準備工作，而且就在這位慈善家走進實驗室之前，你剛剛觀測到出現下自旋的電子。而這位慈善家是個善於逼迫別人接受提案交易的人，他解釋道：你在其他分支上的分身，剛剛收取了 100 萬美元，所以在這個分支上的你必須給他 1 美元。

相信你是絕對不會接受這個提議的（你也沒有理由要給出這一美元），即使在另一個分支的你很樂意地接受了這場賭局。你不是他們，他們也不是你的一部分。在分支之後，你們是兩個不同的人。你的經驗，或你得到的獎賞，不應該被認為需要與其他分支上的分身分享。不要參加量子俄羅斯輪盤的賭局，也不要受迫接受不平等的議價協定。

□ □ □

　　也許某個政策有益於你的福祉，但是對於「其他的你」又是如何呢？知道其他世界的存在，會如何影響我們的道德判斷或倫理行為呢？

　　思考道德問題的正確方式，本身就是一個具有爭議性的主題，即使是在單一世界版本的現實裡也一樣。不過，考慮道德理論的兩大主流還是蠻具教育意義的：道義論（deontology）和結果論（consequentialism）。道義論者認為道德行為只須遵守正確的規則即可；行為在本質上雖有對錯之分，但與它帶來的結果無關。不出所料，結果論者是另外一種觀點：我們的行為應當朝著讓結果產生最大效益的方向而努力。例如功利主義者認為應當極大化整體的福祉，就是典型的結果論。其他還有很多不同的意見，但是這些已經說明了基本特點。

　　道義論似乎不會受到可能有其他世界存在的影響。如果「行為在本質上有對錯之分，無論它們會導致什麼結果」就是這個理論的全部重點，多世界的存在造成的結果為何，根本就不重要。康德的絕對命令（categorical imperative）就是一個典型的道義論規則：「要只按照你同時認為也能成為普遍規律的準則去行動」（Act only according to that maxim whereby you can, at the same time, will that it should become a universal law）。在此，一個安全的作法是，我們似乎只要把「普遍規律」改成「適用於波函數所有分支的規律」，至於哪一種行動才符合資格的判斷方式，則不做任何更改。

　　結果論完全是另外一回事。假設你是一位務實呆板的功利主義者，認為有一個稱作「效益」（utility）的量，它代表有意識的生物感受到的幸福程度，而這個量可以加總起來，成為所有生物的總效益，如此一來，具有道德正確性的行動理由，就是能使總效益達到極大值。再進一步假設，在整個宇宙中，你據以判斷的總效益會是某個正數。（如果你沒有這麼做，而是偏好以某種方式來破壞這個宇宙的話，那麼這或許可以是一部關於超級惡霸的好電影，卻不會是好鄰居喜歡的故事。）

　　接下來，如果整個宇宙有一個正的效益，而我們的目標是要使這個效益達到極大值，那麼為整個宇宙創造一個新的副本，將是你可以採取的行動中，最具有道德勇氣的一個行為。那麼，正確的事就會變成，讓宇宙波函數分裂的次數愈頻繁愈好。我們可以想像去建造一個量子效益極大化裝置（quantum utility maximizing device, 縮寫為 QUMaD），例如一個可以讓電子在裡面不斷地反彈、來回運動的裝置，先是測量它在垂直方向的自旋，然後再測量它的水平自旋。只要測量一次，宇宙就一分為二，而讓所有宇宙的總效益加倍。因此，只要造一臺 QUMaD，打開開關，然後你就會成為世上有史以來道德最高尚的人。

　　然而，這整件事有點不太對頭。啟動 QUMaD，對於生活在這個宇宙或是其他宇宙中的人而言，完全不會有絲毫的影響。他們甚至不會知道有這樣一部機器存在。我們真的能確定，這件事在道德上，有任何值得讚揚的地方？

　　值得高興的是，有幾種方法可以解決這個難題。首先是否認這個假設：也許這種務實呆板的功利主義並不是最佳的道德理

論。人們發明一些在名義上可以增進宇宙效益的東西，是一個悠久而光榮的傳統，但卻絲毫不符合我們對道德的直覺。（美國哲學家諾齊克（Robert Nozick）虛構出一個「效益怪獸」（utility monster），這隻假想的怪獸善長於感受快樂，這使得我們所能做的最道德的事，就是盡可能地使這隻怪獸感到快樂，而不管其他人如何因此而遭受痛苦。）QUMaD 也是這種思維下的一個例子。因此，簡單地把效益加在不同的人身上，未必總能達到我們原先預想的結果。

但是，還有另外一個解答，就是我們可以基於多世界理論的哲學，表現得更直接一點。當我們在考慮玻恩定則的推導過程時，我們討論過在自定位不確定性的條件下，如何指派可信度的問題：你知道有一個宇宙波函數，但是你不知道自己位在哪一個分支上。答案是，你的可信度應該與一個權重成比例，這個權重等於該分支對應的波函數振幅的平方。我們該如何看待艾弗雷特圖像中的多個世界，「權重」是一個至關重要的觀點。它不只是會發生某件事的機率，能量守恆也只有在我們把每個分支上的能量與權重相關聯之後，才會有意義。

同理，我們也必須對效益做相同的事才行。如果我們當前的宇宙有一個總效益，之後，因為我們測量了自旋而使宇宙一分為二，分支之後的總效益，應該等於每個分支的權重乘以個別分支的效益，再加總起來。然後，由於這一類的自旋測量並不會影響到任何人的效益，因此，總效益並不會因我們的測量而產生變化。這也符合我們直覺上的預期。我們曾在第七章時討論過【原著筆誤為第六章】，我們也可以根據機率的決策理論而直接得出

結論。從這個角度來看，多世界理論不應該以任何明顯的方式，改變我們對道德行為的看法。

儘管如此，我們還是可以編造出一個系統，在這個系統中，多世界理論與崩陷理論之間的差別，就會引起道德相關的問題。假設有某個量子實驗將產生機率各半的結果 A 和結果 B，其中 A 是一個非常好的結果，而 B 只是普通好而已，而這些結果的效果，會以同樣的程度影響到全世界的每一個人。從單一世界的觀點，一位功利主義者（事實上，或任何一個普通人）都會很樂意地執行這個實驗，因為無論是得出非常好的結果 A，或是普通好的結果 B，都能提升整個世界的淨效益。然而，假設你的道德準則完全集中在平等：只要對每個人都是公平的，你對具體會發生的事情並不介意。從崩陷理論來看，你不知道會出現哪一個結果，但無論是哪個結果，公平性都得以維持，因此，執行這個實驗仍然是個好想法。但從多世界理論來看，某個分支上的人會經歷結果 A，而另一個分支的人則會經歷結果 B。即使這兩個分支之間無法溝通和互動，但這還是有可能會冒犯到你敏感的道德神經，因此你很有可能會反對進行這個實驗。就我個人而言，我認為生活在不同世界裡的人，他們之間的不平等，對我們來說，應該不那麼重要，但是邏輯上的可能是存在的。

撇開這種人為的虛構系統不談，多世界理論似乎與道德抉擇沒有太多牽連。想像透過分支而「創造」出一個全新的宇宙副本，這樣的畫面雖然很生動，但並不完全正確。比較好的方式是把分支視為「分割」，透過分支而把宇宙分割成幾乎完全相同的切片，每一個切片的權重都比原來的小。如果我們仔細觀察這幅圖像，

我們就會得出結論：我們未來的生活，與生活在一個遵循玻恩法則的單一隨機宇宙，二者是完全相同的。儘管多世界理論看起來有悖常理，但歸根結底，它並沒有真正改變我們的生活方式。

□　□　□

截至目前為止，我們都把波函數分支視為是發生在我們身外的某種東西，所以，我們只需要跟著它走就可以了。但這真是一個合適的觀點嗎？值得我們思考一下。每當我做一個決定之後，是否就有不同的世界因為我所做的選擇而被創造出來？我所做的一系列選擇，是否都有一個相對應的現實世界存在？我生命中的所有可能，能否藉由這許多個宇宙而獲得實現嗎？

「做決定」這個觀念並不是一個會被鑴刻在物理基本定律上的字眼。它只是我們在人的尺度下，描述現象時出現的一個方便有用的、近似的觀念而已。你我口中說的「做決定」，其實是發生在我們大腦中的一組神經化學反應。談論關於「做決定」的種種，完全任何沒有問題，不過別忘了，它並不是某種超乎普通物質的東西，所以也是必須遵守物理定律的。

現在的問題是，當你在做一個決定時，發生在你腦海中的物理過程，是否會「引起」宇宙的波函數發生分支，而且在每個分支裡都有各自不同的決定？如果我正在玩撲克牌，因為吹牛的時機沒有掌握好而輸掉所有的籌碼，我能否自我安慰說，我在另一個分支裡以比較保守的方式在玩牌？

不行，你無法以做決定的方式引起波函數分支。主要的理由

是，當我們說「某樣東西『引起』某個事件」，這是什麼意思（或說，應該是什麼意思）？分支是微觀過程放大到巨觀尺度的結果：處於量子疊加態下的一個系統，與一個更大的系統產生纏結，然後這個較大的系統再與環境纏結在一起，導致去相干。而在另一方面，做出一個決定只是一個單純的巨觀現象。在你腦海中的個別電子和原子並沒有做出任何的決定，它們只是遵循物理定律在運作而已。

決定和選擇，以及它們所帶來的結果，是我們在討論巨觀的、人類尺度的問題時一些有用的觀念而已。認為決定是真實的存在，而且具有相當的影響力，是完全沒有問題的，只不過我們需要把這一類的談話限制在它適用的範圍內。換句話說，我們可以選擇把一個人當成一組遵守薛丁格方程式的粒子，或是把這組粒子當成一個具有決斷能力的主體，它會做出能影響這個世界的決定。然而，我們不可以同時使用這兩種說法。你所做的決定並不會引起波函數發生分支，因為「波函數分支」是基礎物理那個層級裡的觀念，而「你的決定」則是在巨觀世界裡，人們日常生活中的一個觀念。

因此，若要說你的決定會引起分支，那是完全沒有道理的。話雖如此，我們還是可以討論一下，是否真的有另外的分支存在，而那是你做了別的選擇的地方？事實上，還真的有這個可能，不過，就因果關係而言，正確的說法是「有某個微觀過程發生，引起分支，而位在不同分支上的你，做了不同的決定」，而不是「你做了一個決定，它導致宇宙的波函數發生分支」。然而，在大多數情況下，當你真的做出某個決定（即使在當時看來是千

鈞一髮的瞬間），幾乎所有的權重都將會集中在某個單一的分支上，而不會均勻地分散給很多其他的分支。

我們大腦裡的神經元，是由中央主體以及一些附屬肢體所組成的細胞。這些附屬肢體大多數是樹突，負責接收附近神經元傳來的訊號，但其中有一個較長的纖維，稱為軸突，則負責向外發送訊號。帶電的分子（離子）在神經元中累積，直到可以觸發電化學脈衝為止，然後這個訊號沿著軸突傳遞，經過突觸，抵達其他神經元的樹突。結合許多這一類的事件之後，我們就產生了一個所謂的「想法」。（我們在這裡大幅簡化了許多複雜的作用，希望神經科學家可以原諒我。）

在大多數的情況下，這些過程都可以被認為是完全古典的行為，或至少是決定論的。就某種程度而言，量子力學在每一個化學反應中，都扮演了重要角色，因為量子力學制定了規則，告訴電子該如何由某個原子跳到另一個原子，或是兩個原子之間該如何形成鍵結而結合起來。但是，當你把數量夠多的原子聚在一起之後，它們整體的行為就完全與量子力學的觀念（例如纏結或玻恩定則）無關，否則，在你開始學習高中化學之前，必須先學習薛丁格方程式，而且還得先為測量問題傷透腦筋才行。

因此，最佳的做法是把「決定」視為一個古典事件，而非量子事件。就個人而言，在你還覺得猶豫不決，不知該做怎樣的決定時，結果可能已經在你的大腦中編碼完成了。當然，我們還不能完全確定這個說法的真實程度，因為關於思考，我們還有很多未知的物理過程。有可能，由於參與神經化學反應的原子之間有某種程度的纏結，使得某些重要的化學反應速率受到些微的影

響。如果此事為真，那麼從某種意義上說，你的大腦就是一臺量子電腦，儘管它只是一部功能有限的電腦。

與此同時，誠實的艾弗雷特人都會承認，有一些量子系統的波函數分支，會發生一些不太可能的事情。就像愛麗絲在第八章裡所說的，在某一些分支裡，當我撞到牆壁時，會發生穿隧效應，而讓我直接穿牆而過，而不是被彈回來。同樣地，即使對我的大腦而言，這個古典近似意味著，我原本將在牌桌上賭下全部的籌碼，但是，由於某一束神經元中有一個很小的振幅，對應著某件不太可能發生的事，使得我在最後的關頭決定棄牌。然而，我的決定並沒有引起分支，而是我對這個分支的詮釋導致了我的決定。

關於大腦裡所發生的化學反應，我們最直接的理解是，大部分的思維都與波函數的纏結和分支無關。我們不應該去想像，在你做了一個困難的決定之後，就能把宇宙分裂成多個副本，每個副本都有你的分身，而且各自做了不同的選擇。當然，除非你不想為你的選擇負責，而把它交給一個量子亂數產生器。

□　□　□

同樣地，量子力學也與「自由意志」的問題無關。我們很自然地認為它們之間會有某種關係，因為自由意志常常會被拿來與決定論做比較；決定論認為未來完全會由宇宙目前的狀態所決定。畢竟，如果未來都已經決定好了，又會有什麼空間留給我做選擇呢？從教科書所呈現出來的量子力學，測量的結果是完全隨

機出現的，因此，物理學不是決定論的。也許，這為自由意志開了一個小門縫，在它被古典力學的牛頓大機械宇宙觀禁止了許多年之後，讓它有機會可以溜進來？

這個想法真是一個很大的錯誤，而且我們不知道它是從何而來的。首先，區分「自由意志」和「決定論」本身就不是一個正確的做法。與決定論相反的是「非決定論」，而與自由意志相反的則是「沒有自由意志」。決定論的定義很直接：只要完全知道系統目前的狀態，物理定律就能精確地決定出它後來的狀態。自由意志比較難對付一點。我們通常會聽到自由意志的定義類似於「做出其他選擇的能力」。這個意思是，我們拿過去真實發生過的某件事（在過去的某個狀況中，我們做出決定，並依此而行動）與一個不同的假設情境（假設時光可以倒流，讓我們回到過去的那個狀況，然後我們自問，我們是否「能有」不同的選擇）。當我們在玩這個遊戲的時候，關鍵是要能明確而具體地確定，真實和假設的這兩個情況是完全相同的。是否每一件事，包括最小的微觀細節都是完全相同的？或者，我們只是以為可見的巨觀資訊是相同的，而允許看不見的微觀細節有些許的出入？

讓我們很嚴格地來看待這個問題，在比較已經發生過的事件和假想的情況時，讓整個宇宙重新回到與先前完全相同的條件，而且是精確到每一個基本粒子的狀態。在古典的決定論宇宙中，出現的結果會完全相同，所以，完全不會給你「做另一種決定」的可能性。相較之下，根據標準版本的量子力學，會有一個隨機性的元素存在，所以我們無法根據一個完全相同的初始條件，就預期未來會出現一個完全相同的結果。

　　然而，這與我們通常所說的自由意志並沒有任何關係。出現一個不同的結果，並不意味著我們就擁有某種個人的、超物理意志的影響力，可以凌駕於自然定律之上。這只意味著，出現的是某個不可預期的量子亂數而已。對傳統「強版」的自由意志而言，重點不在於我們是否會受制於自然定律，而在於我們是否會受制於一些不近人情的法律或約束。在觀念上，我們無法預測未來的某件事，不同於我們是否可以自由隨意的去實現這件事。即使在標準量子力學裡，人類還是由遵守物理定律的粒子和場所集合而成。

　　就此而言，量子力學未必是非決定論的。多世界理論是一個反例。你的演化，完全是決定論的，從現在一個單一的人，變成未來的許多個人。在整個過程中，完全沒有任何可以做選擇的餘地。

　　在另一方面，我們也可以思考一下「弱版」的自由意志，亦即，我們只參考與這個世界相關並可以取得的巨觀知識，而不是去執行以微觀完美知識為基礎的思想實驗。在這個情況下，不可預測性會以一個不同的形式出現。假設有一個人，而且我們（或他們，或任何人）知道他當前的精神狀態，然而，以我們對他所知的這個精神狀態而言，在他的身體與大腦裡的原子和分子，通常可以有很多種不同的排列方式與之相匹配。其中也許會有某些排列方式，可以引起差異夠大的神經傳導過程，使得他最終的行為變得很不一樣；如果這些排列方式都是真實的。在這個情形下，想要描述人類（或是其他有意識的主體）在現實世界中的行為方式，實際可行的最佳做法，就是歸因於決斷力或意志力──使他

們具有做出其他選擇的能力。

　　認為人們具有意志力，正是我們每個人在生活中談論自己或他人時，實際上在做的事情。就實際的目的而言，能否從目前已知的完美知識準確地預測出未來，其實並不重要，因為我們並不擁有這樣的知識，未來也永遠都不可能會有。這讓哲學家提出相容論（compatibilism）；最早可以回溯到 16、17 世紀的英國哲學家霍布斯（Thomas Hobbes）。相容論認為深層的決定論定律和人類可以做選擇的現實，二者是可以並存的。大多數當代的哲學家都屬於自由意志的相容論者（當然，這並不表示這個看法就是對的）。自由意志是真實的，就像桌子和溫度一樣，也和波函數的分支一樣。

　　就量子力學而言，無論你是自由意志的相容論者或不相容論者都不重要。不管是哪一種情況，量子的不確定性都不應該去影響你的立場；因為，你雖然無法預測量子測量的結果，但是這個結果還是會遵循物理定律而產生，而不是根據任何個人所做的選擇。這個世界不是因為我們的行動而創造出來的，反之，我們的行動是這個世界的一部分。

□　□　□

　　在談論多世界理論的人性面，如果沒有直接面對意識這個問題，那麼就是我的失職了。長期以來，人們一直宣稱若想了解量子力學，人類的意識是必需的，或者說，如果想了解意識，量子力學是必需的。這個想法在很大的程度上可歸因於一個印象：量

子力學是神祕的，而且意識也是神祕的，因此它們之間或許有某種關聯。

從某個程度來看，這個想法不算是錯誤的。也許量子力學真的和意識有某種關聯，這是一個我們樂意去考慮的假設。然而，根據我們目前已知的種種，並沒有很好的證據顯示這份關聯的存在。

讓我們來檢查一下，量子力學是否能幫助我們了解意識？可以想像——雖然還很不確定——正在你大腦裡進行的許多神經傳導過程，在速率會取決於某種有趣的量子纏結，所以我們不能單單藉由古典的思維來理解它。然而，傳統上，在我們思考意識的時候，並不是直接以神經傳導的速率來解釋。哲學家把意識分成難、易兩類問題。意識的「容易問題」是要弄清楚我們如何感知事物、對事物做出反應，以及如何思考事情；意識的「困難問題」則是關於我們對世界的主觀感受、第一人稱的經驗，以及成為自己是什麼樣的感受（而不是成為另一個人）。

量子力學似乎與這個「困難問題」沒有什麼關係。有一些嘗試，例如彭若斯和麻醉學家哈默洛夫（Stuart Hameroff）共同提出了一個理論，以大腦微管的波函數發生的客觀崩陷，來解釋為何我們會感受到意識。不過，這個提案尚未在神經科學社群裡獲得多數的支持。更重要的是，我們不清楚為什麼它對意識而言是重要的。設想在大腦的微管或某個完全不同部位上，發生了某個細微的量子過程，可能會影響神經元發送訊號的速率，是絕對沒有問題的。不過，這個理論對於建立起「神經元發送的訊號」和「我們主觀的自覺經驗」之間的連結，卻是完全沒有任何助益的。

許多科學家和哲學家（包括我個人在內）都一致認為，在它們之間建立連結，具有很高的可行性。但是，若只考慮這個神經元或某個神經化學過程的微小速率變化，似乎還不足以說明整個意識運作的過程。（而且，如果它可以的話，就能把這個效應重複應用到非人類的電腦上。）

對於意識的困難問題，艾弗雷特量子力學和其他抱持「整個世界都是物理物質」的觀點一樣，都沒有明確的說法。按照這種唯物的觀點，和意識的相關事實包括：

1. 意識源於大腦。
2. 大腦是一個相干的（coherent）物理系統。

如此而已。（「相干」在此的意思是「由相互交互作用的各個部分所組成」，換句話說，分別位於兩個不同的波函數分支上，兩個彼此沒有交互作用的神經元集合，算是兩個不同的大腦。）你可以把「大腦」延伸成「神經系統」，如果你喜歡的話，甚至可以把它當成「生物」來看待。重點是，我們並沒有為了要討論多世界理論，而針對意識或個人身份去做額外的假設；多世界理論是一個典型的機械論，沒有為觀察者或經驗提供特別的位置。具有意識的觀察者會隨著波函數一起分支出去，當然，石頭、河流和天上的雲朵，也都是如此。對於意識的理解，無論是從多世界理論來看，或是根本不用量子力學，二者的挑戰都是一樣困難，不多也不少。

許多與意識相關的重要層面，科學家迄今都還不甚了解。這

也正是我們所預期的情況；一般而言，人類的心靈是極其複雜的現象，其中又以意識為最。我們不該因為尚不完全理解意識，就誘使自己去提出全新的基礎物理定律，來讓我們解套。相較於大腦的功能，以及它和心靈之間的關係，物理定律更易於理解，而且對於物理定律的理解，也已經通過實驗得到了很好的驗證。或許，在未來，我們會為了可以成功解釋意識，而不得不考慮去修改物理定律，但這應該是最後的手段。

□　□　□

我們可以倒過來思考這個問題：如果量子力學無助於對意識的解釋，那麼，有沒有可能，意識在解釋量子力學上扮演了重要的角色？

很多事都是可能的。但不只如此。鑒於測量行為在標準量子力學裡的重要性，它很自然會讓我們懷疑，在意識心靈和量子系統之間，是否存在什麼特殊的交互作用？物理物體是否具有的某種意識感知，可以引發波函數的崩陷？

根據教科書的觀點，當波函數被測量時，它們會崩陷，然而「測量」究竟是由什麼所組成，卻只是個模糊的說法。哥本哈根學派假設，在量子和古典領域之間有一條界線，而且認為測量是古典觀察者和量子系統之間的一個交互作用。至於我們該在哪裡畫下這一條線，則是難以下筆。例如，假設我們拿蓋格計數器來觀察一個輻射源，我們很自然會把這個計數器視為古典世界的一部分。然而，我們未必需要如此；即使是哥本哈根學派，我們

也能夠去想像，這個蓋格計數器本身就是一個遵循薛丁格方程式
的量子系統。只不過，一旦有人類去感知這個測量結果時，（按
哥本哈根學派的思考方式）波函數絕對必須發生崩陷，因為，沒
有任何人曾經報告說，他們曾處於不同測量結果的疊加態中。因
此，我們最後一個可能可以畫下界限的地方，就是在「可以作證
自己是否處於疊加狀態的觀察者」和「其他一切」之間。因為，
知道自己不是處於疊加態之中的感知能力，是我們的意識的一部
分，所以，如果我們去詢問崩陷是否真的是由意識所引起，這也
是一個正常的問題。

這個問題早在 1939 年時，就由倫敦（Fritz London）與鮑
爾（Edmond Bauer）提出來過，後來更獲得維格納（Eugene
Wigner）的青睞；維格納因他在對稱性上的貢獻獲頒諾貝爾獎。
用維格納的話說：

　　量子力學的主旨是希望提供存在於意識後續印
象之間（也稱作「統覺」（apperception））的機率
連結，以及甚至是在劃分觀察者（意識受到影響的
人）和被觀察的物理對象之間那條分界線上的機率
連結；這條分界線在某個程度上可以移動，但卻不
能消除。現在就認定目前的量子力學哲學將發展成
未來物理理論的永久特徵，可能還為時過早；但值
得注意的是，無論我們未來會發展出怎樣的概念，
針對外部世界所做的研究都會得出這樣的結論，即：

意識的內容就是終極現實。[32]

　　關於意識在量子力學中所扮演的角色，雖然維格納本人後來改變了他的看法，但是其他人卻接過了這把火炬。通常，在物理學的研討會中，你不會聽到對於此類觀點的讚許，但是那裡一直有一群科學家仍持續認真地對待這件事。

　　如果意識在量子測量的過程中真的扮演了某種角色，這到底意味著什麼？最直接的想法是提出意識的二元理論，亦即「心」和「物」是兩個截然不同，卻有著相互作用的類別。一般的想法是，我們的身體是由粒子所組成，它們是遵循著薛丁格方程式的波函數，然而，意識則是位於一個獨立的非物質心靈裡，在感知時，它的影響會導致波函數發生崩陷。心物二元論從笛卡兒的全盛時期之後，其受歡迎的程度就開始逐漸衰減。基本的難題在於「相互作用問題」：心和物二者之間如何相互作用？以目前的情境而言，一個不占有空間和時間的非物質心靈，如何引起波函數的崩陷？

　　此外，有另一種想法，看起來比較沒那麼笨重，而更具戲劇性。它就是哲學意味濃厚的唯心論（idealism）。它不是「追求遠大理想」的意思，而是指現實或真實的本質在於心靈，而非物質。唯心論是對比於物理主義（physicalism）或唯物論（materialism）的看法，後二者認為現實基本上是由物質的東西所組成，而心靈和意識則是基由這些物質所產生的一種集體現象。如果物理主義聲稱存在的只有這個物理世界，而二元論聲稱存在的有物理和心靈這兩個領域，那麼唯心論所聲稱的是只有心

靈領域存在。（從邏輯來看只剩下物質和心靈都不存在，但這種可能性不太站得住腳。）

從唯心論來說，心靈位居首位，而我們所認為的「物質」則只是我們對這個世界的想法的一種反射。在某些版本的故事裡，現實是源自於所有個人心靈的集體效果，而在其他版本中，有一個獨一而二的「天意」（"the mental"）對於個別心靈以及由這些心靈所帶來的現實，有著深刻的影響。一些歷史上偉大的哲學思想家，包括許多來自不同東方傳統的哲學家，也包括康德等西方人，都屬於某種形式的唯心主義。

不難看出量子力學和唯心論似乎很契合。唯心論說心靈是現實的最終基礎，而量子力學（在其教科書的表述中）說位置和動量等屬性在被觀察到之前是不存在的，應該是指被某個有心靈的人觀察到的。

各種各樣的唯心論都受到這樣一個事實的挑戰：暫且不論具有爭議性的量子測量，在沒有任何意識心靈特殊幫助的情況下，現實世界似乎也是順利地運行著。我們的心靈（頭腦）通過觀察和實驗的過程來發現世界中的各項事物，而關於這個世界的方方面面，透過不同的心靈所發現的結果，最終總是彼此完全一致。對於宇宙最初幾分鐘的歷史，我們已經取得了相當詳細和成功的描述，而那時候並沒有任何已知的心靈存在可以去思考它。與此同時，在理解大腦如何運作方面，所取得的進展越來越能夠識別出特定的思維過程，以及其與某些大腦組成物質的生化反應之間的關聯。如果不是因為量子力學和測量問題，我們所有的現實經驗都會認同把物質放在首位，而心靈是從中湧現的「唯物」觀

點，而不是另一個反方向的智慧。

那麼，量子測量過程的怪異性是否足夠棘手，讓我們應該拋棄物理主義，轉而支持一種以心靈為現實的主要基礎的唯心論哲學？量子力學是否必然意味著心靈的中心性？

不！在解決量子測量問題上，我們**不需要**為意識去調用任何特殊的角色。我們已經看到了幾個反例。多世界就是一個明顯的例子，它使用去相干和分支這兩個純機械性的過程，來解釋明顯的波函數崩陷現象。我們可以去思考意識是否會以某種方式參與測量過程的可能性，但同樣肯定的是，以我們目前所知道的東西來看，我們不需要去把意識強加進來。當然，在我們試圖把量子形式主義映射到我們所看到的世界時，我們會經常談論到與意識相關的經驗，但前提是只有在我們試圖解釋的事物是這些意識的經驗本身時。否則，心靈完全與量子測量無關。

這些都是困難的、微妙的問題，而且這裡也不是對唯心論和物理主義之間的爭論進行完全公正和全面裁決的地方。唯心論不是容易被反駁的東西；如果有人確信它是正確的，就很難指出任何明顯而能改變他們的想法（或心靈）的事情。然而，他們所不能做的是聲稱量子力學迫使我們接受唯心論這樣的立場。我們擁有非常直接和令人信服的世界模型，其中的現實是獨立於我們而存在的；沒有必要認為我們需要通過觀察或思考而讓現實存在。

第三部

SPACE TIME

時空

11

Why is There Space?
為什麼有空間？

Emergence and Locality
湧現與局域性

好了，我們終於準備好可以去思考現實世界了。

稍等一下，我聽到你在想什麼。我以為我們已經在討論現實世界了。量子力學所描述的難道不是現實世界嗎？

嗯，當然。但是量子力學也可以描述我們這個現實世界以外的許多個世界。就某個特定物理系統的模型而言，量子力學本身不是一個單一的理論，而是一個理論架構（framework），就和古典力學一樣，我們可以在這個理論架構下探討很多不同的物

理系統。譬如說,我們可以談論一個單一粒子的,或是電磁場的、一組自旋的,甚或是整個宇宙的量子理論都可以。現在是時候,讓我們來聚焦看看,我們這個現實世界的量子理論可能會是什麼模樣。

從 20 世紀初開始,好幾個世代的物理學家都為了同一個目標而努力不懈:希望能為我們的這個現實世界,找到一個正確的量子理論。無論從什麼樣的標準來衡量,他們都取得了非凡的成就。其中一個重要的洞見是,認為構建大自然的基石並不是粒子,而是瀰漫在空間中的「場」,以及由此而誕生的**量子場論**(quantum field theory)。

回到 19 世紀初,物理學家似乎找到了一種不錯的世界觀,其中,粒子和場是兩個重要的角色:物質是由粒子所構成,而它們之間的相互作用力則由場來描述。如今我們有了更好的理解,即使是我們所熟悉而且喜愛的粒子,實際上是(瀰漫在我們周圍的)場的某種振動模式。我們從物理實驗中所看到的粒子般的運動軌跡,只是反映出一個事實:眼見未必為真。雖然在某些適當的條件下,我們的確會看到粒子,但是,從我們目前最好的理論來看,場才是更基本的東西。

重力是物理學中,一個還不太能與量子場論典範愉快融合的部分。你可能常聽到「我們沒有重力的量子理論」,事實上,這樣的說法有點過於強烈。我們已經有一個非常好的古典重力理論:愛因斯坦的廣義相對論,它對時空曲率做了很好的描述。廣義相對論本身是一個場論,它描述了一個瀰漫在空間中的場:重力場。此外,我們也已經相當了解,如何把一個古典場論量子化

的方法，以及把這個把古典場論變成量子場論的過程。把這些步驟，運用到基礎物理學中所有已知的場，所得出的結果稱為**核心理論**（Core Theory）。實際上，核心理論不僅描述了粒子物理，也描述了重力場，特別是在重力場強度不是太大的情況下。以描述我們日常生活中的現象而言，甚至在比桌椅、變形蟲和貓咪、行星和恆星還要更多一點的層面上，核心理論都綽綽有餘。

核心理論的問題是，它無法涵蓋一些日常生活以外的情形，其中包括重力場很大的情況，例如黑洞和大霹靂等。換句話說，我們已經有一個量子重力理論，但它只適用於重力場相對微弱的地點，例如在描述蘋果為何會從樹上掉落，或是月球是如何繞著地球公轉等問題上，它完全沒有任何問題。然而，這個理論是有局限的；一旦重力變得很大，或是我們所希望涵蓋的計算範圍變得太大時，目前的這個理論就會失效。以我們目前所知道的，這個情形只有發生在重力身上而已。對於其他所有的粒子和作用力，量子場論似乎都能勝任地處理所有我們能設想得到的情況。

廣義相對論在量子化過程中所遭遇的困難，與其他場論的情形相同，而有幾個策略是我們可以嘗試的。首先就是更用功、更努力去思考，如此或許能找到一個可以直接把廣義相對論量子化的好方法，但其中所涉及的新技術，則是我們在處理其他場論問題時所不需要的。另一個策略是認為，廣義相對論並不是一個適合量子化的理論，也許我們應該從別的古典場論開始著手，例如弦論，也許在把弦論量子化之後，可以得出包含重力在內的其他所有東西。物理學家已經就這兩個策略嘗試了數十年，雖取得了部分進展，但還是有很多待解的謎題。

　　在此，我們將考慮另一個不同的策略：直接從一開始就面對現實的量子本質。每一位物理學家都了解，這個世界基本上是量子的。然而，當我們實際在做研究的時候，往往無法擺脫經驗與直覺的影響，也就是那些來自古典理論的訓練：有粒子存在、有場存在，它們會做一些事來讓我們觀察。即使當我們已經很明確地進入到量子力學的範疇裡，物理學家一般還是會從古典理論開始，然後去把它量子化。然而，大自然的做法並不是這樣，大自然從一開始就是量子的；誠如艾弗雷特所堅持的，古典物理是特殊條件下的一個有用的近似理論。

　　經過前幾章的辛勤工作，現在終於到了可以獲得回報的時刻。就拋開所有的古典束縛而言，多世界理論非常適合這項任務：因為它從一開始就是量子的，而且可以決定我們周遭所見的古典世界，包括重力在內的所有事物，最終是如何從宇宙的波函數湧現出來。

　　多世界理論之外的其他選項，通常需要添加額外的變數（例如玻姆力學）或波函數如何自發崩陷的規則（例如 GRW 理論）。這些額外的東西，通常是基於我們對該理論的古典極限經驗所推導出來的，然而，正是這些經驗讓我們無法成功地理解量子重力。相反地，多世界理論並不需要依賴任何額外的結構或條件。歸根結底，它並不是關於某種特定「東西」的理論，而只是隨著薛丁格方程式演化的量子態而已。在一般的情況下，它創造出一些額外的工作，因為我們必須去解釋，為何我們所看到的是一個由粒子和場所構成的世界。然而，在目前這個量子重力的特殊情境下，這反倒是一個優點，因為我們本來就必須去做這些事。如

果你在建構重力的量子理論時，感覺不知可以從哪一個古典理論開始的話，那麼有著「量子優先」（quantum-first）觀點的多世界理論，可能就是一個正確的選擇。

□ □ □

在深入討論量子重力之前，我們需要先做一點準備工作。廣義相對論是一個時空的動力學理論，所以，在本章，我們首先要思考「空間」這個觀念為何會如此重要的原因。這個問題的答案主要與局域性（locality）的觀念有關——物體只會與在它附近空間的其他物體產生互動。在下一章，我們將會看到，在空間中傳播的量子場如何體現這個局域原理，以及它所教給我們與真空本質相關的內容。再下一章，我們將探究如何從量子波函數中把空間抽取出來。然後，到了最後一章，我們將會看到，當重力增大之後，我們必須捨棄以局域性為中心的想法。量子重力的神祕特性，似乎與局域性這個觀念的優缺點息息相關。

「局域性」這個觀念值得注意一下，因為它具有兩個有點不同的含意，我們可以稱之為測量局域性（measurement locality）和動態局域性（dynamical locality）。EPR 思想實驗所展現的是，在量子測量中的某個非局域事件。當愛麗絲測量她手邊的電子自旋之後，在遠處鮑勃的自旋實驗結果立刻就受到了影響，即使鮑勃本人還不知道此事。貝爾定理意味著，只要理論表明測量會出現確定的結果——基本上，除了多世界理論之外——所有其他研究量子力學的方法，都會視非局域性為這個測量結果的特徵。就

這個意義而言，多世界理論是否為非局域的，取決於我們如何定義波函數的分支；我們被允許可以做出局域或非局域的選擇，亦即分支只發生在我們附近，或是立刻就布滿整個空間。

另一方面，在沒有實驗測量或分支發生的情況下，動態局域性與波函數的平滑演化有關。在這個情況下，物理學家預期每一件事都是局域的：當某個地點有擾動發生時，只會立刻影響到鄰近周遭的事物。這一類的局域性受限於狹義相對論的規則，亦即沒有任何東西可以快過光速。而且，當我們要探討空間的本質，以及空間的湧現等問題時，我們所需要關心的就是這個動態局域性。

記住這一點，然後讓我們捲起衣袖，開始來探討，我們所觀察到的現實——亦即我們所居住的世界，看似是由許多存在於空間中的物體所集合而成，除了偶而出現的量子躍遷之外，這些物體的行為大多以近似古典力學所描述的方式在進行著——這個結構是如何從量子波函數湧現出來的？雖然艾弗雷特量子力學標榜著，要敘述一個關於多個世界的故事，然而，這個理論的假設（波函數、平滑演化）卻完全沒有提到「世界」這個字眼。這些世界從何而來？為何這些世界看起來又會與古典相近似？

在去相干的討論中，我們曾指出，一旦某個量子系統與周圍較大的環境纏結之後，你可以把它想像為分裂成多個獨立的副本，因為無論在個別的副本上發生了什麼，它們都無法再去干涉在其他副本上所發生的事。然而，如果我們要很精確的話，這個現象是在告訴我們，我們**被允許**把這些去相干的波函數當成是在描述各自不同的世界——而不是我們**應該要**這麼想，更不是我們

需要這麼想。我們可以做得更好嗎？

事實是，沒有任何東西強迫我們必須把波函數描述成多個世界，即使在去相干發生之後亦是如此。我們可以單純地把波函數視為一個整體來討論。把它分裂成多個世界，只是一個很有幫助的做法而已。

多世界理論以單一的數學物件來描述整個宇宙：波函數。我們可以有很多不同的方式來**談論波函數**。對於世上正在發生的事，這些不同的談論方式，可以帶給我們一些物理上的洞見。例如，在某些情形，我們可以從位置的觀點來談論波函數，而另外的情形，則是以從動量的觀點來談論較有用。同樣地，把去相干之後的波函數視為描述了一組各自獨立的世界，也常常是個有用的談論方式；這也是個合理的方式，因為在某個分支上發生的事情，完全與其他分支所發生的事情無關。然而，語言最終只是方便我們而已，而不是理論本身所堅持的東西。從根本上來說，這個理論所在乎的是一個整體的波函數。

打個比方，想想目前在你的四周，房間裡的所有東西。這一瞬間，讓我們以古典近似的方式來描述它們，你可以列下房間裡每一個原子的位置與動量。然而，這會是一個瘋狂的舉動。你可能沒有管道可以獲得全部的這些資訊；即使你擁有這些資訊，你也無法去使用它們；或者是你跟本就不需要這樣的資訊。相反地，你可以把周圍的東西一塊一塊地換成一些有用的觀念，例如椅子、桌子、檯燈、地板等等。相較於列出每個原子的狀態，這是一個更簡潔的描述方式，而且仍然能幫助我們掌握很多正在發生的事情。

　　同樣地，根據特徵而以多個世界的方式來區分量子態並不是必須的，但它非常有助於我們去處理一個極端複雜的情況。 如同愛麗絲在第八章中所堅持的：這些多出來的世界並不是基本的。更準確地說，它們是**湧現的**（emergent）。

　　「湧現」在這裡的意思，並不是指一個隨著時間的推移而展開的事件，例如像小鳥從蛋裡孵出來那樣。它指的是一種描述世界的方式，雖然不是完整詳盡，但是可把現實劃分為幾個易於管理的區塊。在物理的基本定律中，完全不會有房間和樓層這一類的概念——它們是湧現的概念。雖然我們不可能掌握身旁每一個原子與分子的狀態，房間與樓層仍是很有效的描述事情的方式。湧現與基本是兩個相對的概念：當我們說某個東西是湧現的，意思是說，它是對現實的近似描述中的部分內容，它在某種程度上（通常是巨觀的）是有效的，相對而言，「基本」的事物則指的是在微觀下，一個精確描述的部分內容。

　　在拉普拉斯惡魔的思想實驗中，我們假想有一個大智慧，它知道所有的物理定律，也知道世界的準確狀態，同時還具有無限的計算能力。對這隻惡魔而言，每一件事，無論是過去、現在或未來，通通都是完全已知的。然而，我們沒有人是拉普拉斯惡魔。實際上，關於這個世界的狀態，我們最多只能擁有部分知識，而且我們的計算能力也是有限的。當我們望著一杯咖啡的時候，沒有人是看到咖啡杯中的每一個原子；我們所看見的只是這個杯子和杯中液體的一些粗略的巨觀性質而已。然而，我們只需要這些資訊，就可以對這杯咖啡做一些有用的討論，還可以預測它在不同情況下的一些行為。一杯咖啡是一個湧現的現象。

　　在艾弗雷特量子力學裡的「世界」也是相同的東西。對拉普拉斯惡魔的量子版本來說，它完全擁有宇宙量子態的所有知識，所以在描述由多個世界組成的集合時，根本不需要採取把波函數分裂成多個分支的做法。然而，這卻是一個非常方便、有用的做法，而且我們被允許去利用這個方便的做法，因為在不同的世界之間，彼此完全不會有任何的互動。

　　但這不是意味著，那些世界不是「真實」的。基本和湧現是一個區別，真實和非真實則是另外一個完全不同的區別。椅子、桌子和咖啡無疑都是真實的，因為它們描述了宇宙中一些真實的模式，這些模式透過可以反映出深層現實的方式來組織這個世界。艾弗雷特的世界也是如此。為方便起見，我們選擇使用它們來分割波函數，但是，我們不會隨機地進行分割。分割波函數的方法有正確的也有與錯誤的，正確的分割方法可以讓我們擁有獨立的世界，而且該世界會以大致遵守古典物理定律的方式來運行。哪一種才是正確的分割方法，最終的判準法則是自然界的基本規律，而不是人類的奇思妙想。

□　□　□

　　湧現不是物理系統的一般特徵。當有某個描述系統的特殊方式，它所涉及的資訊遠少於對該系統的完整描述時，就會有湧現發生，然而這仍然為我們提供一個有用的方法來處理正在發生的事情。我們之所以用我們的方式來分割現實，也就是使用桌椅和波函數分支等湧現的觀念來描述現實的原因。

　　考慮一個繞著太陽公轉的行星。以地球為例，它大約含有 1050 個粒子。如果要完全準確地描述地球的狀態，即使是在古典物理的級別，也需要列出每一個粒子的位置與動量，而這已經遠遠超出我們所能想像的超級計算能力了。所幸，如果我們所關注的，只是地球的公轉軌道，那麼大部分的這些資訊都是不需要的。想反地，我們可以透過理想化的方式，把地球想像成一個單一的質點，全部質量都集中在質心位置上，並具有相同的總動量。我們只需要這個理想化質點的位置與動量，這麼微小的資訊量（共六個數字，位置與動量各三個，相較於描述個別粒子的位置與動量共需 6×10^{50} 個數字），就可以計算出地球的公轉軌跡。這就是湧現：一種使用比詳盡描述要少得多的資訊，就能捕獲系統重要特徵的方法。*

　　我們通常會以使用上的「方便性」來討論湧現的描述，但不要因此而誤以為，它們是以人類為中心而存在的事物。即使沒有人類在談論桌子、椅子和行星，它們仍然是存在著的。「方便」是指能標示出客觀物理特性的簡寫：系統存在一個精確的模型，而我們只需完整訊息當中的一小部分，就能勾勒出它的特徵。

　　湧現不是自動發生的。它是一種特殊、珍貴的東西，當它出現時，可以提供巨大的簡化效果。假設我們知道地球上這 10^{50} 個粒子的個別位置，但是對它們的動量一無所知。即使我們持續追蹤這些數字，而這已經占了總資訊量的一半，但是對於地球下一

---

* 　很遺憾，「湧現」一詞存在幾個不同的定義，其中一些幾乎與此處使用的含義相反。我們在此採用的定義，在文獻中有時被稱為「弱湧現」，與「強湧現」相反，在強湧現中，整體不可化約為個別部分之和。

瞬間會移動到何處，我們卻完全沒有任何的預測能力。再假設，我們也知道地球上所有粒子的動量，但獨獨只有不知道其中某一個粒子的動量，也不知道地球的總動量是多少，即使擁有了這麼多資訊，嚴格來說，我們還是無法預測地球的下一步會做什麼；因為這個單一粒子的動量，很可能會等於其他所有粒子的動量總和。

這在物理學中是一個很普通的情形。對一個由許多部分所組成的系統而言，如果你想要精確預測它的行為，你需要持續追蹤各個組成部分的資訊。只要缺了一點點，你就什麼都無法知道了。另一個完全相反的可能情形是，當湧現發生的時候：我們幾乎可以丟棄所有的資訊，只要保留一點點（前提是你能正確地識別出是哪一點），就可以做出很多很好的預測。

考慮一個由多個質點所組成的物體，以質心來代表該物體的運動方式就是一個湧現的描述，這個描述所需要的資訊種類，與湧現出現之前所需要的完全相同（都是位置與動量），但在數量上卻少得多。然而，湧現的形式比這個例子更細緻，湧現的描述可以完全不同於我們最初所要探究的對象。

以我們房間裡的空氣為例。假設我們把空間區隔成很多個正方形小方格，邊長大約是一釐米。每一個小方格內仍然擁有數量相當多的空氣分子。然而，與其追蹤個別分子的狀態，我們改採追蹤每個方格的平均物理量，例如密度、壓力和溫度等。結果顯示，如果想精確預測空氣的行為，這些就是我們所需要的資訊。現在，湧現的理論所描述的是一個完全不同的事物：最初是一群分子的集合體，現在則是變成了流體。然而，這個流體的描述，

足以高度精確地描述房間內空氣的狀況。相較於粒子的集合體，把空氣視為流體只需要更少的數據；流體是湧現的描述。

艾弗雷特的世界也是一樣。如果想做出有用的預測，我們並不需要去追蹤整個波函數的行為，只需要知道在某個個別世界裡發生了什麼事即可。就得出一個好的近似值而言，我們只需以古典力學來處理在個別世界裡所發生的事，偶而遇到處於疊加狀態的微觀系統時，才需要進行量子干預。這就是為什麼我們只需要牛頓的萬有引力定律和運動定律，就能把火箭送上月球，而不需要去知道整個宇宙完整的量子態為何；我們身處的這個波函數分支，描述了一個湧現的、幾近於古典力學的世界。

多世界理論的假設並沒有提及波函數的分支，以及這些分支所描述的個別世界。就像粒子與作用力的核心理論也沒有提及桌子和椅子那樣。誠如哲學家丹尼特（Daniel Dennett）所說：用後來被華萊士移植到量子語境中的術語來說，每個世界都是一個湧現的特徵，它捕捉了藏在量子力學深層原理裡面的「真實模式」。這些真實模式為我們提供了一個方法，在不需要訴諸全面的微觀描述之下，就可以準確地談論該世界的模樣。這就是為什麼湧現的模式，特別是艾弗雷特的多個世界，毫無疑義會是真實存在的原因。

□ □ □

一旦你相信「把波函數的分支想像成一個湧現的世界」是一個有用的想法之後，你可能會開始懷疑，為什麼出現的會是某一

組特定的世界，而不是另外的一組。為什麼我們最終所看到巨觀物體，會出現在空間中的某個相當明確的位置上，而不是以不同位置的疊加態出現？為什麼「空間」似乎是一個核心觀念？在量子力學的入門教材中，有時會給人一個印象，認為某物體一旦變得太大，就不可避免地會出現古典行為，但這根本是一派胡言。對一個描述巨觀物體的波函數，無論它是一個如何奇怪詭異的疊加態，對我們而言都不會有任何問題。然而，真正的答案更有趣。

藉由比較我們「如何看待位置」與「如何看待動量」的方式，我們可以開始來搞定空間的一個特殊本質。在牛頓最初寫下他的古典力學方程式時，位置很明顯地占據了一個具有特權的地位，而速度和動量則是從位置推導出來的物理量。位置是「你處於空間中的何處」，而速度則是「你在空間中移動的快慢程度」，動量是質量乘以速度。顯然，空間是這裡的主角。

然而，再深入檢視一下，你會發現，位置與動量其實是同等重要的兩個觀念，而不像它們剛剛所給人的第一印象。也許我們也不必太過驚訝，畢竟，位置與動量是兩個共同定義一個古典系統狀態的物理量。事實上，在古典力學的哈密頓公式中，位置和動量明確地處於同等地位。這是否反映了一些表面上不明顯的深層對稱性？

在我們日常生活裡，位置和動量似乎相當地不同。在數學家口中所說的「所有可能位置的空間」，我們一般人只會簡單地把它說成「空間」；它就是我們所生活的這個三維世界。「所有可能動量的空間」或「動量空間」也是一個三維的世界，但這似乎是一個抽象的概念。而且不會有人認為我們生活在那裡面。為什

麼不呢？

讓空間顯得特別的特徵是局域性。當不同的物體位在空間中的鄰近處時，它們之間才會發生交互作用。兩個撞球，當它們聚集到空間中的同一個位置時，它們會碰撞而反彈開來。然而，當不同的質點有相同（或相反）的動量時，則不會有類似的事情發生。只要它們不是處於相同的位置，它們就能愉快地保有原本的運動方式。然而，這並不是物理定律的必要特徵，所以我們可以想像有其他可能的世界，並不是依照這個方式在運作的；雖然在我們所生活的世界裡，這個方式運行得相當不錯。

在碰撞之後彈開的撞球運動，是古典力學的經典範例，不過，我們也可以在量子力學裡進行相同的討論。基本的量子力學公式對待位置和動量的方式也是平等的。以質點的位置波函數而言，我們可以對每一個可能的位置，都賦予一個複數振幅，同樣地，我們也可以，對該質點可能具有的每一個動量，都賦予一個複數振幅。對相同的一個量子態而言，這兩種描述方式是等效的，如同我們在討論測不準原理時所看到的，它們是以不同的方式來表示相同的資訊。

這個有點深奧。我們曾經說過，一個具有確切動量的波函數，看起來像一個正弦波。不過，這是從位置的觀點來看波函數所會得出的模樣，也是我們自然會去使用的語言。如果是從動量的表示方式來看，這個相同的量子態，看起來會像是集中在該動量上的尖狀物。同樣地，一個具有確切位置的量子態，從動量來看，會像是一個在所有可能的動量數值上散開的正弦波。這開始向我們透露出，真正重要的東西是「量子態」這個抽象的概念，

而不是波函數在位置或動量觀點上所顯示出來的特定模樣。

　　因為我們所生活的這一個特別的世界，只有當系統處於空間的鄰近處時，它們之間才會發生交互作用，這樣的一個事實，破壞了位置與動量之間的對稱性。這是動態局域性起了作用的緣故。從多世界理論的觀點來看，只有量子態是基本的，其他的所有東西都是湧現的。這也表明，我們真的應該改變看事情的方式：「空間中的位置」是一些變量，它們讓交互作用看起來像是局部的。所以，空間不是基本的，它只是一個方法，幫助我們去組織藏在量子波函數底下所發生的事情而已。

□　□　□

　　這個觀點有助我們了解，為什麼艾弗雷特波函數可以自然地分裂出一組近似於古典的世界。這個議題就是所謂的「偏好基底問題」（preferred-basis problem）。在多世界理論中，宇宙的波函數通常描述了各式各樣的疊加態，其中包括巨觀的物體處於多個相距甚遠的位置的疊加態。然而，我們從來沒有看過處於疊加態的椅子、保齡球或行星；就我們經驗可及的範圍，它們似乎總是有個特定的位置，而且大都是遵循古典力學的規則在運動。為什麼我們從來沒有看過巨觀的疊加態？我們可以把波函數寫成由很多不同世界組合起來的形式，但是為什麼特別地只把它分裂成**這些個**世界呢？

　　這個問題基本上在 1980 年代就已經有了解答。答案就是去相干理論，儘管研究人員仍在敲定細節。若想得出完整的解答，

還需要請出那個古老的思想實驗：薛丁格的貓。我們有一個密閉的箱子，裡面有一隻貓和一個裝有氣體安眠藥的容器。薛丁格最初設計的場景是用毒氣，但是我們沒有理由想像要去殺死貓。（他的女兒露絲曾經懷疑：「我想我父親就是不喜歡貓。」）[33]

我們的實驗技師安裝了一個彈簧來拉開容器，釋放氣體，讓貓睡著，但只有當蓋革計數器等檢測器檢測到輻射粒子時，彈簧才會啟動。探測器旁邊是一個輻射源。我們知道輻射源放射出輻射粒子的速率，因此我們可以計算出，在某個任意的時間段裡，計數器發出咔嚓聲並啟動彈簧的機率。

基本上，輻射源發射出輻射粒子是一個量子過程。然而，通常我們口中所說的這個偶發、隨機的輻射放射過程，事實上是位在輻射源裡的原子核，它們的波函數平滑演化的過程。每一個原子核都是由單純的〔未衰變態〕，演化成〔未衰變〕＋〔衰變〕的疊加態，隨著時間的推移，〔衰變態〕的振幅逐漸增大。放射的過程之所以看起來是隨機的，那是因為輻射檢測器沒有直接去測量波函數，所以它只會看到〔未衰變〕或〔衰變〕其中之一的結果；就像垂直的斯特恩－革拉赫磁鐵只會看到上自旋或下自旋一樣。

這個思想實驗的重點在於，它把一個微觀的量子疊加態，放大成一個明顯的巨觀情況。這個過程會在蓋格計數器發出咔嗒聲的那一瞬間發生。所有關於安眠藥氣體和那一隻貓的想像，只是為了讓微觀疊加態放大到巨觀世界的過程，變得更生動而已。（「纏結」一詞，或德語 Verschränkung，最初是薛丁格在與愛因斯坦的通信中討論他的貓時，而引進量子力學的。）

　　薛丁格之所以提出這個思想實驗，起因於教科書方法在解決測量問題時所面臨的困境；因為波函數發生崩陷真的就是人們所觀察到的現象。因此，他說，假設在波函數演化成「至少一個原子核衰變」和「完全沒有原子核衰變」兩個狀態各半的相等疊加態之前，我們不要去打開箱子（不要去觀察箱子裡發生了什麼事）。此時，檢測器、氣體與貓的波函數也全部都會演化成一個「檢測器咔嗒一聲、氣體釋放，貓睡著」和「檢測器沒有聲響、氣體未釋放、貓醒著」這兩種情形各半的相等疊加態。然後，薛丁格問道，在我們打開箱子之前，你不會真的相信在箱子裡的那隻貓，是由一隻醒著的貓和一隻睡著的貓疊加而成的吧？

　　就這一點而言，他是對的。一旦我們採用艾弗雷特的量子力學觀點，我們會接受波函數會平滑地演化成兩個可能性相等的疊加態，其中之一是睡著的貓，另一個則是醒著的貓。然而，去相干理論告訴我們，這隻貓也和它所處的環境纏結在一起，這包括了箱子裡所有的空氣分子和光子。幾乎就在檢測器發出咔嗒一聲

的瞬間之後，波函數就有效地分裂成兩個獨立的世界了。等到實驗技師走到箱子附近去打開它的時候，已經有兩個波函數分支存在，而每一個分支都各只有一隻貓以及一位實驗技師，而不是疊加態。

這解決了薛丁格最初的憂慮，但卻引發了另一個問題。當我們打開箱子時，為什麼我們所看到的那個去相干的量子態，只可能是一隻醒著的貓或是一隻睡著的貓？為什麼我們不會看到某種醒著與睡著的疊加狀態？「醒著」和「睡著」這兩個狀態只代表了貓這個系統的一個可能的基底，就像「上自旋」與「下自旋」是電子的一組基底那樣。為什麼不同的基底之間，總會有某一組特別獲得偏好呢？

重點在於環境中的物質（氣體分子、光子）如何與我們所考慮的系統，二者之間互動的物理過程。也就是說，某一個特定的粒子與貓之間的實際互動方式，會取決這隻貓所在的位置。譬如說，某個光子很可能會被這隻醒著，而且在箱子裡走來走去的貓所吸收，卻會錯過那隻已經在地板上睡著的貓。

光子被醒著的貓吸收，而不是被睡著的貓吸收

　　換句話說，「醒著／睡著」這組基底的特別之處在於，它的個別狀態描述了空間中明確的結構與配置。就「物理交互作用是局部的」而論，空間正是這個關鍵的物理量。如果某粒子與貓發生身體接觸，則該粒子可能會撞上貓。貓的波函數有「醒著」與「睡著」這兩個部分，它們會因為與環境中不同的粒子接觸，從而分裂成兩個不同的世界。

　　為什麼我們只會看到某個特定的世界？基本的答案是：因為偏好基底狀態（亦即那些描述了在空間中相干物體的狀態）會不斷地與環境發生交互作用。這些狀態通常稱為指標態（pointer states），因為它們是可以由巨觀測量儀器的指標，所能標示出來具有明確數值的狀態，而不是一個疊加態。指標基底是一個我們可以理解的、良好的古典近似行為，因此正是這一類的基底定義了湧現的世界。最終，把極其簡潔的艾弗雷特量子力學，與我們所看到的那個既複雜而又特殊的世界給串連起來的，就是去相干現象。

12

A World of Vibrations:
一個振動的世界

Quantum Field Theory
量子場論

　　在討論量子纏結和 EPR 悖論時，常會出現「超距作用」（action at a distance）一詞，而它也通常被修改成愛因斯坦所用的形容詞：「詭異」（spooky）。然而，這個觀念本身具有久遠的歷史，至少可以回溯到牛頓以及他的重力理論。

　　假設牛頓只有建立了古典力學的基本結構，他就已經充分有資格成為一位頂尖物理學家的候選人。然而，他最終之所以能摘下王冠的原因，是因為他所成就的事遠不止於古典力學而已，

其中還包括了發明微積分這種小事情。儘管如此，當人們看到牛頓戴著那頂華麗假髮的畫像時，大多數人想到還是他的重力理論（萬有引力定律）。

　　牛頓的重力可以簡單摘要成知名的平方反比定律：兩物體之間的重力大小，與它們各自的質量成正比，並與它們之間距離的平方成反比。所以，如果你把月球移到距離地球的兩倍遠處，它與地球之間的重力大小會減為原本的四分之一。藉由這個簡單的規則，牛頓得以證明出，行星會自然地以橢圓形軌道繞行太陽，並驗證了克普勒（Johannes Kepler）在多年前提出的經驗定律。

　　但是，牛頓對他自己的理論從來沒有覺得滿意過，精確來說，是因為它具有「超距作用」的特徵。兩個物體之間的作用力取決於它們各自所在的位置，而當某個物體在運動時，它所產生的重力吸引方向瞬間就會發生變化，而且遍及整個宇宙。沒有任何的媒介存在來調節這個變化，它就是這麼地發生了。這讓牛頓一直覺得很困擾，但不是因為這個想法沒有邏輯或是與實驗觀測不吻合，而只是感覺有哪裡不對勁。難怪會有人說：詭異！

　　　　很難想像，在沒有其他非物質物體的調節下，
　　　　沒有生命的物質會在沒有互相接觸的情況下，可以
　　　　作用並影響其他物質……重力必定是由某種動因
　　　　（agent）所引起，它依據某些特定的定律，作用在
　　　　其他物體上；然而，至於這個動因是物質的或非物
　　　　質的，我把它留給我的讀者去判斷。[34]

　　的確是需要有個「動因」來使重力依照牛頓的定律來運作，而這個動因十足是物質性的——它就是重力場。第一個引進這個觀念的人是拉普拉斯，他重新改寫牛頓的重力理論，讓重力位能場來攜帶這個作用力，而不只是讓它神祕地跳躍穿越過無數多個距離。不過，這個作用力的一個變化，還是可以瞬間就遍及整個空間。這個問題一直到愛因斯坦的廣義相對論才獲得解決：和電磁場相同，重力場的變化也是以光速在空間中傳播。廣義相對論以「度規」場（”metric” field）取代了拉普拉斯的位能；度規場是一種精巧的數學方式，用來表示時空曲率的特徵。不過，有一個重力場瀰漫在整個空間中的觀念，則是保持不變。

　　在觀念上，「場攜帶著作用力」的想法很吸引人，理由是它具體地展示了局域性的想法。當地球在移動時，由它所產生的引力方向變化，並不會瞬間遍及整個宇宙。相反地，發生變化的地點，只有在地球所處的位置，然後，在那個地點的場拉著附近的場，然後再由它拉著更遠一點的場，以此類推，像波動一樣，以光速向外傳播。

　　現代物理可說是把這個觀念，原原本本地擴展應用到宇宙裡的每一樣東西上。核心理論的建構方式，就是先建立一組場，然後再把這組場量子化。即使是像電子與夸克這樣的粒子，實際上也是量子場中的一些振動方式。就理論本身，量子場論非常精彩，不過在這一章，我們目標稍微謙遜一點：我們只想了解在量子場論裡的「真空」（vacuum）是何模樣，也就是與空無一物的空間（empty space）所對應的量子態是什麼？（我簡短地把實際粒子的量子態討論歸入到本書的附錄中。）後面我們會處理

「空間本身的量子湧現」，但是現在，先讓我們單調沉悶地使用傳統量子場論的做法，也就是把現有空間中的古典場論量子化。

我們將會學到重要的一課：纏結在量子場論裡所扮演的角色，比它在粒子的量子理論中還來得更重要。當粒子是我們主要的考量對象時，依物理情況而定，纏結可以是但也可以不是一個重要的因素。你可以創造出兩個處於纏結態的電子，然而，即使是在兩個電子完全沒有纏結的狀況下，還是有很多有趣的狀態存在。相對來說，在場論裡，基本上，每一個有趣的狀態都是以巨量纏結為其特徵。即使是一個空無一物的空間，這個你或許會認為是一個相當簡單且直接的狀況，但它在量子場論裡的形象，則是由許多纏結的振動所形成的一個錯綜複雜的組合。

□ □ □

量子力學最初的起源是，從普朗克與愛因斯坦認為電磁波具有類似粒子的性質開始的，然後，波耳、德布羅意和薛丁格接著建議，粒子也能擁有類似波動的性質。然而，這裡有兩種不同的「波動性」在運作，而且這值得我們仔細地把它們區分清楚。其中的一種波動性出現在，當我們把古典的粒子理論轉換成量子版本時，會得出該組粒子的量子波函數。另一種則是我們在古典場論裡所討論的波動性質，即使在與量子力學無關的情形下，包括古典的電磁學理論，或是愛因斯坦的重力理論等。古典電磁學和廣義相對論都是場論（所以它們討論的是波動），而且它們本身都是完美的古典場論。

　　在量子場論，我們會先從古典的場論著手，然後去建構一個它的量子版本。它不像波函數，可以告訴我們在某個位置看到粒子的機率，量子場論裡的波函數所告訴我們的是，在空間中看到某個場的某一種組態的機率大小。如果你喜歡，你可以把它想成：波的波函數。

　　把一個古典場論量子化的方法有很多種，然而，其中最直接的就是我們已經用過的方法。考慮一組粒子，我們可以問：「這些粒子可能出現於何處？」。對於個別的粒子而言，答案很直接的就是「空間中的任何位置」。如果我們只有一個粒子，那麼它的波函數會對每一個位置都指派一個振幅。但是，當我們有多個原子的時候，就不是每一個原子都會有一個個別的波函數，而是只會有一個大型的波函數，針對所有的粒子每次可能出現的每一組位置，都指派一個振幅給它們。這就是纏結會發生的過程，對每一個粒子在空間中的組態而言，都會有一個振幅，讓我們可以去把它平方，然後得出我們可以一次同時在這些地方觀察到所有粒子的機率大小。

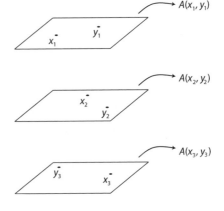

兩個粒子 x 和 y 的波函數，對每一個可能的粒子組態各自指派一個不同的振幅 A。

同樣的作法，也可以用在場的計算上：只要把「粒子的可能組態」改成「場的可能組態」即可；其中，「組態」在此的意思變成是，場在空間中每個位置上的數值。這個新的巨型波函數會考慮場的每一個組態，並各自指派一個振幅給它們。如果我們想像，同時在所有的地點來觀察這個場，觀察到某個特殊形狀的場的機率，就會等於指派給那個組態的振幅的平方。

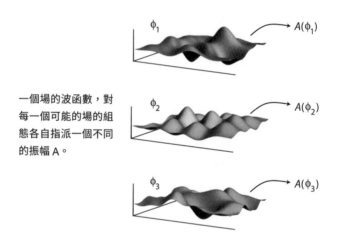

一個場的波函數，對每一個可能的場的組態各自指派一個不同的振幅 A。

這就是古典場與量子波函數之間的差別。古典場是一個空間的函數，古典場論會有很多不同的場，描述很多個空間的函數，彼此互相重疊在一起。量子場論中的波函數，不是一個空間的函數，而是由所有古典場的所有組態之集合的函數。（在核心理論中，這些古典場會包括重力場、電磁場，以及描述各種不同次原子粒子的場等等。）這的確像是一隻複雜的怪獸，不過它也是物理學已經學會去理解甚至珍惜的東西。

所有的這些都隱隱地假設了多世界版本的量子力學。我們完

全沒有提到去相干和分支，但是我們已經理所當然地認為，我們所需要的只有量子波函數和一條合適版本的薛丁格方程式，在這之後的其他事情自然會水到渠成。這也正是艾弗雷特的情形。（有時候，當人們說到「薛丁格方程式」時，他們指的是薛丁格最初寫下的那個原始版本，但這個版本只適用於非相對論性的點狀粒子，不過，完全沒有任何困難可以阻擋我們，找到適用於相對論性量子場或任何具有哈密頓量的系統的新版薛丁格方程式。）換句話說，關於波函數的自發崩陷現象，人們常常需要額外的變數或規則才能解釋。當我們開始思考場論的時候，一時並不清楚這些額外添加物的面貌應該為何？

□　□　□

如果量子場論是把這個世界描述成古典場組態的波函數，這似乎是在波之上再加一個波。如果我們問：「比波動還更波動的東西會是什麼？」（借講述英國樂團脊柱敲打（Spinal Tap）的虛構紀錄片，片中的主音吉他手圖夫內爾（Nigel Tufnet）的臺詞）答案也許是「一點也不波」（none more wavy）。誠然，當我們去觀察量子場時，例如在日內瓦的大型強子對撞機裡，我們所看到的是個別的軌跡，代表著點狀物體的運動路徑，而不是擴散開來的波狀雲。就某種程度而言，我們又繞回到粒子，儘管它已經是波的極限可能了。

這個現象的理由，與我們在原子中看到電子的不連續能階一樣。如果只有電子它自己在空間中移動，它可以具有任何的能

量，但是，當它位在原子核附近受到靜電吸引力時，它就像是陷進一個盒子裡那樣。在原子遠處的波函數會降為零，我們可以把它想成是被綁起來了，就像把一條繩弦的兩端綁起來一樣，只剩中間部分可以自由移動。在這個情況下，這條被綁起來的弦只能允許一組不連續的振動方式，就像兩端固定之弦的駐波，同樣地，電子的波函數也只能擁有一組不連續的能階。無論何時，只要系統的波函數因為在遠處或是某種極端的組態而變為零，它就像是「被綁起來」一樣，只會出現一組不連續的能階。

回到場論，考慮一個很簡單的場組態：一個遍布所有空間的正弦波。我們把這個組態稱為場的一個**模態**（mode）；這是一個方便的思考方式，因為每一個場的組態，都可以想成是由很多不同波長的模態組合而成。這個正弦波具有能量，當波的高度（振幅）愈來愈高時，它的能量也隨之增加。現在，讓我們來建**構這個場的量子波函數**。因為這個場的能量會隨著波的高度增加而增加，所以波函數的振幅必須隨著波的高度增加而迅速減小，以免指派給高能量的波過多的機率。實際上，這個波函數在高能量的位置處等於是被綁住了（因為其振幅為零）。

結果，就和一條振動的弦或是原子中的電子一樣，一個振動的量子場具有一組不連續的能階。事實上，場的每一個模態可以是處於最低能階狀態，以及再高一階、再高二階等等，於此類推。波函數整體的最低能量狀態，也就是每一個模態都處於最低的能量狀態時。這是一個獨一無二的特殊狀態，我們稱之為**真空**。當量子場論學家在討論真空的時候，他們說的不是你家裡的吸塵器，或是星際間空無一物的區域。他們的意思是「量子場論中的

最低能量狀態」。你或許會認為，量子真空是空無一物而且是很無聊的，但事實上，它卻是一個瘋狂的地方。當原子中的電子處於最低的能量狀態時，如果我們去考慮這個電子的位置波函數，那麼這個函數的形狀仍是饒富趣味的。同樣地，如果我們去探尋真空的個別部分，那麼場論中的真空態也會是一個有趣的結構。

再高一階的能量狀態就複雜了許多，因為它是由所有個別模態的次高能階所組成。這給了我們一點自由度，它們可以是主要為短波長的模態，或是主要為長波長的模態，或是其他任何的組合方式。然而，它們有一個共通點，也就是所有的模態都是處於它自己的「第一激發態」，也就是只比最低能量多出一點點的能量狀態。

把全部的這些想法通通放在一起，量子場論中的第一激發態波函數，看起來就和單一粒子的波函數以動量來表示一樣（而非位置）。一般說來，它會由不同的波長所組成，而我們把這些波長詮釋為粒子波函數中的動量。更重要的是，當我們去觀察它的時候，這一類狀態的行為會和粒子一樣：當我在某處測量到一點點能量的時候（也就是「我剛剛在那裡看到一個粒子」的意思），如果你後來馬上再觀察一次，極有可能會在該處附近看到相同的能量大小，即使它最初的波函數是散開在空間中的。你最終所看到的是一個在場中傳播的局部振動，它會在實驗偵測器中留下一條軌跡，就如同我們對粒子的預期一樣。如果這個局部振動看起來像個粒子，行為表現也像個粒子，那麼我們自然可以稱它為粒子。

在量子場論裡，我們是否可以有一個波函數，是由最低能量

狀態和第一激發態所組成的？答案是當然可以——這將是無粒子態與單一粒子態的疊加態，也就是一個不確定粒子數目的狀態。

你或許已經猜到，下一個能階的量子場波函數，看起來會像是有兩個粒子的波函數。依此類推，接下來的量子場狀態會是三個、四個粒子等等。就像我們先前對薛丁格的貓的觀察結果，它只可能出現醒著或睡著這兩種狀態，而不會是它們的疊加態；當我們在測量微弱振動的量子場時所看到的東西，就是一組粒子。用我們在前一章所使用的語言，只要這個場不要振動得太過劇烈，量子場的「指標態」看起來會像是一群數目固定的粒子。而這些就是我們實際在觀察這個世界時，所會看到的狀態。

更好的消息是，量子場論可以描述不同粒子數狀態之間的轉變過程，如同原子中的電子在不同的能階之間躍遷那樣。在一般討論粒子的量子力學裡，粒子的數目是固定的，但是在量子場論裡，可以毫無疑問地針對粒子在碰撞過程中，所發生的衰變、對滅與創生等現象做出很好的描述。這是件好事，因為這種事一直不斷地在發生。

量子場論是物理學史上追求統一理論的一大勝利，它試著把粒子與波這兩個看似相反的觀念整合在一起。一旦我們了解到，把電磁場量子化之後，會得出粒子般的光子之後，或許對於電子或夸克等粒子可能就是某個場量子化之後的結果，也不會覺得太過訝異：電子是電子場中的振動，不同的夸克是各自不同的夸克場的振動等等。

在量子力學的入門教材中，有時會把粒子和波比喻成一個銅板的兩面，但是就粒子和波的終極之戰而言，這並不是一場公平

的對決。場是更基本的觀念；因為在描述我們目前這個宇宙的組成時，場的觀念可以提供最好的圖像，而粒子只有在正確的情況下，當我們去觀察場的時候所看到的東西而已。有時，在一些不恰當的情況，例如在質子或中子的內部，或者是我們在討論夸克和膠子的時候，會把它們當成是個別的粒子來對待，然而，比較正確的作法應該是，要把它們當成是一個擴散開來的場才對。誇張一點來說，就像戴維斯（Paul Davies）為他的一篇文章所下的標題：「粒子並不存在」（Particles Do Not Exist）。

□ □ □

我們在此的興趣是量子實在論的基本典範，而不是粒子的某個特定形態，以及它們的質量和彼此間的交互作用等等。我們所關注的是纏結和湧現，以及古典世界是如何從波函數的分支產生出來。令人高興的是，就這些目的而言，我們可以把注意力集中在量子場論裡的真空——這個在物理上空無一物，沒有任何粒子飛來飛去的空間。

為了讓大家了解真空在場論裡的有趣之處，讓我們聚焦在它最明顯的一個特性：能量。我們或許很希望直接把真空的能量定義為零，但是，我們一直很小心地避免這個說法；真空是「最低能量狀態」，但這不表示它必須是「零能量狀態」。事實上，真空的能量可以是個任意的數值；它是一個自然常數，一個不由其他任何測量參數所決定的宇宙參數。就量子場論而言，你必須實地去測量真空到底具有多少能量。

　　而且，我們已經測量過真空的能量了；或者至少我們認為我們已經做過測量了。這不是一件容易的事，你不能只是把一個空的杯子放在磅秤上，就能知道杯中空間的重量。具體的作法是去看，真空能量對重力的影響。根據廣義相對論，能量是時空曲率的來源，也就是說，能量是重力的來源。**真空能量**（vacuum energy）有一個特別的形式：在每一個立方公分的空間中，它具有一個精確固定大小的數量，而且遍及整個宇宙，即使在時空膨脹或彎曲之處也不會改變。愛因斯坦把這個真空能量稱為**宇宙常數**（cosmological constant），長年來，宇宙學家一直在爭論，這個數值是否為零，或是還有其他的數值。

　　爭論似乎在 1998 年時有了定論，那時天文學家發現宇宙不僅在膨脹中，而且還是在加速膨脹中。如果你看著遙遠的星系，然後測量它遠離的速度，你會發現這個速度是隨著時間而增加的。這是個很讓人驚訝的現象，因為如果宇宙只含有普通的物質和輻射，它們都具有吸引東西的重力效應，理應會減緩膨脹的速率。正值的真空能量有相反的效果：它可以把宇宙推開，造成加速膨脹。有兩個天文團隊，觀測在銀河系之外的超新星，他們希望藉由測量超新星的位置與速度，來得出宇宙膨脹正在減速的結論。但事與願違，實際的測量結果卻證實宇宙正在加速度的膨脹中。這個意外的結果令人訝異，所幸他們因此獲頒 2011 年的諾貝爾獎，在一定程度上緩解了這份不適。（這個辯論「似乎」已經平息了，因為宇宙加速膨脹的原因是否是由真空能量以外的因素所引起的，目前還是一個沒有定論的開放性的問題。不過，無論在理論或是觀測的證據，這都是目前的最佳解釋。）

　　你或許會想，故事就在這裡結束了：空無一物的空間具有能量，我們不僅去測量它了，也測量了四周的可樂和杯子蛋糕等等。

　　不過，還有一個問題是允許我們去追問的：我們應該**預期**真空能量的大小是多少？這是一個好笑的問題，因為它只是一個自然常數，也許我們根本就無權去期望它會是某個特別的數字。然而，我們可以做的事，是一個快速而粗略的估計，去猜猜看真空能量應該有多大。這個結果，發人深省。

　　估計真空能量的傳統方法是，先確定古典的宇宙常數應該是多少，然後再思考量子效應會如何改變這個數值。但這並不完全正確，大自然並不在乎人類喜歡先從古典開始計算，之後再用量子力學去修正的做法。大自然從一開始就是量子的。不過，由於我們只是想有一個非常粗略的估算而已，所以這個傳統作法或許還是可行的。

　　結果是，這個做法完全不可行。在考慮量子的貢獻之後，真空能量會變成無窮大。這一類的問題是量子場論所獨有的；在我們試著把量子效應一點一點加進去考慮時，很多計算的結果到最後都會變成是荒謬的無窮大。

　　不過，對於這些無窮大的出現，我們也不必太認真。它們最終都能回溯到一個事實，因為量子場可以視為是不同振動模態的組合，而這些模態的波長範圍可以從難以想像的長波段，一直縮小到波長為零都有可能。如果我們假設（不是基於什麼特別好的理由），每一個古典模態的最低能量都為零，那麼現實世界的真空能量就只是每個額外模態的量子能量之和。把這些模態的量子

能量加總之後，就是我們所得到的無窮大的真空能量。但實際上的物理可能不是這麼一回事。畢竟，在很短的距離裡，我們應該要預期時空本身會崩潰而失效，這會是個有用的觀點，因為此時的量子重力是不可能忽視的。或許，比較合理的做法會是，例如只考慮波長大於普朗克長度波段的貢獻。我們稱這個做法為**強制截止**（imposing a cutoff）：在考慮某個量子場的理論時，只包括波長大於某個特定長度的振動模態。

不幸的是，這個做法並不能完全解決問題。在估計量子效應對真空能量的貢獻時，如果我們以普朗克尺度為振動模態的強制截止點，我們的確會得出一個有限大小的答案，而不再是原先的無窮大，不過問題是，我們所得出的這個數值是實際觀測數值的 10122 倍。這二者之間的差距就是所謂的**宇宙常數問題**（cosmological constant problem），也常被冠以所有物理理論與實驗之間最大差距的封號。

嚴格來說，宇宙常數問題並不真的是一個理論與觀測之間的衝突。因為以真空能量究竟應該是多少而言，我們並沒有一個可靠的理論預測值。我們這個非常錯誤的估計值源自於兩個可疑的假設：首先是假設古典物理對真空能令的貢獻為零，其次是以普朗克尺度為強制的截止點。另一個總是可行的做法是，我們一開始在考慮古典的貢獻時，應該從一個幾乎與量子貢獻的數值相等、但符號相反的數值開始，這會讓我們把它們相加之後，得出一個較小的數值，而且是可以觀察得到的「實體」真空能量。我們只是不知道為什麼這個「應該」會是可行的。

這個問題本身並不是理論與觀察的衝突，而是我們粗略的

估計值偏差太多，但這讓大多數人把這個偏差視為有某種神祕和未知事物在起作用。不過，由於我們所估計的能量，完全是量子力學效應，但我們卻以重力效應來測量它的存在，因此，合理的推論是，在我們擁有一個完全有效的量子重力理論之前，這個問題是無解的。

□　□　□

在關於量子場論的通俗討論裡，常會把真空描述為一個充滿「量子漲落」的空間，或者甚至是「粒子可以不斷地出現和消失的一個空無一物的空間」。這雖然是一幅讓人感到美好的畫面，但卻不是那麼真實。

以量子場論的真空態（vacuum）所描述的一個空無一物的空間（empty space），其實並沒有任何東西在漲落（或振動）；這個量子態是絕對靜止的。那幅粒子不斷出現與消失的圖像，是完全不同於現實的，在現實的真空態裡，它的每一個瞬間都是一模一樣的。量子效應無疑會對真空能量有著本質上的貢獻，但是把這份能量說是來自於「漲落」，容易認人產生誤解，特別是實際上並沒有任何東西在漲落的情形下。這個系統就是很平和地處於它最低能量的量子態。

那麼，為什麼物理學家會不斷地討論到量子漲落呢？這與我們在別的情境中討論過的現象相同：身為人類，我們很難去抗拒「眼見為真」的想法，即使量子力學不斷地告誡我們，我們可以做得更好一些。例如，隱變數理論就是臣服於這個想法，硬是製

造一個真實的東西出來，而不去接受平滑演化的波函數。

艾弗雷特的量子力學很清楚：真空是一個靜止的、不變的量子態，在哪裡的每一個瞬間都沒有任何事情發生。但是，如果我們足夠仔細地去測量某一個小區域裡的量子場，我們會看到類似隨機出現的紊亂數值，而且，如果過不久再觀測一次，我們將會看到另一個看似非常不同的紊亂數值。這會強力地誘使我們去作出「在真空中有某個東西在移動」的結論，即使是我們沒有在觀察的時候。然而，這並不是真正在發生的事情。相反地，我們只是看到了（之前已經討論過的）測不準原理所顯示出來的現象而已：當我們去觀察一個量子態時，我們一般會看到一個相當不同於我們在觀察之前的量子態。

為了明確說明這一點，假設讓我們去做一個在實驗上更可行的測量。與其去測量場在空間中每一個位置上的數值，我們只要測量（量子場論的）真空態所具有的粒子總數就好。在一個理想的思想實驗中，我們想像，我們可以一次性地對所有的空間做出測量，因為按道理講，我們是處於能量的最低狀態，所以如果說，我們所偵測到的粒子數目為零，相信你對這個結果也不會感到意外。它就是一個空無一物的空間。但在現實的世界裡，我們只能局限在某個有限的空間裡來做實驗，例如在我們的實驗室裡，然後我們去問：實驗室裡總共有多少的粒子？我們預期會得到怎樣的結果？

這個問題聽起來似乎不難。如果到處都沒有粒子存在，那麼我們的實驗室裡也應該不會有任何粒子存在，對吧？哎呀，不對！這不是量子場論運作的方式。即使是在真空態，如果我們的

實驗探針只局限在某個有限的區域內，那麼必然存在一個微小的機率會讓我們看到一個或多個粒子的出現。一般說來，這個機率是真的很小很小，小到在實際安裝實驗裝置時可以忽略的程度，但是，這個極其微小的機率將會一直在那裡。倒過來說，它的逆命題也是成立的：會有一些量子態，在我們局部的實驗中是絕對看不到會出現粒子的結果，但是，這些狀態所具有的能量卻大於真空態。

你可能會很想問：這些粒子是「真的在那裡」嗎？如果整個宇宙的粒子總數為零，我們如何能在某個特定的位置看到粒子呢？

別忘了，我們正在處理的不是粒子理論，而是場論。粒子是當我們以某些特別的方式來看待場論時，所會看到的東西。我們根本就不應該去問：「那裡到底有多少個粒子？」，我們該問的問題是：「當我們以某個特定的方式來觀察一個量子態時，可能出現什麼樣的測量結果。要回答「整個宇宙中有多少粒子？」的測量形式，與「這個房間裡有多少個粒子？」的測量形式，有著本質上的差異。這樣的差異，就像是位置與動量的差別一樣，沒有任何的量子態可以同時對這兩個問題給出明確的答案。我們所看到的粒子數，並不是一個絕對的現實，而是取決於我們如何去看待這個量子態。

▫ ▫ ▫

這直接引領我們看到量子場論的一個重要性質：在空間中的

不同區域內，場的各個部分之間是纏結在一起的。

假設我們在某處畫出一個想像的平面，把宇宙一分為二，為方便起見，我們把這兩個區域稱作「左」與「右」。從古典的觀點來看，因為場會存在於空間中的每個地方，所以如果我們要去建構某一個場的組態時，我們必須要明確地指出這個場在左邊區域與在右邊區域的行為。如果在邊界上，這兩個場的數值不相等，這對整體的場來說，會出現一個不連續的地方。我們可以理解，對場而言，從一個點到下一個點的變化是需要能量的，因此，一個不連續的跳躍隱含著在該處會有大量的能量變化。這就是為什麼一般正常的波的組態，都傾向於是平滑的，而不是有著劇烈變化的。

在量子的層次上，「在邊界的兩側，場的數值傾向於相等」的古典敘述，會變成「左側區域的場與右側區域的場，傾向於彼此高度纏結」。雖然我們也可以考慮在兩個區域內的量子態是沒有纏結的，但是，這樣在邊界上的能量會變成無窮大。

我們可以進一步延伸這個推理過程。想像把空間均勻地分成四個大小相等的盒子。從古典的觀點來看，這個場在四個盒子裡的行為可以略有不同，但它們會避免在邊界上出現能量無窮大的狀況。因此，在量子場論裡，這每一個盒中的場都會與它鄰近盒中的場，有著高度的纏結。

不只如此，如果某個盒中的場與它相鄰盒中的場有纏結，而那些盒子中的場又與它們相鄰盒中的場有纏結，那麼，照理說，最初那個盒子裡的場，不僅僅只和與它相鄰的盒子裡的場有纏結，也會和下一個相鄰盒中的場有纏結。（雖然這個推論沒有邏

輯上的必然性，但是在這個情形下，它似乎是合理的，而且經過
仔細的計算之後也證實它是正確的。）當然，與相隔一個盒子之
外的另一個盒子，彼此之間的纏結程度，一定會比直接相鄰的盒
子來得小，不過必定還是會有某個程度的纏結存在。而且，這個
模式會持續擴及全部所有的空間：任意某個盒子裡的場，它會與
整個宇宙中其他所有盒子裡的場有纏結，雖然纏結的程度會隨著
距離的增加，而變得愈來愈小。

　　這似乎有點牽強，因為在無窮大的宇宙中，畢竟會有無限多
個盒子。在一個小區域中的場，比如說在一個一立方公分的小區
域內的場，真的可以和宇宙中每一個一立方公分的小方格內的場
都纏結在一起嗎？

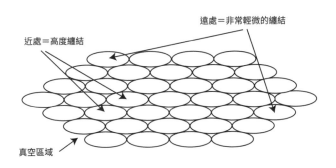

近處＝高度纏結

遠處＝非常輕微的纏結

真空區域

　　是的，它們的確可以！在場論中，即使是在一立方公分的區
域內（或其他任何尺寸的空間），都含有無限多個自由度。記得
我們曾在第四章裡把**自由度**定義為：描述某個系統的特定狀態所
需要的一個數字，例如「位置」或「自旋」等。在場論裡，任何
一個有限區域內的自由度都是無限多個；因為對空間中的每一個

點，場在其位置處的數值，都是一個獨立的自由度。而且別忘了，即使只是一個很小的空間，也包含有無限多個點。

就量子力學而言，一個系統，其所有可能波函數所形成的空間，是該系統的希伯特空間。所以，在量子場論中，描述任何區域的希伯特空間都具是無限多的維度，因為那裡會有無限多個自由度。正如我們即將看到的，在正確的現實理論中，這個正確性未必能繼續保持下去。我們有理由認為，量子重力會以「區域內的自由度為有限值」為其特徵。但是，在不考慮重力的量子場論，則允許任何微小的區域，都具有無限多個自由度。

某個區域內的自由度，與空間中其他地方的自由度，分享了很多纏結。為了要講明白到底有多少纏結，讓我們想像從真空態開始，隨機挑出一個一立方公分的小盒子，然後去戳一下它裡面的量子場。這個「戳」的意思是，我們想像用一個可能的方法，單單只有影響到這個區域內的場而已，譬如說去測量它，或是以某種方式和它互動。我們知道，測量會把量子態變成另一個不同的狀態（的確如此，它會變成在新的波函數不同分支上的不同狀態）。你認為，如果我們很精準的只有去戳某個盒子裡的量子態，有可能瞬間就改變盒子外的狀態嗎？

如果你知道一點相對論，或許你會很想回答「不」——因為任何效應要傳遞到遠方，都需要花一點時間。但是，當你想起 EPR 思想實驗，在那裡，愛麗絲對自旋的測量實驗，瞬間就能影響鮑勃的實驗結果，不論他們二人的距離有多遠。纏結是這裡面的祕密配方。而且，我們剛剛才說到，量子場論裡的真空態是高度纏結的，因此每一個盒子都和其他所有的盒子是纏結再一起

的。逐漸地，你會開始懷疑，當你只是輕輕地戳一下某個盒子裡的場，是否會引起其餘部分的場發生劇烈的變化，即使是在遠處的地方也一樣？

它的確會！需要輕輕戳一下某個小區域內的量子場，就可能把整個宇宙的量子態變成**任何狀態**（就是它字面上的意義：任何狀態）。就技術性而言，這個結果被稱為里赫－施利德定理（Reeh-Schlieder theorem），但同時，它也被稱為泰姬陵定理（Taj Mahal theorem）。那是因為它意味著，不用離開我的房間，我就可以做一個實驗並得到一個結果，該結果意味著：現在，突然間，月球上出現了泰姬陵的複製品。（或是任何其他建築物的複製品，出現在宇宙間其他的任何位置的都可以。）

不要太興奮。我們無法有意地把泰姬陵強迫地造出來，或是很可靠地把某個東西變出來。在 EPR 實驗中，愛麗絲可以去測量她的自旋，但是她無法保證會測出什麼樣的結果。里赫－施利德定理意味著，如果我們在目前所在的地點去測量量子場，可能會得出某個測量結果，而它會與在月球上突然出現一個泰姬陵有關。但是，無論我們多麼的努力，實際能得到這個結果的機率將會非常、非常、非常地（說三次！）渺小。大多數的時間，一個局部的實驗，對於世界上遠處的其他地方，絲毫不會造成任何影響。就像其他很多異乎尋常的量子力學效應一樣，在實際生活裡，我們一點也不需要去擔心。

在某些特定的圈子裡，有一個大家很喜歡在晚餐後討論的話題是「我們是否應該對里赫－施利德定理感到驚訝？」對於我們可以在自己家裡的地下室做一個實驗，結果可能可以把宇宙變

成任何亂七八糟的狀態，這當然像是一件會讓人吃驚的事。而更令人訝異的是，這就是事實。然而，在另一方面則有人認為，一旦你了解纏結，而且意識到某件在技術上可能會發生的事，但實際會發生的機率卻是微乎其微的狀況，所有的這些就變得不再重要，而我們也不需要再為此而感到驚訝了。如果再換一個角度，從正確的面向來看，在月球上出現泰姬陵的可能性一直都是存在著的，它一直都是量子態裡的一個微小部分。而我們的實驗只是用一個恰當的方式，透過波函數的分支，去把泰姬陵從真空裡變出來而已。

我認為，我們可以覺得驚訝。然而，更重要的是，我們應該要能體會到真空的豐富和複雜。在量子場論裡，連「空無一物」的空間都是一個扣人心弦、引人入勝的地方。

13

Breathing in Empty Space:
在虛空中呼吸

Finding Gravity within Quantum Mechanics
在量子力學內尋找重力

量子場論可以成功地解釋人類有史以來所做過的每一個實驗。在我們需要描述現實的時候，它是我們目前最好的方法。因此，我們不禁會覺得，未來的物理理論都會以量子場論為典範而去發展，或只是稍作一點小改動。

然而，重力，至少在強度大的時候，似乎與量子場論所描述的不是那麼吻合。所以，在這一章裡，我們想要問一下，我們能否從一個不同的角度來處裡這個問題？

　　跟隨著費曼的腳步，物理學家喜歡彼此互相提醒：沒有人真的了解量子力學。與此同時，他們也一直哀嘆著沒有人了解量子重力。或許，這兩個「沒有人了解」彼此是有關係的。重力所描述的是時空狀態本身，而不只是粒子或場在時空中的運動情形，這在我們希望以量子術語來描述重力時，會遭遇到一些特殊的挑戰。或許這件事根本不足為奇，如果我們認為我們並不真的了解量子力學。不過，如果仔細去思考量子理論的基礎，或許可以帶給我們一些新的想法，其中特別是多世界觀點：如果說這個世界只是一個波函數，然後其他所有的東西都是由它湧現出來的。那麼，我們能否去問：彎曲的時空是如何從量子基礎湧現出來的？

　　我們給自己指派一個反向工程的任務：不採取從古典廣義相對論開始，然後把它量子化的方式，而是直接從量子力學裡去尋找重力。也就是說，我們將從量子理論最基本的元素（波函數、薛丁格方程式和纏結）開始去探討，在什麼情況下，我們可以得出湧現的波函數分支，看起來像是在彎曲時空中傳播的量子場。

　　截至目前為止，本書所談論的內容都是已經被充分理解或是成熟的學說（基本的量子力學），或者至少是一些合理的、可被接受的假說（多世界裡論）。然而，就知識與理解的安全性而言，我們已經走到了邊界，現在要開始冒險進入未知領域。我們要開始審視一些目前還只是推測性的想法，它們對理解量子時空和宇宙學來說可能是重要的，當然，它們也可能都是不重要的。或許，還需要再過幾年，甚或是幾十年的研究和調查，我們才能有把握地給出確切的答案。但在目前，我們要盡一切努力，透過這些想法來刺激進一步的思考，並密切關注未來討論的進展，但

請記住，這份內在的不確定感是由於我們正站在知識的最前線，並正與這些難題浴血奮戰中。

□　□　□

愛因斯坦曾經若有所思地對一位同事說：「比起相對論，我用更多的腦汁在量子論上。」[35] 然而，卻是他在相對論上的貢獻，使愛因斯坦成為知識界的超級巨星。

和「量子力學」一樣，「相對論」也不只是某個特定的物理理論，而是一個可以從中建構理論的架構。時空的本質是所有「相對論性」理論都共享的一幅圖像，在那裡，物理世界被描述為發生在單一「時空」（spacetime）裡的事件。即使在相對論問世之前，人們就可以在牛頓力學裡去談論時空：有一個三維的空間和一個一維的時間，如果你想要標示宇宙中的某個事件，你需要去標明該事件發生在空間中的何處，以及時間上的何時。然而，在愛因斯坦之前，沒有任何動機會去想把它們結合成一個單一的四維時空。但從相對論問世之後，這就成了自然而然的一步。

在「相對論」這個名字之下有兩個大觀念：狹義相對論（special relativity）和廣義相對論（general relativity）。狹義相對論發表於 1905 年，它最基本的觀念是：每一個人都會在真空中測得相同的光速。把這個「光速恆定」的洞見，很堅持地與「不存在絕對的運動座標」結合之後，很直接可以得出時間與空間是「相對的」的結論。時空是普適的，也是所有人都會同意的，但

是，不同的觀察者會把它分開成不同的「時間」與「空間」。

　　狹義相對論是一個架構，它包含了很多個特定的物理理論，所有的這些理論都會冠上「相對論性的」（relativistic）。由馬克士威（James Clerk Maxwell）於 1860 年代集大成而建立起來的古典的電磁學理論，本身就是一個相對論性的理論，即使這個理論問世的時間比相對論還早；想要了解電磁現象之間的對稱性，是最初發明相對論背後的一個重要原因和驅力。（有時候，人們會誤用「古典」這個標籤，把「非相對論性」也包含在內，但是最好的做法是只把它保留給「非量子」就好。）量子力學和相對論是百分之百相容的。在現代粒子物理學所使用的量子場論，它的核心思想就是相對論性的。

　　相對論的另一個重大觀念，是由愛因斯坦在十年之後所提出的廣義相對論，這是他對於重力和彎曲時空所提出的理論。它的關鍵性洞見是，四維的時空不只是一個靜態的背景，提供給有趣的物理事件作為舞臺；時空有它自己的生命。時空可以彎曲和扭曲，並以此來反應出物質和能量的存在。在我們成長的過程中所接觸到的，都是歐幾里得（Euclid）所描述的平面幾何，在那裡，平行線永不相交，而且三角形的內角和永遠是 180 度。愛因斯坦了解到，時空的形狀必須以非歐幾里得幾何學來描述，在那裡，這些「金科玉律」的事實已不再適用。譬如說，兩條平行光線可以在通過真空時聚焦在一起。這個彎曲的幾何學效應就是我們原先所理解的「重力」。廣義相對論帶來了許多令人費解的推論，例如宇宙膨脹和黑洞的存在，儘管物理學家花了很長時間才意識到這些推論是什麼。

　　狹義相對論是一個架構，然而廣義相對論卻是一個特定的理論。就像牛頓定律掌管著古典系統的運動方式，或是薛丁格方程式掌管著量子波函數的演化方式一樣，愛因斯坦則是推導出一條掌管時空曲率的方程式。就像對待薛丁格方程式一樣，看一眼愛因斯坦方程式究竟是何模樣也是蠻有趣的，雖然我們不必去關心它的細節：

$$R_{\mu\nu} - (½)Rg_{\mu\nu} = 8\pi GT_{\mu\nu}$$

　　愛因斯坦方程式背後的數學是複雜而且嚇人的，不過它的基本觀念卻很簡單，惠勒（John Wheeler）很精闢地把它摘要成：物質告訴時空如何彎曲，而時空則告訴物質如何移動。方程式的左側是時空曲率的大小，右側是描述類似能量等物理量的特徵，例如動量、壓力與質量。

　　廣義相對論是古典的理論。時空的幾何學是獨一無二的，它的演化是決定性的，而且原則上是可以精確地去測量它，而且不會對它造成任何干擾的。所以在量子力學問世之後，物理學家們很自然地認為，只要把廣義相對論「量子化」，就能得出重力的量子理論。這件事，說起來容易，但做起來就是另外一件事了。廣義相對論特別的地方在於，它是一個關於時空的理論，而不是關於位在時空內的東西的理論。其他量子理論所描述的波函數，會指派一個機率給在空間中某個特定位置，和在時間中某個特定的瞬間，觀察到某個東西的機率。相對來說，量子重力將必須是

一個關於時空本身的量子理論。因此，這個差別引起了一些問題。

很自然地，愛因斯坦是第一個意識到這個問題的人。如何能把量子力學的原理應用到時空的本質上，即使只是用想像的，這都是一件困難的事。在 1936 年時，他思忖著：

> 或許海森堡方法的成功，指出了一個能以純代數來描述自然的方法，也就是去刪除來自物理上的連續函數。然而，這代表，原則上我們也必須放棄時空的連續性。不難想像，以人類的聰明才智，在未來的這條路上，我們一定能找到可行的方法。不過在目前，這個方案就像是想在虛空中呼吸一樣。[36]

當時，愛因斯坦正在思考海森堡探索量子理論的方法，你應該還記得，海森堡只描述了顯然可見的量子躍遷，完全忽略在微觀角度下的過程細節。當我們想把這個方法，切換到比較接近薛丁格看待波函數的觀點時，相似的困難點依然存在。假設，我們需要一個波函數，分別指派不同的振幅給不同的時空幾何形狀。然後再假設，譬如說，這個波函數有兩個分支，分別描述不同的時空幾何形狀，如此一來，在這兩個分支上的兩個事件，將不會有一個唯一的方法可以明確標示出，它們是位在時空上的一個「相同」的點。換句話說，在不同的時空幾何形狀之間，不再會有一張獨一無二的地圖。

考慮一個二維的球面與環面。想像你有一個朋友在球面上選

了一個點，然後要求你在環面上選一個「相同」的點。你一定無從選擇，而且這個理由很充分；因為這根本是做不到的。

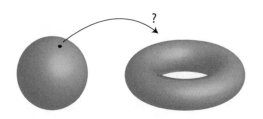

很明顯，時空無法繼續在量子重力裡扮演中心的角色，如同它在其他的物理領域那樣。一個單獨的時空是不存在的，存在的是一個許多不同時空幾何形狀的疊加態。我們不能再去問，電子出現在空間某處的機率是多少？因為我們不再有一個客觀的方法來標示我們所說的某處究竟是指哪裡。

此外，從量子重力理論衍生出來的一系列觀念問題，讓它有別於其他的量子力學理論。這些問題可能對我們宇宙的本質產生重要影響，其中包括宇宙在最初時發生了什麼，或者宇宙是否真的有開端等問題。我們甚至可以問，空間和時間本身是否是基本的？或者它們是從更深層次的事物中湧現出來的？

□　□　□

就像量子力學的基礎問題一樣，量子重力這個領域也因為物理學家把注意力放在別處而被冷落了數十年。不僅如此，因思考

可以適用於整個宇宙的量子理論而受到啟發，艾弗雷特提出多世界理論，其中，重力扮演了重要的角色，而這也是他的導師惠勒已經思考多年的問題。但是，即使我們暫時擱置這些觀念問題，在發展量子化重力這條路上，還是充滿了其他的障礙。

其中一個主要的路障是獲得直接的實驗數據。重力是一個很微弱的作用力。兩個電子之間的靜電排斥力是重力的 10^{43} 倍。實際上，在含有少數數個粒子的實驗中，如果我們預期會出現量子效應，那麼與其他的影響相比，重力的效應是完全可以忽略不計的。如果我們想讓量子重力的效應變得明顯，那麼我們需要建造的粒子加速器，在尺度上是能以普朗克能量來撞碎粒子的。不幸的是，如果以目前的機器和技術為基礎，只有在尺寸上放大的話，我們會需要一部直徑以光年為單位的加速器。而目前，這根本就是一個不可行的實驗計畫。

除了剛剛所提到的觀念性問題之外，這個理論本身也存在一些技術性的問題。廣義相對論是一個古典的場論。它所涉及的場稱為**度規**（metric）。（愛因斯坦方程式中央的符號 $g_{\mu\nu}$ 代表度規，而其他的物理量則取決於它。）「度規」這個字源自希臘文的 metron，意思是「某個用以測量的東西」，而這正是度規場允許我們去做的事。假設時空中有一條路徑，度規告訴我們這條路徑的長度。度規在本質上是畢氏定理的升級版；原本只適用於歐幾里得的平面幾何的畢氏定理，需要經過一般化之後才能應用在彎曲的時空曲面上。只需知道每一個度規的長度就可以確定每個點上的時空幾何。

即使是在狹義相對論裡，時空就有一個度規（用以測量、測

度的尺規），或者以測量而言，早在牛頓的物理學中就有了。只不過，那是一個剛性的、不變的和平坦的度規——時空的曲率在每一點上都是零。廣義相對論的重要洞見是使度規場變成動態的，而且是會受物質和能量影響的東西。我們可以像對待任何其他的場一樣，嘗試把它量子化。在量子化的重力場中出現看起來像粒子一樣的小漣漪，稱為**重力子**（graviton）；就像在電磁場中的小漣漪看起來像光子一樣。目前，尚未有任何人曾經偵測到重力子，由於重力的強度極其微弱，所以在未來也很可能不會有人能偵測到它。不過，如果我們接受廣義相對論和量子力學的基本原理，那麼重力子的存在是無庸置疑的。

接著，我們可以問，當重力子彼此散射或是與其他粒子散射時，會發生什麼事？遺憾地，我們發現這個理論所做出來的預測，毫無道理可言（如果它有做出任何預測的話）。對任何一個我們感興趣的物理量，都需要輸入無限多個參數才能做計算，也就是說這個理論毫無預測能力可言。所以，我們只能把注意力局限在一個「有效的」重力場論上，在那裡，我們設限只把注意力放在長波長和低能量的範圍內。如此一來，我們就能夠去計算太陽系中的重力場，甚至是以量子重力的方式來計算。但是，如果我們想要一個萬有理論，或者至少是一個可以包含所有可能的能量的重力理論，我們就會陷入困境。我們需要某個更戲劇性的東西。

當代研究量子重力最流行的方法是弦論（string theory），它以小圓環或一小段一維的「弦」來取代粒子。（不要問弦是由什麼所構成的，構成弦的東西就是構成所有其他物質的東西。）

這些弦的本身非常地微小，以至於我們從遠處來看它們時，它們看起來會像是粒子一樣。

弦論的出現，最初是為了幫助理解強核力，但結果沒有成功。其中一個問題是，這個理論無可避免地會預測出一種看似，而且行為都與重力子相似的粒子。這個狀況最初讓人有點苦惱，但是很快地，物理學家們開始想：「呃，重力的確是存在的。也許弦論就是重力的量子理論？」結果竟然真是如此，而且更好的是還有一個額外的優點：所有這個理預測出來的物理量都是有限的數值，也不需要輸入無限多個參數才能做計算。當格林（Michael Green）和施瓦茨（John Schwarz）於 1984 年證明弦論在數學上具一致性之後，弦論的流行開始一發不可收拾。

如今，弦論是在多方探索量子重力的方法中最熱門的方法，雖然其他的想法也有各自的擁護者。在流行的方法中排名第二的是**迴圈量子重力**（loop quantum gravity），它是從聰明地選擇一些變數開始，然後直接去量子化廣義相對論，而不是從時空在不同位置處的曲率著手；這個理論考慮向量在空間中封閉的圓環上移動時，會如何旋轉？（如果空間是平的，那麼向量完全不會旋轉；但如果空間是彎曲的，則向量可以很大幅度地旋轉。）弦論的目標是成為一個可以同時解釋所有作用力和物質的理論，而迴圈量子重力的目標則只針對重力本身。不幸的是，無論是哪一個研究方向，就取得與量子重力相關的實驗數據而言，障礙都一樣大，因此，我們無從得知哪一個研究方向（如果有的話）才是正確的。

而且，雖然弦論在解決量子重力的技術性問題上有取得一些進展，但對於觀念問題，它卻沒有太大的幫助。的確，在量子重

力的社群中，某個考慮不同研究取向的優劣時，是去詢問我們該如何思考觀念這一側的問題。不過，弦論學家傾向於相信，如果我們可以克服所有的技術性問題，那麼這些觀念性的問題最終總會自行解決的。對於抱持不同觀點的人，可能會被推往迴圈量子重力或其他的研究取向。在沒有實驗數據指路的情況下，各自陣營的觀念會傾向於變得根深蒂固。

　　弦論、迴圈量子重力或其他的想法都有一個共同的模式：它們都是從一組古典的變數開始，然後去做量子化的工作。然而，從我們在本書裡一直追蹤的觀點來看，這個做法有點像在「開倒車」。自然從一開始就是量子的，它是由一個遵循適當版本的薛丁格方程式而演化的波函數所描述。其他諸如「空間」、「場」與「粒子」等東西，都只是在適當的古典近似下，有助於我們來談論波函數而已。我們不想從空間和場開始，然後來量子化它們；我們想直接從量子波函數中，把它們提取出來。

□　□　□

　　我們如何能從波函數裡找到「空間」呢？也就是說，我們想要從波函數中找到某些特徵，一些看起來像是我們已知的空間的特徵，其中特別是某個可以對應到度規的東西，也就是讓我們可以藉此來定義距離的東西。因此，讓我們來考慮一下距離如何出現正常的量子場論中。為簡單起見，先讓我們先考慮空間中的距離；稍後我們再來討論如何把時間也加進這場遊戲裡。

　　距離出現在量子場論中的一個明顯的地方，也就是我們在上

一章所看到的：在虛空中，在不同區域內的場是相互纏結的，而且相距較遠的區域，其中的場的纏結程度較小，反之，則纏結的程度較大。與「空間」不同，「纏結」的觀念適用於所有抽象的波函數。所以，我們或許可以從這裡掌握到一點東西，根據狀態的纏結結構來定義距離。我們所需要的只是一個量化的測量方法，可以用來表示量子子系統實際的纏結程度。幸運的是，真的有這樣的一個測量方法存在，它就是：熵。

馮紐曼展示了量子力學如何引進熵的觀念，它與原始的熵的概念很接近，但又不完全相同。如同波茲曼所解釋過的，我們從一組能以各種方式混合在一起的成分開始，例如流體中的原子和分子。熵是一種計量的方法，它告訴我們在不改變系統巨觀外觀的情況下，可以有多少種不同的方式來排列這些成分。熵與無知有關：高熵狀態是指那些，只從表面所觀察到的巨觀特徵來看，我們對系統微觀細節知之甚少的狀態。

稍微不同的是，馮紐曼的熵在本質上純粹是量子力學的，而且是源自於纏結的觀念。考慮一個被分成兩個部分的量子系統。它可以是兩個電子，也可以是空間中兩個不同區域內的量子場。和往常一樣，就一個完整的系統而言，它只會由一個波函數來描述。這個系統具有一些明確的量子態，即使我們只能預測測量結果可能出現的機率而已。然而，只要這兩個子系統之間有纏結存在，對整體而言，它就只會有一個單一的波函數，而不會有兩個分開的波函數。換句話說，這兩個部分並不會各自擁有屬於它們自己的明確的量子態。

馮紐曼證明，對於許多目的而言，纏結的子系統不具有各自

明確的波函數這一事實，類似於它們各自具有自己的波函數，但是我們不知道這個波函數是什麼。換句話說，量子子系統非常類似於古典情況，亦即內部可能存在有許多不同的狀態，但在巨觀上看起來都是相同的。而這種不確定性可以量化為我們現在所說的**纏結熵**（entanglement entropy）。量子子系統的熵愈高，它與外界的纏結程度就愈大。

考慮兩個量子位元，一個屬於愛麗絲，另一個屬於鮑勃。首先，假設它們之間彼此沒有纏結，因而各自擁有一個波函數，例如上自旋和下自旋相等的疊加態。在這個情形下，這兩個量子位元的纏結熵都等於零。雖然我們只能預測某個測量結果出現的機率，但是每一個子系統仍然是處於一個明確的量子態。

接下來，讓我們假設這兩個量子位元是纏結的，例如是「兩個位元都是上自旋」和「兩個位元都是下自旋」相等的疊加態。愛麗絲的位元並沒有它自己的波函數，因為它與鮑勃的位元纏結在一起。實際上，鮑勃真的可以去測量他的量子位元，波函數會因此而發生分支，從而產生兩個愛麗絲的分身，各自擁有一個明確的自旋狀態。但是，這兩個愛麗絲的分身都不知道自己手中的自旋態是什麼，也就是說，她是處於一個無知的狀態之中，她最多只能知道測得上自旋和下自旋的機率各為百分之五十而已。請注意這裡有個細微的不同：愛麗絲的量子位元並不是處於一個量子疊加態之中，而使得她無法知道測量的結果將會是什麼；在個別分支上的狀態，絕對會給出一個明確的測量結果，她只是還不知道這個狀態是什麼而已。因此，我們可以把她的量子位元描述為擁有一個「非零的熵」。馮紐曼的觀念是，我們應該認為愛麗

絲的量子位元具有一個非零的熵，即使在鮑勃測出他的自旋結果之前，因為她畢竟無從得知他是否已經做過測量了。這就是纏結熵。

．．．

　　讓我們看看纏結熵在量子場論中的模樣。先暫時忘記一下重力，考慮真空態中一個空無一物的虛空區域，該區域有一個明確標示的邊界，可以把它的內與外區隔開來。真空是個有趣的地方，它充滿了量子自由度，我們可以把這些自由度想成是量子場的振動模態。這個區域內的模態會和區域外的模態發生纏結，所以這個區域會有一個與纏結有關的熵，即使從整體來看，它就只是真空態。

　　我們甚至可以計算出這個熵的數值。答案是：無限大。這是量子場論很普通的一件麻煩事，許多表面上與物理相關的問題，都會出現看似無限大的答案，因為一個場會有無數種可能的振動方式。但就像我們在上一章對待真空能量的做法，我們可以問一下，當我們施加截止點，只允許某個特定波長以上的模態之後，會發生什麼事？答案是：熵會變成一個有限值，而且它會很自然地與該選取區域的面積成正比。這個道理不難理解：雖然在某個部分空間內振動的場，會與外部所有的區域都有纏結，但是大部分的纏結還是只會集中在該區域的附近而已。因此，在虛空中某個區域內部的總熵，與跨越邊界的纏結程度有關，而這會正比於該邊界的大小——也就是該區域的面積。

　　這是量子場論一個非常有趣的特徵。在虛空中挑出一塊區域，該區域的熵會與它的邊界面積成正比。從某方面來看，它把一個幾何量（區域的面積）和一個「物質」量（內部所包含的熵）關聯起來。這一切聽起來，隱約讓人聯想到愛因斯坦的方程式，這個方程式也是連結了幾何量（時空的曲率）與物質量（能量）。這二者之間有什麼關聯嗎？

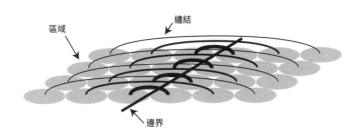

　　正如馬里蘭大學天才物理學家傑可卜森（Ted Jacobson）在1995 年發表的一篇頗具啟發性的論文所指出的那樣，它們二者是可能有關聯的。在普通不考慮重力的量子場論中，熵與真空態中的面積成正比，但在較高的能態下，情況就未必如此。傑可卜森假設重力有些特殊之處：當考慮重力時，某個區域內的熵總是會正比於它的邊界面積。這完全不是我們先前所預期的量子場論，但也許，一旦在重力加進這場遊戲後，事情就會變成這樣。我們可以先假設情形就是如此，接著再看看會發生些什麼事？

　　發生的事情相當精彩。傑可卜森假設，某個表面積的大小正比於由它所包圍的區域內的熵。面積是一個幾何量；在不知道這個空間的形狀之前，我們無法去計算它的表面積大小。但是傑可

卜森注意到，我們可以把一個很小的表面面積，和出現在愛因斯坦方程式左側的那個相同的幾何量關聯起來。別忘了，熵會告訴我們某些與「物質」相關的事（就整體而言）；也就是關於時空中的一些東西。熵這個概念最初源自於熱力學，它與離開系統的熱量有關，而熱是一種能量形式。傑可卜森也提出，這個熵可以直接與出現在愛因斯坦方程式右側的能量項相關聯。經由這些精巧的構思，他可以**推導**出愛因斯坦的廣義相對論方程式，而不是像愛因斯坦那樣，只能直接假設這條方程式。

說得更直接一點，考慮在平坦時空上的一小塊區域。它具有一些熵，因為在它內部的模態與外部區域是有纏結的。現在，假設我們稍微改變一下這個量子態，使該區域的纏結減少，從而降低它的熵。在傑可卜森的圖像中，這個區域的邊界也會跟著發生變化，也就是會稍微縮小一些。而且，他展示了時空的幾何形狀會隨著量子態的變化而變化，而這與愛因斯坦的廣義相對論方程式是等價的；也就是把曲率和能量關聯起來。

傑可卜森的這個想法，激起了一個新興領域的研究熱情，這個領域現在稱為**重力的熵力假說**（entopic gravity）或**重力的熱力學描述**（thermodynamic gravity）。帕德馬納班（Thanu Padmanabhan）和弗爾林德（Erik Verlinde）分別在 2009 與 2010 所發表的論文，也為這個領域裡做出了其他重要的貢獻。時空在廣義相對論中的行為，可以簡單地解釋為是系統朝向高熵組態移動的自然趨勢。

這是一個相當激進的觀點轉變。愛因斯坦從能量的角度思考，能量是一個確定的物理量，與宇宙中物質的組態有關。傑可

卜森和其他人則提出，我們也可以從熵的角度來得出相同的結論，熵是一種集體現象，是由組成系統的許多小成分相互作用而湧現出來的。這樣一個簡單的焦點轉移，可能提供了一個關鍵方法，讓我們得以在探索基本量子重力理論的道路上繼續前進。

□　□　□

傑可卜森本人並沒有提出量子重力理論。他所提出的是一種推導愛因斯坦古典廣義相對論方程式的新方法，其中把量子場作為能量來源。「面積」、「空間區域」等字眼的出現，應該是向我們表明，上述的討論是把時空視為有形的、古典的事物。但考慮到纏結熵在這個推導過中所扮演的核心角色，讓人很自然地想問，我們是否能把基本思維調整成，從在本質上更接近量子的方式開始思考，亦即空間本身就是從波函數中湧現的。

在多世界理論中，波函數只是一個抽象的向量，存在於由數學建構而成的超高維度希伯特空間之中。通常我們製造波函數的方法，是從古典的東西開始，然後把它量子化，這個做法讓我們立刻可以處理這個波函數所應該代表的內容，也就是構成它的那些基本成分。但在這裡，我們並沒有這樣的奢侈。我們所擁有的只是這個狀態本身和薛丁格方程式。我們將會抽象地討論「自由度」，但它們並不是任何容易識別的古典事物的量子化版本——它們是可以從中湧現出時空（和其他一切事物）的量子力學本質。惠勒過去常常談論「它來自位元」（It from Bit）的想法，這暗示著物理物質世界（以某種方式）源自於資訊。如今，當量

子自由度的纏結成為主要焦點時，我們喜歡談論的是「它來自量子位元」（It from Qubit）。

如果我們回顧一下薛丁格方程式，它表明波函數隨時間的變化率會受哈密頓量支配。請記住，哈密頓量是一種描述系統包含有多少能量的方式，同時它也是一種涵蓋系統所有動力學性質的簡潔方式。在現實世界中，動態局域性是哈密頓量的一個標準特徵——子系統只與彼此相鄰的子系統之間有交互作用，而當它們相距很遠時，則不會有交互作用。影響可以穿越空間，但只能以小於或等於光速的速度來傳播。因此，某個特定時刻所發生的事件，會立即受到影響的，只有在當下那個位置所發生的事情而已。

帶著我們給自己指派的任務——空間如何從抽象的波函數中湧現出來？——我們沒有這份奢侈，可以從個別的部分開始，然後去問它們之間是如何交互作用的。我們知道「時間」在這個脈絡裡的意義——它就是薛丁格方程式裡的那個字母 t ——但是我們沒有粒子、沒有場，甚至也沒有在三維世界裡的位置。我們被困在虛空中呼吸，需要從能找到氧氣的地方去尋找氧氣。

所幸，這個情形剛好是反向工程適用的地方。與其從組成系統的各個部分開始，然後去詢問它們之間的交互作用情形，我們可以反過來問：已知系統作為一個整體（抽象的量子波函數）及其哈密頓量，有沒有可以把它分解成子系統的合理方法？這就像你一輩子都在買已經切片切好的吐司麵包，然後現在被給一條尚未切片的麵包。我們可以想像出很多種切割它的方式；但有沒有某種最好的方式存在？

　　答案是有的，如果我們相信局域性是現實世界中的一個重要特徵的話。我們可以一個位元一個位元，或者一個量子位元一個量子位元地解決這個問題，無論以何種速率。

　　一個普通的量子態可以視為由一組有限能量的基底所組成的疊加態。（就像一個普通具有自旋的電子，可以被視為由百分之百上自旋與百分之百下自旋所組成的疊加態。）對每一個可能的確定的能量狀態，哈密頓量都能告訴我們它實際的能量是多少。根據那份可能的能量清單，通常會有一個獨特的方法來分割波函數，使得這些子系統能在「局部」交互作用。事實上，如果是一份隨機的能量清單，則不會有任何可以把波函數分割成局部子系統的方法，但是，如果我們有一份正確的哈密頓量，就會剛好有一個最好的分割方法。為了滿足「物理看起來是局域的」的要求，它可以指導我們如何去把我們的量子系統分解成一組自由度的集合。

　　換句話說，我們不需要從組成現實的基本構件開始，然後去把它們拼湊成我們現在這個世界。我們可以從這個世界開始，然後去問是否有一個方法，可以把它想成是由某些基本構件所組成的集合體。只要有正確的哈密頓量，就會有這樣的一個方法；而所有我們關於這個世界的數據和經驗都告訴我們，我們的確擁有這樣的一個哈密頓量。我們可以很容易地去想像一些完全不具有局域性物理定律的可能世界。然而，在那樣的世界裡，我們很難去想像生命會是何模樣，甚或是出現生命的可能性。物理交互作用的局域性，有助於為宇宙帶來秩序。

口　口　口

　　我們可以開始來看看空間本身如何從波函數湧現出來。當我們說有一個獨特的方法，可以把我們的系統分割成不同的自由度，使其只與局部鄰近區域發生交互作用時，我們的意思是，每一個自由度只與其他一小部分的自由度互動而已。「本地」和「最近」的概念並不是從一開始就強加進來的——它們是從這些非常特殊的互動事實中脫穎而出的。思考這個現象的方式不是「自由度只與鄰近的其他自由度發生交互作用」，而是「當兩個自由度彼此有交互作用時，我們**定義**這兩個自由度是『鄰近』的，而當它們沒有互動時，則是『遙遠』的」。一長串抽象的自由度由此被編織在一起，形成一張網絡；在這張網絡裡，每一個自由度都與另外一小部分的自由度連在一起。這張網絡就形成了建構空間本身的骨架。

　　這只是個開始，但我們想要的不只是這樣而已。當有人問你，兩個城市之間距離有多遠時，他們想知道的是比單純的「近」或「遠」來得更具體一些。他們想要知道一個實際的距離，而這就是在正常的情況下，時空的度規允許我們去計算的東西。只有從抽象的波函數分割出的自由度，還不算建立起一個完整的幾何學，目前我們只有遠和近的概念而已。

　　我們還可以做得更好一些。記得我們從量子場論的真空態裡所得出的一個直覺，也就是傑可卜森用來推導愛因斯坦方程式的做法：某個空間區域的纏結熵正比於該區域邊界的面積。在我們目前以抽象的自由度來描述量子態的脈絡中，我們並不知道「面

積」是什麼意思。不過，我們確實知道在自由度之間會有纏結，而且對於由自由度組成的任何集合，我們都能計算出它們的熵。

所以，再一次採用反向工程的哲學，我們可以**定義**某組自由度集合的「面積」會與其纏結熵成正比。事實上，我們可以宣稱，這也適用於自由度的每一個可能的子集。令人高興的是，數學家在很久以前就已經搞清楚，只要知道在某個區域內，每個可能表面的面積大小，就足以完全確定該區域的幾何形狀；這等於完全知道所有地方的度規。換句話說，結合（1）已知我們自由度是如何纏結在一起的，以及（2）假設任何自由度集合的熵定義了該集合的邊界所圍成的面積，就足以完全決定我們這個湧現出來的空間的幾何形狀。

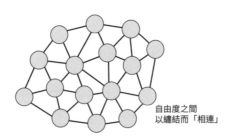

自由度之間
以纏結而「相連」

我們可以用等效，但比較不正式的術語來描述這個結構。從我們的時空中挑出兩個自由度。它們之間一般都會有一些纏結。如果它們是真空態內振動量子場的某些模態，我們就可以確切地知道纏結的程度是多少：如果它們在彼此的附近，它就會很高，如果它們相距很遠，纏結程度就會很低。現在我們只是單純地反過來想。如果自由度是高度纏結的，我們就**定義**它們的距離是接

近的；同理，距離愈遠，纏結愈少。於是，空間的度規就由量子態的纏結結構中湧現出來。

這個思考方式有點不尋常，即使對物理學家來說也是如此，因為我們習慣的思考方式是「粒子通過空間」，而把空間視為理所當然的存在。誠如我們在 EPR 思想實驗中所知道的，兩個粒子可以完全纏結，無論它們之間的距離有多遠；纏結與距離之間並沒有必然的關係存在。然而，在此，我們不是在討論粒子，而是在討論構成空間本身的東西，亦即自由度的基本構件。這些基本構件並沒有以任何舊的方式纏結在一起，而是以非常特殊的結構串在一起。*

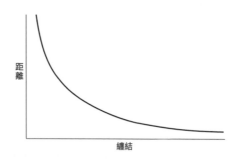

現在我們可以把傑可卜森的技巧應用在熵和面積上。在我們的網絡中，知道每一個表面的面積，可以為我們提供幾何形狀，

---

* 2013 年，馬爾達西納（Juan Maldacena）和色斯金（Leonard Susskind）建議，我們應該把纏結粒子視為是由時空中的微觀（且不可能穿越）蟲洞所連接起來的粒子。這被稱為「ER-EPR 猜想」（ER-EPR conjecture），源自 1935 年的兩篇著名論文：一篇是愛因斯坦和若森的論文，他們在論文中引入了蟲洞的概念；另一篇當然是愛因斯坦、若森和波多斯基的著作，他們在其中討論了纏結。這樣的建議能採納多少，目前還不清楚。

而知道每一個區域的熵，則可以告訴我們有關在該區域內能量的一些資訊。我自己也參與了這個研究方法，在 2016 年和 2018 年時，我與曹春駿（Charles ChunJun Cao）和米哈拉基斯（Spyridon Michalakis）合作發表論文。與此相關的近似想法，也由班克斯（Tom Banks）、費席勒（Willy Fischler）、吉丁斯（Steve Giddings）和其他物理學家進行了一些研究，他們願意去考慮時空不是基本的，而是從波函數中湧現的想法。

現在，我們還不能肯定地說，「是的，這個在空間中湧現的幾何形狀，其隨時間的演化過程，與愛因斯坦廣義相對論方程式所描述的時空完全符合。」這是最終的目標，但我們離它還有一段距離。我們現在能做的，是明確列出所有的條件要求，而事實的確會在這些條件之下發生。個別的條件要求似乎是合理的──例如「在遠距離時，物理學看起來像是一個有效的量子場論」──但其中仍有許多要求尚未獲得證實；截至目前為止，最嚴格的結果只能在重力場相對較微弱的情況下才會成立。儘管已經有一些有前景的想法，但是我們還沒有可以描述黑洞或大霹靂的具體方法。

這就是理論物理學家的生活。雖然我們還沒有所有的答案，但也不要因此丟失了整體的目標：從一個抽象的量子波函數開始。我們已經擁有一張路線圖，描述了空間如何湧現的過程，其中，幾何形狀是由量子纏結所決定，而且這個幾何形狀似乎也遵守著廣義相對論的動力學規則。雖然這個提案包含有太多的限制條款和假設，以至於很難知道該從哪裡開始去列出這些限制。不過，它似乎也展示出一個非常真實的前景：理解宇宙的途徑不在

於把重力量子化，而是要從量子力學裡去尋找重力。

□ □ □

　　你可能已經注意到在這個討論中存在一個微小的不平衡。我們一直在問，時空如何從量子重力的纏結中湧現。但老實說，我們實際上只研究了空間是如何湧現的，而把時間視為是理所當然的。不過，這種方法可能是完全公平的。雖然相對論是以平等的地位來對待空間和時間，但量子力學通常並不這樣。特別是薛丁格方程式，就是以很不同的方式來對待它們：它很明確地描述了量子態是如何隨「時間」演化。至於「空間」，則可能是，也可能不是這個等式的一部分，這取決於我們正在研究的系統，但時間卻是最基本的。一個合理的想法是，我們在相對論裡熟悉的空間和時間之間的對稱性，並不是內建在量子重力裡，而是從古典近似中湧現出來。

　　儘管如此，這還是讓人禁不住會懷疑：時間是否也像空間一樣，可能是湧現的而不是基本的，以及纏結是否與它有任何關係。在這兩個方面的答案都是肯定的，儘管細節還不是很清楚。

　　如果我們從表面上來看薛丁格方程式，時間似乎是一個基本的存在。事實上，我們立刻可以由此得出一個推論：對幾乎所有的量子態而言，宇宙都是亙古永存的，可以無止盡的回溯到過去，以及向未來演化。你可能會認為這與我們常在說的大霹靂事件有衝突，也就是宇宙有開端這一件事。但實際上，我們並不確實知道大霹靂是否真的發生過。大霹靂是古典廣義相對論所預測

的一個事件，而不是量子重力的。如果量子重力是根據某種版本的薛丁格方程式在運作的話，那麼對幾乎所有的量子態而言，時間可以從過去的負無限大，一直朝未來的正無限大推進。那麼，大霹靂可能只是一個過渡階段，而在它之前，存在一個無限古老的宇宙。

因為還有一個漏洞存在，所以我們不得不說這些論述「幾乎就是全部」了。薛丁格方程式表明，波函數的變化率取決於量子系統的能量大小。如果我們考慮的恰好是能量為零的系統，會是什麼狀況？根據薛丁格方程式，我們只能說系統完全沒有演化；時間從這個故事裡消失了。

你或許會認為，宇宙的能量恰好等於零是件極其難以置信的事，但廣義相對論會建議你別這麼肯定。當然，我們周圍似乎到處都是含有能量的東西——恆星、行星、星際輻射、暗物質、暗能量等等。但是當你用數學仔細計算一遍，重力場本身對宇宙的能量也有貢獻，而這通常是一個負值。在一個封閉的宇宙中——一個把自己包圍起來形成緊密幾何形狀的宇宙，例如三維球體或環面，而不是無限延伸的開放形狀——重力剛好能抵消其他一切的正能量。換言之，無論一個封閉的宇宙裡面有些什麼，它的能量都恰好為零。

這是一個古典的陳述，但惠勒和德　特發展出一個量子力學的類比版本。惠勒－德維特方程式明確地表明：宇宙的量子態完全不是隨時間演化的函數。

這看起來很瘋狂，或者至少明顯地與我們的觀察經驗矛盾。因為宇宙似乎確實是在演化中的。這個難題被巧妙地標記為量子

重力中的**時間問題**（problem of time），這可能就是「時間湧現的可能性」可以幫忙的地方。如果宇宙的量子態遵守惠勒－德維特方程式（這似乎有點道理，但還很難確定），時間必須是湧現的而不是基本的。

佩吉（Don Page）和伍特斯（William Wootters）在 1983 年提出了一個可行的方法。假設有一個量子系統由兩個部分所組成：一個時鐘，和宇宙中其他的一切東西。想像一下，時鐘和系統的其餘部分都像往常一樣隨時間演化。現在，我們開始定期拍攝量子態的快照，可以是每秒拍一張，也可以是每個普朗克時間拍一張。在任何一張特定的快照中，量子態都描述了某個特定時刻的時鐘讀數，以及系統的其餘部分在當時的配置狀況。這為我們提供了一個所有系統瞬時量子態的集合。

量子態的偉大之處在於，我們可以簡單地把它們加在一起（疊加）來形成一個新的狀態。因此，我們可以把所有的快照全部加在一起，從而創建一個新的量子態。那麼這個新的量子態就不會隨著時間的推移而演化；它就只是存在著，因為是我們親手構建了它。而且，時鐘不會顯示出具體的時間讀數；因為時鐘這個子系統是所有快照時刻的疊加態。而這聽起來不太像是我們的世界。

但事情是這樣的：在所有疊加起來的快照裡，時鐘的狀態和系統其餘部分的狀態是纏結在一起的。如果我們去測量時鐘並看到它顯示了某個特定的時刻，那麼宇宙的其餘部分就處於，從最初的系統開始演化到在那個特定時刻所處的狀態。

波函數 = (系統 @ t=0, 時鐘 = 0)
  + (系統 @ t=1, 時鐘 = 1)
  + (系統 @ t=2, 時鐘 = 2)
  + ...

　　換句話說，在疊加態裡並沒有「真正」的時間，那個疊加態本身是一個完全靜止的狀態。然而，纏結會在時鐘的讀數和宇宙其他部分的狀態之間，建立起一種關聯。而且，如果宇宙的其他部分在某個時刻的狀態，完全就像是從最初狀態隨著時間的推移而演化到那個時刻的狀態。那麼，我們已經把「時間」從一個基本概念，替換成「從整個量子疊加態中的時鐘部分所讀取到的內容」。如此一來，由於纏結的魔力，時間已經從一個靜止的狀態中湧現出來。

　　宇宙的能量是否真的為零，以及時間是否因此是湧現的？或者能量是一個另外的其他數字，所以時間是基本的？我們還無法做出定論。但以目前的技術水準而言，暫時保留我們的意見，並去研究這兩種可能性，會是一個比較合理的做法。

14

Beyond Space and Time:
超越時間與空間

Holography, Black Holes, and the Limits of Locality
全像、黑洞與局域性限制

霍金在 2018 年去世之前，是世界上最著名的科學家，遙遙領先所有的人。霍金的這份「惡名」完全是他應得的；但這不僅因為他是一位富有魅力和影響力的公眾人物，也不僅因為他有鼓舞人心的個人故事，更多是由於他的科學貢獻本身，具有令人難以置信的重大意義。

霍金最大的成就是證明：一旦我們把量子力學的效應考慮進來，黑洞就「不是那麼黑了」（正如他喜歡說的那樣）。黑洞實

際上源源不斷的向太空中發射出粒子流，這些粒子把能量從黑洞帶走，使得黑洞縮小。這份認識不僅帶來深刻的見解（黑洞具有熵），也帶來了意想不到的謎題（當黑洞形成以及後來蒸發之時，資訊到哪裡去了？）。

黑洞會放出輻射的這個事實，以及這個驚人想法的含義，是我們唯一擁有也是最佳的線索，可以用來理解量子重力的本質。霍金並沒有預先構建一套完整的量子重力理論，然後再用它來證明黑洞會輻射。相反地，他使用了一個合理的近似模型：把時空本身視為是古典的，而且有動態的量子場存在於它之上。無論如何，我們希望這是一個合理的近似模型；不過，在霍金的洞見中，有一些令人費解的觀點，給了我們再次思考的機會。距離霍金首次發表這個主題的原始論文已經過了 45 年，試圖理解黑洞輻射仍然是當代理論物理學中最熱門的課題之一。

雖然距離完成這項任務還很遙遠，但其中似乎有一個含義是清楚的：在上一章勾畫的簡單圖像中，空間是從一組最鄰近的自由度纏結中湧現出來，但這可能不是故事的全部。雖然這是一個很好的故事，而且也可能是構建量子重力理論的正確起點，然而它在很大程度上依賴局域性的概念——在空間中某一點發生的事情，只能立刻影響到其他直接相鄰的點。就我們對黑洞的理解而言，大自然似乎比這更微妙。在某些情況下，這個世界看起來像是自由度的集合在與它最近的鄰居互動，但是，當重力變大時，這個簡單的圖像就崩潰了。自由度不再是分布在整個空間中，而是會擠在一個表面上，至於「空間」則僅僅是一個含有那些資訊的全像投影而已。

　　局域性無疑在我們的日常生活中扮演著重要的角色，但是，一組在空間中某個精確位置上所發生的事物，似乎無法完全捕捉到現實的基本性質。再一次，我們在此又為量子力學的多世界理論添加了一項任務。環顧其他的理論，都是把空間視為已經給定的事物，並在其中工作；然而，波函數優先的艾弗雷特哲學則允許我們接受，空間可能會因為我們的觀察方式，而呈現出一個在基本上完全不同的面貌；如果這是一個有用的觀念的話。物理學家仍在努力研究這個想法的含義，但它的確已經把我們帶到了一些非常有趣的地方。

□　□　□

　　在廣義相對論中，黑洞是一個時空劇烈彎曲的區域，由於彎曲的程度是如此劇烈，以至於任何東西都無法逃脫，甚至包括光的本身亦然。黑洞的邊緣稱為**事件視界**（event horizon），是劃分黑洞內部和外部的界線。根據古典相對論，事件視界的面積只能增大，而不會縮小；當物質和能量落入黑洞時，黑洞的尺寸會增加，但不會向外界丟失質量。

　　每個人都認為這個說法在自然界中是正確的，一直到 1974 年霍金引進量子力學之後才改變了一切。在量子場存在的情況下，黑洞會自然地向周圍輻射出粒子。這些粒子有一個黑體光譜，所以每一個黑洞都有各自的溫度；質量較大的黑洞，溫度較低，而很小的黑洞則可以是很熱的。黑洞輻射的溫度公式是霍金的墓誌銘，雋刻在西敏寺教堂裡。

　　從黑洞輻射出來的粒子會把能量帶走，黑洞會因此失去質量，最終則會完全蒸發掉。儘管能從望遠鏡中觀察到霍金輻射會是件好事，但就我們已知的所有黑洞來說，這都不會發生。以一個質量與太陽相等的黑洞為例，它的霍金溫度約為 0.00000006 K。任何這一類的信號都會被其他來源的信號所淹沒，例如大霹靂遺留下來的微波背景輻射，就有約 2.7 K 的高溫。對這個黑洞而言，假設它完全不再吸取物質和輻射而停止增長，它也需要 1067 年以上的時間才能完全蒸發掉。

　　有一個標準的故事，被用來解釋為什麼黑洞會發出輻射。我說過、霍金說過，這個被廣為傳頌這個故事是這樣的：根據量子場論，真空是一團沸騰冒泡的粒子湯，粒子們時隱時現，通常是由一個粒子和一個反粒子成對出現。按理說，我們平常不會注意到它們，但在黑洞的事件視界附近，其中的某個粒子可能會掉進黑洞內，然後永遠不會出來，而另一個粒子則逃脫到外面的世界。從遠處觀察的人來看，逃逸的粒子具有正能量，為了要平衡賬簿，落入的粒子必須具有負能量，黑洞因為吸收了這些負能量粒子，而導致質量縮小。

　　就我們「波函數優先的艾弗雷特觀點」而言，有一個更準確的方法可以描述正在發生的事情。「粒子出現和消失」的故事是一個豐富多彩的比喻，通常提供很好的物理直覺，它也的確如此。但是，我們真正擁有的東西，是在黑洞附近的場的量子波函數。而且那個波函數不是靜態的；它會演化成某種其他的東西，以目前這個情況而言，它會演化成一個較小的黑洞，以及一些來自這個黑洞並向四方移動的粒子。這和原子中具有稍多能量的電

子，透過發射光子而躍遷到較低能量狀態的過程很像。它們的不同之處在於，原子最終會達到可能的最低能量狀態，之後就停留在那裡，而黑洞（據我們目前所知）則會一直持續衰變，直到在最後一瞬間以高能粒子閃光的形式爆炸，而完全消失。

黑洞如何輻射和蒸發的故事，是霍金以傳統量子場論為基礎推導出來的，它是以廣義相對論的彎曲時空為背景，而不是粒子物理學家通常用來計算的無重力背景。它還算不上是真正的量子重力的結果；因為它是以古典的方式來對待時空，而不是把時空視為量子波函數的一部分。然而，實際上，這個故事似乎不需要對量子重力有深入的了解。據物理學家目前已知的範圍，霍金輻射是一個堅實的現象。換句話說，無論何時，只要我們弄清楚了量子重力，它就應該會重現霍金的結果。

這就引發了一個問題，也就是在理論物理學中惡名昭著的**黑洞資訊難題**（black hole information puzzle）。請記住，量子力學的多世界版本是一個決定論的理論。隨機性只是表面現象，源於自我定位的不確定性，因為波函數在分支發生時，我們無法知道自己確切位在哪一個分支之上。但在霍金的計算中，黑洞輻射似乎不是決定論的；它真的是隨機的，即使沒有任何分支發生也是如此。整個過程是從一個明確的量子態開始，它描述了最初坍縮成黑洞的物質，但在最後，我們無法去精確計算從黑洞蒸發出來的輻射物質的量子態。這些明確標示著初始狀態的資訊，似乎就此丟失了。

想像一下，拿一本書──也許就是你現在正在讀的這本書──然後把它扔進火裡，讓它完全燒掉。（別擔心，你總是可以

多買幾本。）這本書所包含的資訊可能會在火焰中丟失。但是，如果我們運用物理學家特有的想像實驗，我們就會意識到，這種損失只是表面上的。理論上，如果我們能從火中捕捉到每一點點的光、熱、灰塵和灰燼，而且假設我們完全了解物理定律，那麼我們就可以準確地重建出這些被火燒掉的資訊，包括書頁上的所有文字，雖然它永遠不會在現實世界中發生，但物理學說這在理論上是可行的。

大多數物理學家認為黑洞應該也是這樣的：把一本書扔進去，書頁中所包含的資訊應該會被祕密編碼，儲藏在由黑洞發射出來的輻射裡。然而根據霍金對黑洞輻射的推導，情況並非如此；相反地，書中的資訊似乎真的是被銷毀了。

當然，這個推論可能是正確的，資訊真的被破壞了，黑洞蒸發完全不同於普通的火焰燃燒。它也不像所有我們的實驗輸入或輸出過程。但大多數物理學家還是相信資訊是守恆的，而且它確實會以某種方式從黑洞中洩露出來。而且，他們認為解開這道難題的祕密，就藏在對量子重力更好的理解之中。

這件事，說起來容易做起來難。為什麼黑洞一開始會是黑色的？其中一個想法是，為了要從黑洞逃脫，你的速度必須快過光速才行。霍金輻射避免了這個難題，因為這些輻射的源頭，實際上是剛剛好在事件視界的外面，而不是在黑洞的內部深處。不過，對我們所扔進去的書而言，它的確會深深地掉進黑洞內部，而且完好無損的帶著它所含的所有資訊一起掉進去。你可能會懷疑，當這本掉落的書在經過過視界時，是否會以某種方式把它所攜帶的資訊，複製到正在發射出來的輻射之中，藉此把資訊保留

下來。不幸的是，這與量子力學的基本原理互相矛盾；有一個稱為**不可複製定理**（no-cloning theorem）的結果表明，我們不能在不破壞原始副本的情況下複製量子資訊。

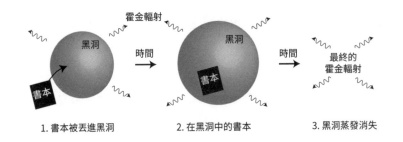

1. 書本被丟進黑洞　　　2. 在黑洞中的書本　　　3. 黑洞蒸發消失

　　另一種可能性是，這本書會一路掉進去，但當它撞到黑洞內部的奇點時，它的資訊會以某種方式轉移到在視界處所發射出來的輻射中。不幸的是，這似乎需要有超光速的通信才行。或者是，需要有等效的動態非局域性——時空中某一點的事件會立即影響到遠處所發生的事情。 根據量子場論的一般規則，這種非局域性恰恰是不可能發生的。這是一個線索，表明一旦量子重力變得重要，可能必須回過頭來大幅修改這些規則。*

□　□　□

* 人們還沒有完全同意墜落的物體是否真的會進入到黑洞內部深處。2012 年，有一群物理學家提出，如果資訊要從蒸發的黑洞逃逸，而又不違反量子力學的基本原則，那麼事件視界必須有一些戲劇性的事情發生：不是通常假設的安靜、空曠的時空，而是有**火牆**（firewall）之稱的高能粒子爆炸事件。關於火牆提案的意見存在分歧，因為理論學家仍在這個問題上爭論不休。

霍金關於黑洞輻射的提議並非憑空而來。它是回應由貝肯斯坦（Jacob Bekenstein）所提出黑洞應該有熵的建議；當時的他只是惠勒在普林斯頓的一名研究生。

激發貝肯斯坦產生這個想法的理由之一是，根據古典廣義相對論，黑洞事件視界的面積永遠不會縮小。這聽起來很像熱力學第二定律，根據該定律，封閉系統的熵永遠不會減少。受這個相似性的啟發，物理學家在熱力學定律和黑洞的行為之間精心地建立了一個類比關係，根據這個類比，黑洞的質量就像熱力學系統的能量，而事件視界的面積就像是熵。

貝肯斯坦認為這不僅僅是一個類比。事件視界的面積不僅僅像是熵，它**就是**黑洞的熵，或者至少會與它成正比。霍金等人一開始對這個想法嗤之以鼻——如果黑洞像傳統的熱力學系統一樣有熵，那麼它們也應該會有溫度，然後還會發出輻射！基於想要反駁這個聽起來很荒謬的想法，霍金最終卻證明這一切都是真的。如今，我們把黑洞的熵稱為貝肯斯坦－霍金熵（Bekenstein-Hawking entropy）。

這個結果之所以如此地引人深思，其原因是，從古典的角度來看，黑洞根本不像是應該會具有熵的東西。因為它只是個虛空的區域而已。當你的系統是由原子或其他微小成分所組成，且這些成分能以許多不同的方式排列，同時又在外觀上保有相同的巨觀性質時，你才會有熵。而黑洞的這些組成成分應該是什麼？答案必須來自量子力學。

我們可以很自然地假設，黑洞的貝肯斯坦－霍金熵是一種纏結熵。黑洞內部有一些自由度，它們與外界纏結在一起。問題是，

這些自由度是什麼？

　　我們首先可能會猜測，自由度只是黑洞內部量子場的振動模態。但這會引發幾個問題。首先，在量子場論裡，某個區域的熵，真正的大小會是「無限大」。雖然我們可以通過選擇忽略非常小的波長模態而把它降低到有限的數值，但這涉及對我們正在考慮的場的振動能量，隨意引入一個截止點的做法。而在另一方面，貝肯斯坦－霍金熵只是一個有限的數字。句號，就這樣。其次，在場論裡，纏結熵應該由所涉及的場的具體數量所決定──諸如電子、夸克、微中子的數量等等。但在霍金推導出的黑洞熵公式中，根本沒有提到這些東西。

　　如果我們不能簡單地把黑洞熵歸因於黑洞內部的量子場，另一種選擇是想像時空本身是由一些量子自由度所構成的，而貝肯斯坦－霍金公式所測量的，是黑洞內部與黑洞外面自由度的纏結程度。如果這聽起來很模糊，那是因為它確實如此。我們並不確定這些時空自由度究竟是什麼，或它們彼此之間如何交互作用。不過，量子力學的一般原理在此應該仍然適用。如果有熵存在，而且這個熵是來自纏結，那麼就必須有可以透過多種不同方式與世界其他部分纏結的自由度存在，即使古典的黑洞是毫無特色、空無一物的。

　　如果這個故事是正確的，那麼黑洞中的自由度就不會是無限大，雖然它的確會是一個非常大的數值。我們的銀河系中心有一個超大質量的黑洞，它與名為人馬座 A*（Sagittarius A*）的無線電電波源有關。通過觀察恆星如何環繞這個黑洞運行，我們可以測出它的質量約是太陽質量的 400 萬倍，而且對應於一個 10^{90} 的

熵，這個數值大於整個可觀測宇宙中所有普通粒子和光子的熵的總和。一個量子系統的自由度數量至少必須和它的熵一樣大，因為這個熵完全源自於該系統的自由度與外界的纏結程度。因此，這個黑洞至少擁有 10^{90} 個自由度。

雖然我們傾向只關注在宇宙中看得到的東西——物質、輻射等——但幾乎所有宇宙的量子自由度都是看不見的，它們唯一的功能就是把時空縫合在一起。在一個一般成年人大小的空間中，至少會有 10^{70} 個自由度；我們之所以知道這一點，因為那是我們可以把這個數量的黑洞的熵，填進這個的體積裡。但是，一個人的身體大約只有 10^{28} 個粒子。所以，我們可以把粒子想像成是一個已經「開啟」的自由度，而所有其他的自由度，則是在真空態下處於平靜的「關閉」狀態。從量子場論的觀點來看，無論是人類或是恆星的中心，都與空無一物的空間沒有太大的差別。

▫ ▫ ▫

也許黑洞的熵與其面積成正比這一件事，正是我們所應該預期的。在量子場論中，空間區域的熵與其邊界面積成正比是很自然的，而黑洞就只是空間中的一個區域。但在這個表面之下隱藏了一個問題。對於在**真空態**中的某個空間區域而言，它的熵與其邊界面積成正比是很自然的。但是，黑洞並不是真空態的一部分；那是一個黑洞，而其時空是嚴重彎曲的。

黑洞有一個非常特殊的性質：對任何給定的空間區域大小，它們都代表了**最高熵狀態**。貝肯斯坦首先注意到這個值得思考的

事實，後來由布索（Raphael Bousso）做了進一步完善的工作。如果你從真空態內的某個區域開始，然後試圖增加它的熵，你也必須同時增加它的能量。（由於你是從真空態開始的，所以能量除了增大之外沒有其他的可能。）在你不斷地投入熵時，能量也會隨之增加。到最後，這個固定區域內的能量會增大到它本身無法負荷的程度，而不得不崩陷成一個黑洞。這就是那是極限；一旦黑洞形成，你就不能把更多的熵放進那個區域裡。

這個結論與一般不考慮重力的量子場論所預期的結果截然不同。如果不考慮重力，某個區域所能容納的熵並沒有限制，因為那個區域所能容納的能量也沒有上限。這反映了一個事實：在量子場論中，即使空間區域的大小是有限的，它也可以擁有無限多的自由度。

重力的情形似乎不同。就某個給定的區域而言，它所能包含的能量和熵都是有上限的，這似乎意味著，它的自由度數量是有限的。這些自由度以某種正確的方式纏結在一起，從而縫合出該區域內的時空幾何形狀。不僅僅是黑洞而已：在我們所能想像的範圍裡，在時空中每一個的區域都會有一個熵的上限（某個相同區域大小的黑洞所能擁有的熵），因此該空間內的自由度也會是個有限值。即使是對整個宇宙而言，情況也是如此。因為有真空能量，而且空間正在加速膨脹中，這意味著在我們的周圍有一個視界，它描繪了我們宇宙可觀察部分的範圍。這個可觀察的空間區域所具有的最大熵是有上限的，因此只需要數量有限的自由度，就可以描述我們看到或將要看到的一切。

如果這個故事的邏輯是在正確的方向上，它會對量子力學的

多世界圖像產生直接而深遠的影響。對整個系統而言，數量有限的量子自由度意味著，一個有限維度的希伯特空間（在這種情況下，系統是指任何選定的空間區域）。這也意味著，波函數的分支數量會是某個有限值，而不會是無限多個。這就是為什麼在第八章中，愛麗絲對波函數中是否存在無限多個「世界」持謹慎保留態度的原因。在許多量子力學的簡單模型中，例如在空間中平穩移動的一組固定的粒子，或是任何普通的量子場論，希伯特空間都具有無限多的維度，也可能存在有無限多個世界。但是重力似乎以某種重要的方式改變了這件事。它阻止了大多數這樣的世界存在的可能，因為這些世界會描述出把過多的能量塞進某個局部區域的情況。

因此，也許在真實的宇宙中，也就是肯定有重力存在的情況，艾弗雷特量子力學只描述了數量有限的世界。愛麗絲先前所提到的希伯特空間維度是 $2^{10^{112}}$。

現在我們可以簡單介紹如何得出這個數字：就我們可觀測的宇宙而言，先計算當它在達到最大熵後所會擁有的熵為何，然後以倒推的方式，去計算希伯特空間需要多大才能容納那麼大的熵。（可觀測宇宙的大小由真空能量決定，因此 2 的指數 10^{122} 是普朗克尺度對宇宙學常數的比值，我們在第十二章有過詳細的討論。）以我們目前對於量子重力基本原理的理解而言，還無法肯定的艾弗雷特世界的數目是否為有限多個，但這肯定已經讓事情變得簡單多了。

▫ ▫ ▫

　　黑洞的「最大熵」性質對量子重力也有重要影響。在古典廣義相對論中，黑洞的內部，也就是介於事件視界和奇點之間的區域，並沒有什麼特別之處。那裡雖然有一個重力場，但對於一個掉進黑洞的觀察者來說，它看起來就和虛空一樣。根據我們在上一章所講述的故事，「虛空」的量子版本類似於「一個由時空自由度纏結在一起的集合，所形成的一個湧現的三維幾何」。這個描述的含意是，自由度或多或少均勻地散布在我們正在觀察的這個空間體積裡。如果這是真的，那麼這個空間形式的最大熵狀態，就是空間內所有的自由度都與外部世界纏結在一起的情況。如此一來，這個熵將會與該區域的體積成正比，而不是與其邊界的面積成正比。這是怎麼回事？

　　黑洞資訊難題中藏有一條線索。這裡的問題是，沒有明顯的方法可以把資訊從落入黑洞中的書本，傳輸給在事件視界處發射出來的霍金輻射，至少信號的傳輸速度不可能超過光速。那麼，你認為底下這個瘋狂的想法怎麼樣：也許所有關於黑洞狀態的資訊——包括「內部」的和視界上的——都可以被認為是存在於視界這個地方，而不是深埋在黑洞的內部某處。從某種意義上說，黑洞狀態是「存在於」一個二維的表面上，而不是被伸展到一個三維的體積裡。

　　這個構想最初是由胡夫特（Gerard't Hooft）和色斯金在1990 年代提出，部分想法則是基於梭恩（Charles Thorn）在1978 年的一篇論文，這個想法被稱為**全像原理**（holographic principle）。在普通的全像圖中，把光照在二維表面上會顯示出

一個看起來是三維的立體圖像。根據全像原理，黑洞這個看似三維的內部空間，反映了它在事件視界這個二維表面上的編碼資訊。 如果這是真的，也許把資訊從黑洞傳輸給由它所發射出來的輻射就不再是難事了，因為資訊一開始就是存在於事件視界之上的。

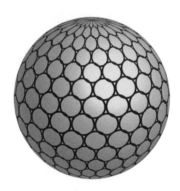

黑洞的資訊被以全像投影的方式編碼在事件視界上

全像原理對於現實世界中的黑洞有何確切含義，物理學家尚未達成共識。它只是一種計算自由度的方法？還是我們應該認為，在事件視界上真的存在一個描述黑洞物理學的二維理論？我們不知道答案。但是有一個不同的脈絡，全像原理非常精確：所謂的 AdS/CFT 對偶（AdS/CFT correspondence），由馬爾達西納在 1997 年提出。名稱中的「AdS」代表「反德西特空間」（Anti-de Sitter space），這是一個假設的時空，除了負真空能量（與我們現實世界的正真空能量相反）之外沒有任何物質來源。「CFT」代表共形場論（conformal field theory），是一種特殊的量子場論，可以在 AdS 無限遠處的邊界上定義。根據馬爾達西納的說法，這兩個理論在暗地裡是等效的。基於幾個原因，這個想法非

常值得深思。首先，AdS 理論包括了重力，而 CFT 則是一個普通的場論，完全沒有考慮到重力。其次，時空的邊界比時空本身少一個維度。例如，假設我們考慮四維的 AdS，這相當於是三維的共形場論。你再也找不到比這更明確的全像原理應用了。

想要深入討論 AdS/CFT 的細節需要另外一本書。但值得一提的是，現代大多數關於時空幾何與量子纏結之間的聯繫的研究，正是在這樣的背景下進行的。誠如笠真生（Shinsei Ryu）、高柳匡（Tadashi Takayanagi）、拉姆斯東克（Mark van Raamsdonk）、斯溫格爾（Brian Swingle）和其他人在 2000 年代初期指出的那樣，在 CFT 邊界上的纏結和從 AdS 內部得出的幾何形狀之間存在直接聯繫。隨著量子重力模型的發展，由於 AdS/CFT 的定義相對明確，因此在過去幾年中，理解這種聯繫一直是人們努力的目標。

哎呀，這不是真實世界。AdS/CFT 的所有樂趣，都來自於把內部的東西和邊界的東西關聯起來；內部是有重力的區域，而邊界則是沒有重力的地方。邊的存在對於依賴負真空能量的反德西特空間來說是非常特殊的。不過，看起來，我們的宇宙所擁有的是正真空能量，而不是負真空能量。

有一個古老的笑話，內容是醉漢在路燈下尋找丟失的鑰匙。當有人問他是否確定把鑰匙丟在那裡時，他回答說，「哦，不，我在別處丟了，但這裡的光線要好得多。」在量子重力遊戲中，AdS/CFT 是世界上最亮的路燈燈柱。通過研究它，我們發現了很多很有趣的概念，也對理論物理學家很有用，只不過沒有直接的途徑可以利用這些知識，來理解為什麼蘋果會從樹上掉下來，

或是我們周圍空間中關於重力的其他面向。繼續追求是值得的，但更重要的是要讓我們的眼睛盯著獎品：了解我們實際生活的世界。

□　□　□

相對於現實世界中的黑洞而言，全像原理對 AdS/CFT 這個想像的世界，有更清晰一些的含意。我們是在說「古典廣義相對論認為黑洞的內部是空無一物的說法」是完全錯誤的嗎？或是說「當掉進黑洞的觀察者在抵達事件視界時，就會撞上一個全像的表面」嗎？我們不是這個意思——至少，大多數的全像原理擁護者都沒有這麼說。相反地，他們所說的是一個相關而且同樣令人吃驚的想法，即**黑洞互補性**（black-hole complementarity）。它是由色斯金等人所提出，使用的術語則有意讓人回想起波耳的量子測量哲學。

黑洞的互補性版本是說，事情比簡單的「黑洞的內部看起來像是普通的空曠空間」或「關於黑洞的所有資訊都編碼在事件視界上」更微妙一些。事實上，這兩個說法都是對的，只不過我們不能同時使用這兩種語言。或者，就像物理學家比較可能採用的說法，對任何單一的觀察者而言，它們不會同時為真。對於從事件視界掉落黑洞的觀察者來說，一切看起來都像是正常的空曠空間，但是對遠方的黑洞觀察者來說，所有的資訊都散布在視界之上。

儘管這種行為基本上是量子力學的，但它確實有一個古典的

前身。考慮我們把一本書（或一顆星星，或其他東西）扔進古典廣義相對論的黑洞，這本書會遇到些什麼事。從這本書的角度來看，它只是掉進黑洞內部而已。然而，由於在事件世界附近的時空扭曲得非常嚴重，所以這不是外部觀察者所會看到的現象。他們所看到的這本書，會在接近視界的時候，放慢了速度，而且變得更紅、更暗。他們永遠不會看到它通過視界；對於遠處的人來說，物體在接近事件視界時像是被凍結住，而不是直接掉進視界裡。這讓天體物理學家發展了一種稱為**膜典範**（membrane paradigm）的圖像，根據這個圖像，我們可以想像在視界上有一層膜，這層膜具有某些可計算的物理特性，例如溫度和電導率，藉此來模擬黑洞的物理特性。膜典範最初被認為只是一個方便的捷徑，可以讓天體物理學家通過它來簡化與黑洞相關的計算，然而，互補性聲稱外部觀察者所看到的黑洞，就像是振動中的量子膜一樣，而這些量子膜就位於古典的事件視界的位置上。

　　如果你傾向於把時空視為基本的事物，那麼上述這些推論可能根本沒有任何意義。時空有一些幾何形狀，除此之外別無其他。但從量子力學的角度來看，上述的推論是完全合理的；宇宙有一個波函數，不同的觀察可以顯示出不同的東西。這與「處於某個狀態的粒子數量取決於我們如何觀察這個狀態」的說法，並沒有太大的不同。

　　世界是在希伯特空間中演化的一個量子態，而物理空間由此湧現出來。單個量子態可能會根據我們對其進行的觀察類型不同，而表現出不同的位置和局域性概念，這個想法應該不足為奇。根據黑洞互補性，根本不存在「時空的幾何形狀是什麼」或

「自由度在哪裡」這樣的問題；你要麼問量子態是什麼，要麼問某個特定觀察者看到了什麼。

這聽起來和我們在上一章所探討的圖像不同，在該圖像中，自由度以網絡的方式分布、充滿在空間中，它們彼此纏結來定義一個湧現的幾何形狀。但是，這張圖像只適用於重力較弱的情況，而黑洞絕對不符合弱重力的條件。本章所提出的觀點，仍然有抽象的自由度聚集在一起來形成時空，但「它們位於何處」則取決於觀察它們的方式。空間本身不是基本的；它只是有助於我們從某些角度進行討論的一個方式而已。

□ □ □

希望最後的這幾章已經成功地傳達了，多世界量子力學可能對長期存在的量子重力問題有著重大的意義。老實說，許多研究這些問題的物理學家並不認為自己正在使用多世界理論，儘管他們已經不知不覺地這樣做了。他們當然沒有使用隱變量、動力學崩陷或量子力學的認知方法。當我們到了要理解如何把宇宙本身量子化時，如果沒有意外的話，多世界理論似乎就是最直接的途徑。

我們所描繪的圖像，其中自由度之間的纏結以某種方式共同定義了近似古典時空的幾何形狀，是否真的在正確的軌道上？沒有人確切知道答案。以我們目前的知識水準而言，看起來很清楚的是，空間和時間二者都能以想要的方式從抽象的量子態中湧現——所有的成分都在那裡。因此一個合理的期待是，希望再努力

個幾年，就能得出一幅更清晰的圖像。如果我們能訓練自己摒棄古典偏見，能從只看量子力學的表面意義中學到教訓，我們或許終將能學會如何從波函數中把我們的宇宙提取出來。

Epilogue:
結語

Everything is Quantum
一切都是量子

　　愛因斯坦會如何看待多世界量子理論？至少在第一次接觸時，他可能會覺得反感。但他將不得不承認，這個想法在某些方面很符合他對自然應該如何運作的看法。

　　愛因斯坦於 1955 年在普林斯頓去世，當時艾弗雷特正在努力地建構他的想法。他堅定地堅持局域性原理，並且對量子纏結所暗示的鬼魅般的超距行為，感到極大的困擾。從這個意義上說，愛因斯坦很可能會被多世界和全像原理給嚇壞了，因為這些

想法把空間本身視為湧現的而非基本的。但另一個可能是，他會對艾弗雷特的想法感到滿意，因為他把我們對宇宙的最佳描述回歸到一個明確的、決定論的演化過程——並重申「現實最終是可知的」的原則。

晚年，愛因斯坦講述了他童年時期的一個故事。

> 在我四五歲的時候，父親給了我一個指南針，那是一個讓人驚奇的體驗。這根指南針以一個非常堅定的方式行事，完全不是一件可以在無意識概念的世界中發生的事情（就像有人直接「碰觸」著它一樣）。我仍然記得——或者至少相信我記得——這段經歷給我留下了深刻而持久的印象。
>
> 有某個東西深深地隱藏在事物的背後。[37]

在我看來，這股童年時期的衝擊正是愛因斯坦對量子力學所有擔憂的核心所在。他可能會大聲抱怨非決定論和非局域性，但真正讓他煩惱的是，他感覺到哥本哈根量子力學正用一個模糊的典範來取代優秀科學理論中的清晰和嚴謹，在那個典範下，不明確的「測量」概念發揮了核心作用。他總是在尋找深藏於表面之下的東西，那個可以使已經陷入神祕領域的事物再次變成可被理解的原理。他一點也不會懷疑，那個隱藏的東西可能就是波函數的其他分支。

當然，愛因斯坦的實際想法並不重要；科學理論的興衰取決於它們的優缺點，而不是因為我們可以召喚出過去某位偉大科學

家的幽靈來點頭表示認可。

　　但如果是想回顧過去的辯論與目前的研究之間的聯繫，關注那些偉大科學家的想法還是有用的。本書討論的議題直接源自於愛因斯坦和波耳等人在 20 年代的討論。在索爾維會議之後，物理學界的流行觀點轉向了波耳的方式，哥本哈根的量子力學方法成為根深蒂固的教條。 就預測實驗和設計新技術而言，它已被證明是一個非常成功的工具。然而，作為世界的基本理論，它的不足之處令人遺憾。

　　我已經闡述了為什麼多世界理論是量子力學最有前景的表述方式。但我非常尊重其他方法的支持者，並經常與他們進行建設性的對話。然而，讓我鬱悶的是，專業物理學家對基礎工作的不屑一顧，且認為這些問題不值得認真對待。讀完這本書後，無論你是否把自己歸類為艾弗雷特學派，我希望你已經認同一勞永逸地理解量子力學的重要性。

　　我對事情的進展感到樂觀。現代的量子基礎研究，不再只是一群年長的物理學家在辛勤工作一天之後，在喝著蘇格蘭威士忌時隨口聊著的奇思妙想而已。由於直接或間接地受到技術創新的激勵，諸如量子計算、量子密碼學和涵蓋更廣的量子資訊科學的發展等等，最近我們在理解量子理論上取得很多進展。想在量子領域和古典領域之間劃出一條清楚的界限，已經不再是可行的方法了。一切都是量子的。這個事態的發展，迫使物理學家更加認真地對待量子力學的基礎問題，因此所產生的一些新的見解，可能有助於解釋空間和時間本身的湧現現象。

　　對於目前的這些難題，我認為我們會在不久的將來取得重大

進展。而且我願意相信，我在大多數其他波函數分支上的「分身」
也都有同樣的感覺。

Appendix:
附錄

The Story of Virtual Particles
虛粒子的故事

　　我們在第十二章中對量子場論的討論，對大多數研究量子場論的人來說，似乎是怪誕而有趣的。我們真正關心的只有真空態，也就是一組充滿在空間的量子場的最低能量配置。但這只是無數狀態中的一種。然而，大多數物理學家關心的是所有的其他狀態——那些看起來像是有粒子在移動和交互作用的狀態。

　　正如我們很自然地會討論「電子的位置」一樣，即使我們對這個世界已經有了更好的了解，而且知道「電子的波函數」才是

我們應該談論的東西。那些完全理解這個世界是由場所構成的物理學家，往往還是會一直在討論粒子，他們甚至毫不尷尬地稱自己為「粒子物理學家」。這份衝動也不難理解：粒子就是我們所看到的，不管在它的表面下發生了什麼事。

好消息是，只要我們知道我們在做什麼，就沒有關係。就很多目的而言，我們可以把真正存在的東西看作是一群粒子在空間中穿梭、相互碰撞、被創造和毀滅，以及偶爾出現或突然消失等等。在適當的情況下，量子場的行為可以準確地以許多粒子間不斷出現的交互作用為模型來表示。這個結果似乎很自然，如果量子態所描述的是一些數量固定的類粒子場振動模式，而這些振動場彼此相距很遠，並且毫不需擔心是否還有其他的振動場存在。但是，只要我們遵循這些規則，即使真實的情況是一堆場在彼此之上堆疊而振動著，也就是你可能認為正是它們的場性最重要的時候，我們仍然可以使用粒子的語言來計算所發生的事情。

這就是費曼和他著名的費曼圖（Feynman diagrams）的基本見解。 當他第一次發明這個圖表時，費曼曾抱有希望，認為他是在建議一種以粒子為基礎的量子場論替代方案，但事實並非如此。在量子場論的總體典範之下，費曼圖既是一種非常生動的隱喻方式，也是一種非常方便的計算方法。

費曼圖只是一個簡筆畫卡通，代表粒子的移動和交互作用。隨著時間從左到右運行，一組初始粒子進入，接著與出現或消失的各種粒子混雜在一起，然後最終出現一組粒子。物理學家不僅使用這些圖表來描述允許發生的過程，還可以精確計算它們實際發生的可能性。例如，如果你想問希格斯玻色子可能衰

變成什麼粒子，以及它衰變的速度有多快，你需要做的計算會
涉及大量的費曼圖，每個圖都代表對最終答案的某種貢獻。同
樣地，如果你想知道電子和正電子相互散射的可能性有多大，
也可以透過費曼圖。

考慮這幅圖的方法是，一個電子和一個正子（直線）從左邊
進來，相遇，然後湮滅成一個光子（波浪線），光子行進一段時
間後又轉換回電子－正子對。有一些特定的規則允許物理學家為
每個這樣的圖表附加精確的數字，表明這張圖對「電子和正子相
互散射」的整體過程的貢獻。

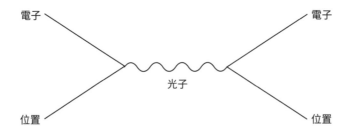

我們根據費曼圖所講述的故事就只是一個故事。「電子和正
子變成光子然後又變回來」的過程，它的真實的情況並不是像文
字表面所描述的那樣。理由之一是，真實的光子以光速運動，而
電子－正子對（單個粒子或這對粒子的質心）則不然。

實際發生的過程是，電子場和正子場都不斷地透過電磁場而
有交互作用；任何帶有電荷的場（例如電子或正子），除了它們
主要的主要振動模式之外，也必然會有一些細微振動的電磁場相
伴。當兩個這樣的場（我們將其解釋為電子和正子）相互靠近或

重疊時，所有大大小小的場都會相互推拉，導致原始的粒子朝某個方向散射。費曼的見解是，我們可以通過假裝有一堆粒子以某些特定方式在四處飛舞，來計算在場論中實際發生的事情。

這代表了在計算上有著巨大的便利性；粒子物理學家在實務上一直使用著費曼圖，甚至偶爾在睡覺時也會夢到它們。然而，這個過程需要做出某些概念上的妥協。被局限在費曼圖內部的粒子，也就是那些既不從左邊進來，也不從右邊出去的粒子，它們並不遵守普通粒子的一般規則。例如，它們不具有與常規粒子相同的能量或質量。它們有自己的一套規則，只是和通常的規則不同。

這應該不足為奇，因為費曼圖中的「粒子」根本就不是粒子；它們是一個方便的數學童話而已。為了提醒自己這一點，我們把它們標記為「虛」粒子（"virtual" particle）。虛粒子只是一種計算量子場行為的方法，藉由假裝普通粒子正在變成具有不可能能量的怪異粒子，並在它們之間來回拋擲這些虛粒子。真實光子的質量恰好為零，但虛光子的質量則可以是任何數值。我們所說的「虛粒子」是指一組量子場波函數的微妙扭曲。有時它們被稱為「漲落」（fluctuations）或直接稱為「模態」（modes，是指某個具有特定波長的場的振動方式）。但是大家都叫它們粒子，而且它們可以在費曼圖裡成功地表示成直線，所以我們可以這樣稱呼它們。

□ □ □

附錄：虛粒子的故事

我們在上面所繪製的電子和正子散射圖，並不是我們唯一可以繪製的費曼圖；事實上，它只是無數個費曼圖當中的一個。遊戲規則告訴我們，我們應該把所有可能具有相同傳入和傳出粒子的圖表加總起來。我們可以按照複雜性遞增的順序列出這些圖，愈到後來出現的圖包含有愈多的虛粒子。

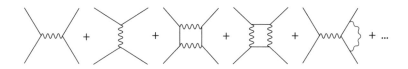

我們最終得到的數字會是一個振幅，所以我們把它平方之後，會得出該發生過程的機率。使用費曼圖，我們可以計算出兩個粒子相互散射的機率，或是其中一個粒子衰變為多個粒子，以及這兩個粒子變成其他種類粒子等不同情況的機率大小。

這裡顯然會出現一個麻煩問題：如果圖表有無限多個，你怎麼能把它們全部加起來並得到一個合理的結果呢？答案是隨著圖表變得愈來愈複雜，它們的貢獻也愈來愈小。儘管它們的數量會有無限多個，但所有非常複雜的情況的總和可能只是一個很小的數字。事實上，在現實中，我們往往只需計算這個無限序列之中的前幾張圖，就能得到相當準確的答案。

然而，在得出這個好結果的過程中有一個微妙之處。考慮其中有一個環的費曼圖——也就是說，我們可以追蹤其中形成一個閉合圓的某一組粒子線，亦即交換兩個光子的電子－正子對：

每一條直線各自代表一個具有特定能量的粒子。當直線匯合時，能量是守恆的：例如，假設某個粒子在進入之後分裂成兩個，

那麼這兩個粒子的能量總和必須等於初始粒子的能量。然而，只要能量總和是固定的，如何分配則是完全任意的。事實上，由於虛粒子的古怪邏輯，一個粒子的能量甚至可以是負數，如此一來，另一個粒子的能量就可以大於初始粒子的能量。

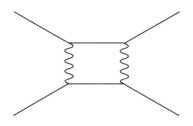

這意味著我們在計算具有內部閉環的費曼圖所描述的過程時，無論能量的多寡為何都可以沿著閉環內的線路隨意傳播。可悲的是，當我們實地去計算這些圖表對最終答案的貢獻時，結果可能會變成無限大。這就是那個惡名昭彰，一直困擾著量子場論的無窮大的起源。顯然，發生某個特定交互作用的機率最大只能為 1，因此這個無窮大的答案，意味著我們不知在何時轉錯了彎。

費曼和其他人一起設法想出一個處理這些無限大的程序，現在稱為**重整化**（renormalization）。當你有一堆彼此有交互作用的量子場時，你不能只是簡單地先單獨個別地對待這些場，然後最後再把這些交互作用添加進來。這些量子場會持續地、不斷地彼此相互影響著。即使，只是在我們的電子場裡有一個小小的振動，我們可能會很想把這個電子場識別成一個單一的電子，但是，不可避免的是，這個小小的振動會在電磁場中引起一些振動，而且實際上，所有與這個電子有交互作用的所有其他量子

場，情況都是如此。這就像在一間有很多架鋼琴的展銷廳裡，當你按下一琴鍵時，其他的鋼琴將會開始隨著原始的音符一起輕輕地嗡嗡作響，從而引起一個微弱的回聲。用費曼圖的語言來說，這意味著即使只是一個孤立的粒子在空間中傳播，但實際上會有一團虛粒子雲伴隨在它的周圍。

因此，區分「裸」場和「物理」場之間的差別是有幫助的。在一個想像的世界裡，裸場的所有交互作用都是直接被關閉的；而物理場則是與其他有交互作用的場一起相伴存在的場。當你傻呼呼地直接使用費曼圖而得出的無限大，就是因為你只有考慮了裸場的結果，而我們真正觀察到的東西則是物理場。從裸場到物理場所需要做的調整，有時被非正式地描述為「減去無限大來獲得有限大的答案」，但卻這是一種誤導。沒有任何物理量是無限大的，不僅現在沒有，過去也從來都沒有過。研究量子場論的先驅所設法想要「隱藏」的無限大，只是在有交互作用的場與沒有交互作用的場之間，這個人為假設所引起的巨大差異而已。（我們在嘗試估計量子場論中的真空能量時，也面臨著完全相同的問題。）

然而，重整化伴隨著重要的物理洞見一起出現。當我們想要測量一個粒子的某些屬性時，例如它的質量或電荷，我們通過觀察它如何與其他粒子交互作用來探測它。量子場論告訴我們，我

們看到的粒子不是簡單的點狀物體；每個粒子都被其他虛粒子雲所包圍，或者（更準確地說）是被與其有交互作用的其他量子場所包圍。與「雲」產生交互作用不同於與「點」產生交互作用。高速碰撞的兩個粒子會深入彼此的雲層，從而看到相對緊緻的振動，而緩慢擦身而過的兩個粒子只會把彼此視為一個（相對）大的蓬鬆球。因此，粒子的視質量或視電荷將取決於我們用來觀察它的探針的能量。這不僅僅是一場歌舞秀：它是一個實驗預測，而且已經可以從粒子物理的實驗數據中明確無誤地看到了這一點。

□ □ □

一直到諾貝爾獎得主威爾森（Kenneth Wilson）在 1970 年代初期的工作，人們才真正認識到重整化的最佳思考方式。威爾森意識到，在費曼圖計算中所有出現的無限大，都是來自具有能量非常大的虛粒子，及其相應出現在極短距離內的過程。但是高能量和短距離恰恰是兩個我們所知極少的地方。與非常高的能量相關的過程可能涉及全新的量子場，而這些場會具有非常大的質量，以至於我們還無法在實驗中把它們生產出來。就這個情形，時空本身可能會在極短的距離內（或許是普朗克長度）發生斷裂。

所以，威爾森推斷，如果我們更誠實一點，承認我們不知道當能量超過某個任意值之後的狀況，結果會是怎樣？與其在費曼圖中採用多個環圈，並允許虛粒子的能量上升到無限大，不如在

理論中加入一個明確的截止點：當能量高於某個能量之後，我們不再去假裝知道那裡發生了什麼事。截止點在某種意義上是任意的，但是在我們擁有良好實驗知識的能量，以及在那之上我們就無從窺視發生了何事的能量之間，劃出一條分界線是合理的。當我們預期在某個尺度會出現新的粒子或是某個現象，但又不確定知道它們到底會是什麼的時候，那麼這可能就是一個好的物理好理由來選擇這個截止點。

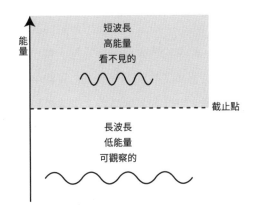

當然，在更高的能量之上，可能會出現有趣的事情，所以我們承認，通過加入截止點的做法，我們並沒有得到那個完全正確的答案。但威爾森表明，我們所得到的答案通常已經夠好了。我們可以精確地描繪出，任何新的高能現象可能將如何，以及大約以何種程度來影響我們實際所能看得到的這個低能量世界。通過這種方式承認我們的無知，我們所得到的是一個**有效場論**（effective field theory）——一個不預設可以精確描述任何事物的場論，但卻是一個與我們實際擁有的數據可以成功吻合的場

論。現代量子場論學家認識到，他們所有最好的模型實際上都是有效場論。

　　這同時給了我們一個好消息和一個壞消息。好消息是，利用有效場論的魔力，我們可以對粒子在低能量狀態的行為給出大量資訊，即使我們並不知道粒子在高能量狀態的所有行為（甚或一無所知）。我們不需要先知道所有的終極答案，就可以說出一些可靠和真實的話。這就是為什麼我們有信心可以說，對於構成你、我以及我們的日常環境所涉及的粒子和作用力，這些相關的物理定律是完全已知的：這些定律採用有效場論的形式。當然，還有很大的空間足夠讓我們去發現新的粒子和作用力，但是它們要麼質量太大（能量太高）以至於無法在實驗中製造出來，要麼它們與我們的交互作用是非常地微弱，以至於對我們所生活的低能量世界而言，它們不可能對桌子和椅子、貓狗或其他建築物造成任何影響。

　　壞消息是，雖然我們非常想要了解更多關於高能量和短距離的真實情況，但有效場論的魔力會讓這個願望變得極其困難。無論在高能量的世界裡發生了什麼，我們都能準確地描述低能量的物理世界，這雖然是件好事，但也令人沮喪，因為這似乎意味著，如果不以某種方式直接去探測高能世界，我們就無法推論出在那裡所發生的事情。這就是為什麼粒子物理學家會如此熱衷於建造更大、能量更高的粒子加速器的原因；這也是我們所知道的唯一可靠方法，可以去探索宇宙在非常小的距離內的運作方式。

Acknowledgement
謝誌

　　每一本書都是一個合作的成果，而與別的書相比，本書的合作規模更大。關於量子力學，有很多的內容可以說，而且肯定讓人有把它全部說完的誘惑。這要的一本書寫起來可能很有趣，但讀起來卻會很乏味。我要感謝許多慷慨和有洞察力的讀者，感謝他們幫助我把手稿精簡到一個合理的份量，而且也希望，其中有一些令人愉快的閱讀內容。我應該特別提到 Nick Aceves、Dean Buonomano、Joseph Clark、Don Howard、Jens Jäger、

Gia Mora、Jason Pollack、Daniel Ranard、Rob Reid、Grant Remmen、Alex Rosenberg、Landon Ross、Chip Sebens、Matt Strassler 和 David Wallace。謝謝他們提供的建設性意見，無論是從小——在談話中隨便提到一些想法，後來寫進了書中——到大——閱讀每一章，並提出精闢的一件——沒有這群人慷慨的幫助，我無法寫出一本這麼好的書。

我要特別感謝 Scott Aaronson，他絕對是物理學家／作者所能要求的最好的測試讀者，他仔細的閱讀了文本，並在內容和風格上都提供了無可挑剔的寶貴意見。我想再次謝謝 Gia Mora，因為她在《詩性的宇宙》（The Big Picture）的誌謝中莫名其妙地被遺漏了，我對此感到難過。

不用說，這些年來我從許多非常聰明的人那裡，學到了大量關於量子力學和時空的知識，即使我沒有特別談論寫進書裡的這些文字，他們對本書的影響可謂無所不在。非常感謝 David Albert、Ning Bao、Jeff Barrett、Charles Bennett、Adam Becker、Kim Boddy、Charles Cao、Aidan Chatwin-Davies、Sidney Coleman、Edward Farhi、Alan Guth、James Hartle、Jenann Ismael、Matthew Leifer、Seth Lloyd、Frank Maloney、Tim Maudlin、Spiros Michalakis、Alyssa Ney、Don Page、Alain Phares、John Preskill、Jess Reidel、Ashmeet Singh、Leonard Susskind、Lev Vaidman、Robert Wald 和 Nicholas Warner，更不用說還有無數被我遺忘了的人。

一如既往，我希望感謝我的學生和合作者，感謝他們容忍我在努力完成這本書的過程中偶爾缺席。還要感謝 125C 的學生，

謝誌

這是加州理工學院青少年量子力學課程第三季度的學生，謝謝他們容忍我那些去相干和纏結的教學內容，而不只是單純求解薛丁格方程式的計算過程。

非常感謝我在杜盾出版社（Dutton Books）的編輯 Stephen Morrow，與過去相比，本書更需要他的耐心和洞察力。他甚至允許我以對話的形式寫了整整一章，儘管我可能只是把他累壞了而已。作者無法想像編輯會更關心最終出版品的質量，而這裡的質量很大程度上要歸功於 Stephen。還要感謝我的代理人 Katinka Matson 和 John Brockman，他們總是把一個可能會讓人神經緊張的過程變成可以容忍的，甚至可能是愉快的。

最要感謝的是 Jennifer Ouellette，她是寫作和生活的完美搭檔。她不僅在過程中以無數種方式支持我，而且還從自己非常緊湊的寫作時程表中抽出時間，仔細閱讀這裡的每一頁，並提供了寶貴的見解和「嚴厲的愛」。我沒有像她建議的那樣刪除那麼多內容，本書的品質可能因此而稍差了一些，但相信我，這已經比她剛開始拿到的初稿好多了。

還要感謝 Jennifer 把 Ariel 和 Caliban 帶到了我們的生活中，他們是作家可以要求的最好的寫作夥伴貓。在本書的寫作過程中，沒有讓真正的貓經歷過那些思想實驗。

參考文獻

開場白：不要害怕

(1) 引言出自 R. P. Feynman (1965). The Character of Physical Law, MIT Press, 123.

第二章
大膽的提案：簡樸量子力學

(2) 引言出自 N. D. Mermin (2004). "Could Feynman Have Said This?" Physics Today 57 5, 10

第三章

為什麼會有人在想這個？：量子力學是怎麼來的

(3) 引言出自 L. Carroll (1872), Through the Looking Glass and What Alice Found There, Dover, 47.

(4) 引言出自 H. C. Von Baeyer (2003), Information: The New Language of Science, Weidenfeld & Nicolson, 12.

(5) 引言出自 R. P. Crease, and A. S. Goldhaber (2014), The Quantum Moment: How Planck, Bohr, Einstein, and Heisenberg Taught Us to Love Uncertainty, W. W. Norton & Company, 38.

(6) 引言出自 H. Kragh (2012), "Rutherford, Radioactivity, and the Atomic Nucleus," https:// arxiv.org/ abs/ 1202.0954.

(7) 引言出自 A. Pais (1991), Niels Bohr's Times, In Physics, Philosophy, and Polity, Clarendon Press, 278.

(8) 引言出自 J. Bernstein (2011), "A Quantum Story," The Institute Letter, Institute for Advanced Study, Princeton.

(9) 引言出自 J. Gribbin (1984), In Search of Schrodinger's Quantum Physics and Reality, Bantam Books, v.

第四章

因為不存在，所以不可知：不確定性與互補性

更多雙狹縫實驗的資訊請見 A. Ananthaswamy (2018), Through Two Doors at Once: The Elegant Experiment that Captures the Enigma of Our Quantum Reality, Dutton.

參考文獻

第五章
百轉千迴的纏結：多部分的波函數

A. Einstein, B. Podolsky, and N. Rosen (1935), "Can Quantum-Mechanical Description of Reality Be Considered Complete?" Physical Review 47, 777.

關於貝爾定理及其與 EPR 悖論和玻姆力學的關係的一般性看法請見 T. Maudlin (2014), "What Bell Did," Journal of Physics A 47, 424010.

(10) 引言出自 W. Isaacson (2007), Einstein: His Life and Universe, Simon & Schuster, 450.

D. Rauch, et al. (2018), "Cosmic Bell Test Using Random Measurement Settings from Redshift Quasars," Physical Review Letters 121, 080403.

第六章
分裂宇宙：去相干與平行世界

一本優秀的艾弗雷特傳記是 P. Byrne (2010), The Many Worlds of Hugh Everett III: Multiple Universes, Mutual Assured Destruction, and the Meltdown of a Nuclear Family, Oxford University Press. 本章的引述內容大多出自這本書，以及 A. Becker (2018), What Is Real?, Basic Books.

艾弗雷特的原始論文（包括長短和短版）以及各種評論請見 B. S. DeWitt and N. Graham (1973), The Many Worlds Interpretation of Quantum Mechanics, Princeton University Press.

(11) 引言出自 A. Becker (2018), What Is Real?, Basic Books, 127.
H. D. Zeh (1970), "On the Interpretation of Measurements in Quantum Theory," Foundations of Physics 1, 69.

(12) 引言出自 P. Byrne (2010), 141.

(13) 引言出自 P. Byrne (2010), 139.

(14) 引言出自 P. Byrne (2010), 171.

(15) 引言出自 A. Becker (2018), 136.

(16) 引言出自 P. Byrne (2010), 176.

(17) 引言出自 M. O. Everett (2007), Things the Grandchildren Should Know, Little, Brown, 235

第七章
秩序與隨機性：機率從何而來

(18) 引言出自 G.E.M. Anscombe (1959), An Introduction to Wittgenstein's Tractatus, Hutchinson University Library, 151.

(19) 引言出自 D. Z. Albert (2015), After Physics, Harvard University Press, 169.

W. H. Zurek (2005), "Probabilities from Entanglement, Born's Rule from Envariance," Physical Review A 71, 052105.

C. T. Sebens and S. M. Carroll (2016). "Self- Locating Uncertainty and the Origin of Probability in Everettian Quantum Mechanics," The British Journal for the Philosophy of Science 69, 25.

D. Deutsch (1999). "Quantum Theory of Probability and Decisions," Proceedings of the Royal Society of London A455, 3129.

決策理論方法遵循玻恩定則的綜合評述，請見 D. Wallace, The Emergent Multiverse.

第八章
這個本體論承諾會讓我顯胖嗎？關於量子謎題的蘇格拉底式對話

(20) 引言出自 K. Popper (1967), "Quantum Mechanics without the Observer," in M. Bunge (ed.), Quantum Theory and Reality. Studies in the Foundations Methodology and Philosophy of Science, vol. 2, Springer, 12.

(21) 引言出自 K. Popper (1982), Quantum Theory and the Schism in Physics, Routledge, 89.

For more on entropy and the arrow of time, see S. M. Carroll (2010), From Eternity to Here: The Quest for the Ultimate Theory of Time, Dutton.

(22) 引言出自 D. Wallace, The Emergent Multiverse, 102.

(23) 引言出自 D. Deutsch (1996), "Comment on Lockwood," The British Journal for the Philosophy of Science 47, 222.

第九章
其他的方式：多世界以外的選項

(24) 引言出自 A. Becker (2018), What Is Real?, Basic Books, 213.

(25) 引言出自 A. Becker (2018), 90.

(26) 引言出自 A. Becker (2018), 199.

(27) 引言出自 J. Polchinski (1991), "Weinberg's Nonlinear Quantum Mechanics and the Einstein- Podolsky- Rosen Paradox," Physical Review Letters 66, 397.

進一步了解隱變數與動態崩陷模型，請見 T. Maudlin (2019), Philosophy of Physics: Quantum Theory, Princeton.

R. Penrose (1989), The Emperor's New Mind: Concerning Computers, Minds, and the Laws of Physics, Oxford.

(28) 引言出自 J. S. Bell (1966), "On the Problem Hidden- Variables in Quantum Mechanics," Reviews of Modern Physics 38, 447.

(29) 引言出自 W. Myrvold (2003), "On Some Early Objections to Bohm's Theory," International Studies in the Philosophy of Science 17, 7.

H. C. Von Baeyer (2016), QBism: The Future of Quantum Physics, Harvard.

(30) 引言出自 N. D. Mermin (2018), "Making Better Sense of Quantum Mechanics," Reports on Progress in Physics 82, 012002.

C. A. Fuchs (2017), "On Participatory Realism," in I. Durham and D. Rickles, eds., Information and Interaction, Springer.

(31) 引言出自 D. Wallace (2018), "On the Plurality of Quantum Theories: Quantum Theory as a Framework, and Its Implications for the Quantum Measurement Problem," in S. French and J. Saatsi, eds., Scientific Realism and the Quantum, Oxford.

第十章

人性面：在量子宇宙中生活與思考

M. Tegmark (1998), "The Interpretation of Quantum Mechanics: Many Worlds or Many Words?" Fortschrift Physik 46, 855.

R. Nozick (1974), Anarchy, State, and Utopia, Basic Books, 41.

(32) 引言出自 E. P. Wigner (1961), "Remarks on the Mind-Body Problem," in. I. J. Good, The Scientist Speculates, Heinemann.

第十一章

為什麼有空間？湧現與局域性

我在這裡對湧現（與核心理論）有更多討論：S. M. Carroll (2016), The Big Picture: On the Origin of Life, Meaning, and the Universe Itself, Dutton.

(33) 引言出自 James Hartle (2016), personal communication.

第十二章
一個振動的世界：量子場論

(34) 引言出自 I. Newton (2004), Newton: Philosophical Writings, ed. A. Janiak, Cambridge, 136.

P.C.W. Davies (1984), "Particles Do Not Exist," in B. S. DeWitt, ed., Quantum Theory of Gravity: Essays in Honor of the 60th Birthday of Bryce DeWitt, Adam Hilger.

第十三章
在虛空中呼吸：在量子力學內尋找重力

進一步了解局域性的蘊含與限制，請見 G. Musser (2015), Spooky Action at a Distance: The Phenomenon that Reimagines Space and Time— And What It Means for Black Holes, the Big Bang, and Theories of Everything, Farrar, Straus and Giroux.

(35) 引言出自 A. Einstein, quoted by Otto Stern (1962), interview with T. S. Kuhn, Niels Bohr Library & Archives, American Institute of Physics, https://www.aip.org/history-programs/niels-bohr-library/oral-histories/4904.

(36) 引言出自 A. Einstein (1936), "Physics and Reality," reprinted in A. Einstein (1956), Out of My Later Years, Citadel Press.

T. Jacobson (1995), "Thermodynamics of Space- Time: The Einstein Equation of State," Physical Review Letters 75, 1260.

參考文獻

T. Padmanabhan (2010), "Thermodynamical Aspects of Gravity: New Insights," Reports on Progress in Physics 73, 046901.

E. P. Verlinde (2011), "On the Origin of Gravity and the Laws of Newton," Journal of High Energy Physics 1104, 029.

J. S. Cotler, G. R. Penington, and D. H. Ranard (2019), "Locality from the Spectrum," Communications in Mathematical Physics, https://doi.org/10.1007/s00220-019-03376-w.

J. Maldacena and L. Susskind (2013), "Cool Horizons for Entangled Black Holes," Fortschritte der Physik 61, 781.

C. Cao, S. M. Carroll, and S. Michalakis (2017), "Space from Hilbert Space: Recovering Geometry from Bulk Entanglement," Physical Review D 95, 024031.

C. Cao and S. M. Carroll (2018), "Bulk Entanglement Gravity Without a Boundary: Towards Finding Einstein's Equation in Hilbert Space," Physical Review D 97, 086003.

T. Banks and W. Fischler (2001), "An Holographic Cosmology," https://arxiv.org/abs/hep-th/0111142.

S. B. Giddings (2018), "Quantum- First Gravity," Foundations of Physics 49, 177.

D. N. Page and W. K. Wootters (1983). "Evolution Without Evolution: Dynamics Described by Stationary Observables," Physical Review D 27, 2885.

第十四章
超越時間與空間：全像、黑洞與局域性限制

全像原理、互補性與黑洞的討論請見 L. Susskind (2008), The Black Hole War: My Battle with Stephen Hawking to Make the World Safe for Quantum Mechanics, Back Bay Books.

A. Almheiri, D. Marolf, J. Polchinski, and J. Sully (2013), "Black Holes: Complementarity or Firewalls?" Journal of High Energy Physics 1302, 062.

J. Maldacena (1997), "The Large- N Limit of Superconformal Theories and Supergravity," International Journal of Theoretical Physics 38, 1113.

S. Ryu and T. Takayanagi (2006), "Holographic Derivation of Entanglement Entropy from AdS/ CFT," Physical Review Letters 96, 181602.

B. Swingle (2009), "Entanglement Renormalization Holography," Physical Review D 86, 065007.

M. Van Raamsdonk (2010), "Building Up Spacetime Quantum Entanglement," General Relativity and Gravitation 42, 2323.

結語
一切都是量子

(37) 引言出自 A. Einstein (1949), Autobiographical Notes, Open Court Publishing, 9.

附錄
虛粒子的故事

費曼圖的其他資訊請見 R. P. Feynman (1985), QED: The Strange Theory of Light and Matter, Princeton University Press.

延伸閱讀

關於量子力學的書當然非常多，但以下這幾本是和本書主題最相關的：

Albert, D. Z. (1994). Quantum Mechanics and Experience. Harvard University Press. 從哲學角度對量子力學和測量問題所做的簡短介紹。

Becker, A. (2018). What Is Real? The Unfinished Quest for the

Meaning of Quantum Physics. 基礎書籍。回顧量子基礎研究的歷史，包括多世界詮釋的替代方案與遭遇的障礙，這是許多物理學家思考這些問題時都要面對的。

Deutsch, D. (1997). The Fabric of Reality. Penguin. 除了介紹多世界詮釋外還有非常多其他內容，從計算到演化到時光旅行。

Saunders, S., J. Barrett, A. Kent, and D. Wallace. (2010). Many Worlds? Everett, Quantum Theory, and Reality. 收錄支持和反對多世界詮釋的文章。

Susskind, L., and A. Friedman. (2015). Quantum Mechanics: The Theoretical Minimum. 基礎書籍。對量子力學的嚴謹介紹，是一所好大學會採用的物理系學生入門課程用書。

Wallace, D. (2012). The Emergent Multiverse: Quantum Theory According to the Everett Interpretation. Oxford University Press. 比較技術性，但已是目前多世界詮釋的標準參考書。

關於作者

尚‧卡羅（Sean Carroll），理論物理學家，約翰霍普金斯大學荷母塢自然哲學教授，專長研究領域為宇宙學、重力、場論、量子力學、統計力學，和物理學基本理論。曾獲多家機構頒授獎項，包括美國物理聯合會（American Institute of Physics）頒發的安德魯‧格曼特獎（Andrew Gemant Prize）、倫敦皇家學會科學圖書獎（Royal Society Prize for Science Books）、古根漢獎（Guggenheim Fellowship），以及美國航太總署、美國物理學會（American Physical Society）、國家科學基金會（National Science Foundation）的研究基金。著有《從永恆到現在》（From Eternity to Here）、《宇宙盡頭的粒子》（The Particle at the End of the Universe）和《詩性的宇宙》（The Big Picture）等書。現與作家妻子珍妮芙‧威雷特（Jennifer Ouellette）和兩隻貓住在洛杉磯，並主持每週上線的播客頻道 Mindscape。

潛藏的宇宙
量子世界與時空的湧現

作　　者：尚‧卡羅
翻　　譯：蔡坤憲、常雲惠
主　　編：黃正綱
資深編輯：魏靖儀
美術編輯：吳立新
圖書版權：吳怡慧

發 行 人：熊曉鴿
總 編 輯：李永適
印務經理：蔡佩欣
圖書企畫：林祐世

出 版 者：大石國際文化有限公司
地　　址：新北市汐止區新台五路一段97號14樓之10
電　　話：（02）2697-1600
傳　　真：（02）8797-1736
印　　刷：群鋒企業有限公司

2023年（民112）11月初版四刷
定價：新臺幣580元／港幣193元
本書正體中文版由
授權大石國際文化有限公司出版
版權所有，翻印必究
ISBN：978-626-97621-5-6（平裝）
＊ 本書如有破損、缺頁、裝訂錯誤，請寄回本公司更換

總代理：大和書報圖書股份有限公司
地　　址：新北市新莊區五工五路2號
電　　話：（02）8990-2588
傳　　真：（02）2299-7900

國家圖書館出版品預行編目（CIP）資料

潛藏的宇宙：量子世界與時空的湧現 / 尚‧卡羅 作；蔡坤憲、常雲惠 翻譯. -- 初版. -- 新北市：大石國際文化, 民112.11　408頁；14.8 x 21.5公分
譯自：SOMETHING DEEPLY HIDDEN
Quantum Worlds and the Emergence of Spacetime
ISBN 978-626-97621-5-6 (平裝)
1.CST: 量子力學 2.CST: 時空論 3.CST: 量子場論

331.3　　　　　　　　　　　　112019866